에듀윌과 함께 시작하면,
당신도 합격할 수 있습니다!

대학 졸업 후 취업을 위해 바쁜 시간을 쪼개며
전기기사 자격시험을 준비하는 취준생

비전공자이지만 더 많은 기회를 만들기 위해
전기기사에 도전하는 수험생

전기직 업무를 수행하면서 승진을 위해
전기기사에 도전하는 주경야독 직장인

누구나 합격할 수 있습니다.
시작하겠다는 '다짐' 하나면 충분합니다.

마지막 페이지를 덮으면,

**에듀윌과 함께
전기기사 합격이 시작됩니다.**

전기기사 1위

꿈을 실현하는 에듀윌
real 합격 스토리

이○름 3주 초단기 동차합격

3주 만에 전기기사 취득, 과목별 전문 교수진 덕분

자격증을 따야겠다고 결심했던 시기가 시험 접수 기간이었습니다. 친구들에게 좋은 이야기를 많이 들었던 에듀윌이 생각나서 상담을 받고 본격적인 준비를 시작했습니다. 에듀윌은 과목별로 교수 라인업이 잘 짜여 있고, 취약한 부분은 교수님 별로 다양한 관점의 강의를 들을 수 있어서 많은 도움이 됐습니다. 또, 이 과정을 통해 학습 내용을 정리할 수 있는 점도 정말 좋았습니다.

이○학 3개월 단기 합격

나를 합격으로 이끌어 준 에듀윌 전기기사

공기업 취업을 준비하던 중에 취업에 도움이 될 거라는 생각에 전기기사 자격증 공부를 시작했습니다. 강의를 듣고 난 당일 복습했던 게 빠르게 합격할 수 있었던 이유라고 생각합니다. 아버지께서 에듀윌에서 전기산업기사 준비를 하셔서 자연스럽게 에듀윌을 선택하게 됐습니다. 전문 교수님들이 에듀윌의 가장 큰 장점이라고 생각합니다. 그리고 학습 상황을 객관적으로 파악할 수 있었던 모의고사 서비스도 만족스러웠습니다.

김○연 비전공자 3개월 합격

에듀윌이라 가능했던 3개월 단기 합격

비전공자임에도 불구하고 3개월 만에 전기기사 자격증을 취득할 수 있었습니다. 제게 맞는 강의를 선택할 수 있도록 다양한 콘텐츠를 지원해 준 에듀윌에 감사드립니다. 일반 물리학 정도의 지식만 있던 상태라 강의를 따라가기가 쉽지만은 않았습니다. 하지만 힘들어서 포기하고 싶을 때마다 용기를 주시고 격려해주신 교수님과 학습 매니저 분들에게 정말 감사 인사를 전하고 싶습니다.

다음 합격의 주인공은 당신입니다!

더 많은 합격 비법

* 2023 대한민국 브랜드만족도 전기(산업)기사 교육 1위(한경비즈니스)

1위 에듀윌만의
체계적인 합격 커리큘럼

쉽고 빠른 합격의 첫걸음
필기 핵심개념서 무료 신청

원하는 시간과 장소에서, 1:1 관리까지 한번에
온라인 강의

① 전 과목 최신 교재 제공
② 업계 최강 교수진의 전 강의 수강 가능
③ 맞춤형 학습플랜 및 커리큘럼으로 효율적인 학습

필기 핵심개념서
무료 신청

친구 추천 이벤트

"친구 추천하고 한 달 만에 920만원 받았어요"

친구 1명 추천할 때마다 현금 10만원 제공
추천 참여 횟수 무제한 반복 가능

※ *a*o*h**** 회원의 2021년 2월 실제 리워드 금액 기준
※ 해당 이벤트는 예고 없이 변경되거나 종료될 수 있습니다.

친구 추천 이벤트
바로가기

* 2023 대한민국 브랜드만족도 전기(산업)기사 교육 1위(한경비즈니스)

eduwill

전기기사 1위

이제 국비무료 교육도 에듀윌

수강생을 반겨주는 에듀윌의 환한 복도 (구로)

언제나 전문 학습 매니저와 상담이 가능한 안내데스크 (부평)

고품질 영상 및 음향 장비를 갖춘 최고의 강의실 (구로)

재충전을 위한 카페 분위기의 아늑한 휴게실 (부평)

다용도로 활용이 가능한 휴게실 (성남)

전기/소방/건축/쇼핑몰/회계/컴활 자격증 취득
국민내일배움카드제

에듀윌 국비교육원 대표전화

서울 구로	02)6482-0600	구로디지털단지역 2번 출구	인천 부평	032)262-0600	부평역 5번 출구
경기 성남	031)604-0600	모란역 5번 출구	인천 부평2관	032)263-2900	부평역 5번 출구

국비교육원 바로가기

* 2023 대한민국 브랜드만족도 전기(산업)기사 교육 1위(한경비즈니스)

에듀윌 전기기사

에듀윌 직영학원에서
합격을 수강하세요

언제나 전문 학습 매니저와 상담이 가능한 안내데스크

고품질 영상 및 음향 장비를 갖춘 최고의 강의실

재충전을 위한 카페 분위기의 아늑한 휴게실

에듀윌의 상징 노란색의 환한 학원 입구

에듀윌 직영학원 대표전화

공인중개사 학원 02)815-0600	공무원 학원 02)6328-0600	편입 학원 02)6419-0600
주택관리사 학원 02)815-3388	소방 학원 02)6337-0600	세무사·회계사 학원 02)6010-0600
전기기사 학원 02)6268-1400	부동산아카데미 02)6736-0600	

전기기사 학원 바로가기

* 2023 대한민국 브랜드만족도 전기(산업)기사 교육 1위(한경비즈니스)

시험 직전, CBT 시험 적응을 위한

최신기출 CBT 모의고사

💻 PC로 응시하기

1 | 최신 출제경향을 반영한 CBT 모의고사

실제 시험과 동일한 시험 환경 구현
CBT 시험 완벽 대비
총 3회 분량의 모의고사 제공

1회 | https://eduwill.kr/kFlp
2회 | https://eduwill.kr/2Flp
3회 | https://eduwill.kr/hFlp

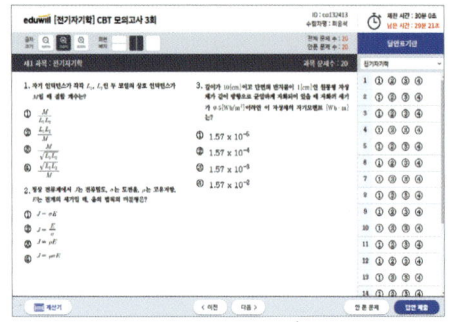

2 | 학습자 맞춤형 성적분석

전체 응시생의 평균점수 비교를 통한 시험의 난이도와 합격예측 확인

과목별 점수와 난이도를 비교하여 스스로 취약한 부분 확인

STEP 1 모의고사 응시 후 [성적분석] 클릭

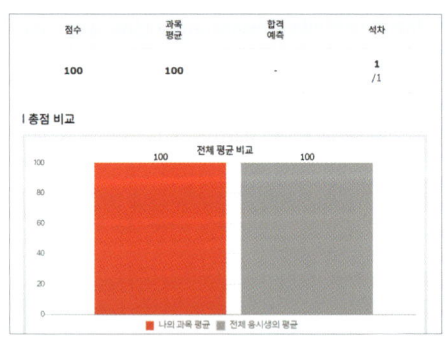

3 | 쉽고 빠르게 확인하는 오답해설

모의고사 채점을 통한 과목별 성적 및 상세한 해설 제공

문제별 정답률을 확인하여 문제 난이도를 한눈에 파악

STEP 1 모의고사 응시 후 [채점 결과] 클릭
STEP 2 점수 확인 후 [해설 보기] 클릭

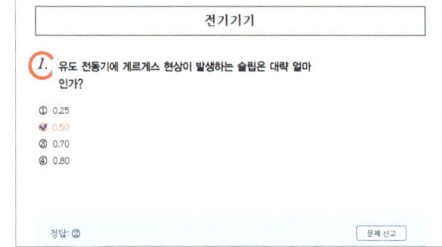

에듀윌 전기
제어공학 필기
+무료특강

끝맺음 노트

☑ 핵심이론 및 빈출문제
☑ 최신기출 CBT 모의고사 (+무료특강 3강)

eduwill

에듀윌 전기
제어공학 필기
+무료특강

에듀윌 전기
제어공학
필기 기본서+유형별 N제

끝맺음 노트

eduwill

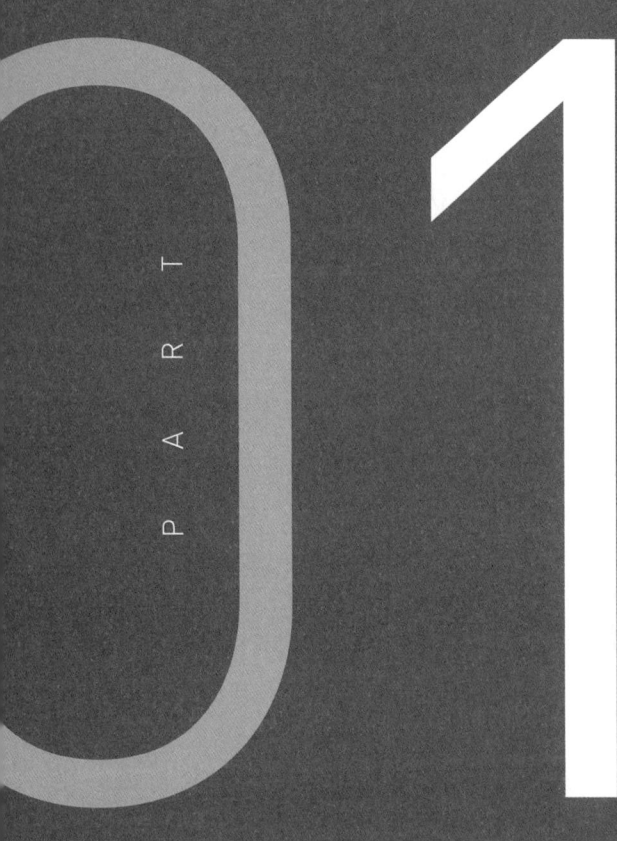

핵심이론 및 빈출문제

최근 20개년 동안 가장 많이 출제된 핵심이론만 모았습니다.
이론과 관련된 빈출문제를 풀어보면서 개념을 확립할 수 있습니다.
무료강의와 함께 학습하면 소화력이 배가 됩니다.

제어공학 본권 학습 후 마무리를 도와주는 끝맺음 노트

핵심이론 및 빈출문제

시험에 나오는 요점만 정리한 이론과 문제!

PART 01 핵심이론 및 빈출문제

활용 방법
① 네이버앱 또는 카카오톡앱에서 QR코드 스캔 기능을 준비한다.
② QR코드 스캔하여 강의를 수강한다.
③ 동영상강의와 함께 부록으로 학습한다.

1 복소 추이 정리

$\mathcal{L}[f(t)] = F(s)$일 때, $e^{\pm at}f(t)$에 대한 라플라스 변환은 다음과 같다.

$$\mathcal{L}[e^{\pm at}f(t)] = F(s \mp a)$$

대표 빈출 문제

$e^{-2t}\cos 3t$의 라플라스 변환은?

① $\dfrac{s+2}{(s+2)^2+3^2}$ ② $\dfrac{s-2}{(s-2)^2+3^2}$ ③ $\dfrac{s}{(s+2)^2+3^2}$ ④ $\dfrac{s}{(s-2)^2+3^2}$

해설 복소 추이 정리에 의하여 아래와 같다.
$$f(t) = e^{-2t}\cos 3t \to F(s) = \dfrac{s+2}{(s+2)^2+3^2}$$

|정답| ①

2 시간 추이(지연) 정리

$\mathcal{L}[f(t-a)u(t-a)] = F(s)e^{-as} \ (a>0)$

$\mathcal{L}[f(t)] = F(s)$이고 $f(t)$를 시간 t의 양(+)의 방향으로 a만큼 이동한 함수(시간이 지연된 함수) $f(t-a)$에 대한 라플라스 변환이다.

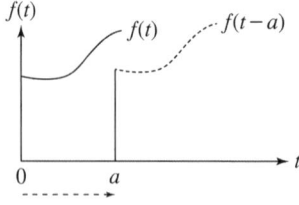

▲ 파형의 시간 지연 곡선

대표빈출문제 그림과 같은 구형파의 라플라스 변환은?

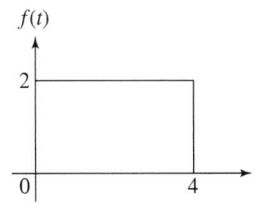

① $\dfrac{2}{s}(1-e^{4s})$　② $\dfrac{2}{s}(1-e^{-4s})$　③ $\dfrac{4}{s}(1-e^{4s})$　④ $\dfrac{4}{s}(1-e^{-4s})$

해설

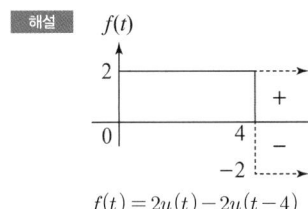

$f(t) = 2u(t) - 2u(t-4)$

$F(s) = \dfrac{2}{s} - \dfrac{2}{s}e^{-4s} = \dfrac{2}{s}(1-e^{-4s})$

|정답| ②

3 초기값 정리, 최종값 정리

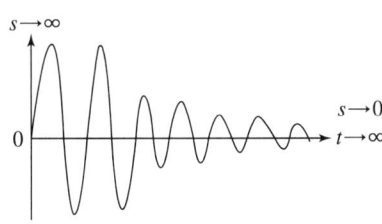

▲ 시간 경과에 따른 제어 신호 파형

(1) 초기값 정리

$$\lim_{t \to 0} f(t) = \lim_{s \to \infty} sF(s)$$

시간 함수가 $t \to 0$ 시점에서 주파수 함수는 극한, 즉 $s \to \infty$로 향한다.

(2) 최종값(정상값) 정리

$$\lim_{t \to \infty} f(t) = \lim_{s \to 0} sF(s)$$

시간 함수가 $t \to \infty$ 시점에서 주파수 함수는 최소, 즉 $s \to 0$으로 향한다.

> **대표빈출문제** $F(s) = \dfrac{3s+10}{s^3+2s^2+5s}$ 일 때 $f(t)$의 최종값은?
>
> ① 0   ② 1   ③ 2   ④ 8
>
> **해설** 최종값 정리
> $$\lim_{t \to \infty} f(t) = \lim_{s \to 0} sF(s)$$
> $$= \lim_{s \to 0} s \times \dfrac{3s+10}{s(s^2+2s+5)} = \lim_{s \to 0} \dfrac{3s+10}{s^2+2s+5} = \dfrac{10}{5} = 2$$
>
> |정답| ③

> **대표빈출문제** 다음과 같은 $I(s)$의 초기값 $i(0_+)$가 바르게 구해진 것은?
>
> $I(s) = \dfrac{2(s+1)}{s^2+2s+5}$
>
> ① $\dfrac{2}{5}$ ② $\dfrac{1}{5}$ ③ 2   ④ -2
>
> **해설** 초기값 정리
> $$\lim_{t \to 0} i(t) = \lim_{s \to \infty} sI(s)$$
> $$= \lim_{s \to \infty} s \cdot \dfrac{2(s+1)}{s^2+2s+5} = \lim_{s \to \infty} \dfrac{2 + \dfrac{2}{s}}{1 + \dfrac{2}{s} + \dfrac{5}{s^2}} = 2$$
>
> |정답| ③

4 1차 함수의 부분분수 전개

(1) 분모가 1차인 부분분수의 전개(인수분해 가능한 경우)

$$F(s) = \dfrac{s+c}{(s+a)(s+b)} = \dfrac{A}{s+a} + \dfrac{B}{s+b}$$

(2) 계수 A, B를 구하는 방법

- $A = \dfrac{s+c}{(s+a)(s+b)} \times (s+a) \Big|_{s=-a} = \dfrac{s+c}{s+b} \Big|_{s=-a} = \dfrac{-a+c}{-a+b}$

- $B = \dfrac{s+c}{(s+a)(s+b)} \times (s+b) \Big|_{s=-b} = \dfrac{s+c}{s+a} \Big|_{s=-b} = \dfrac{-b+c}{-b+a}$

(3) 위 (1)에서 부분분수로 전개된 $F(s)$식에 대해 역라플라스 변환된 $f(t)$ 산출

대표빈출문제 $F(s) = \dfrac{1}{s(s+a)}$ 의 라플라스 역변환은?

① e^{-at} ② $1 - e^{-at}$ ③ $a(1 - e^{-at})$ ④ $\dfrac{1}{a}(1 - e^{-at})$

해설 문제에 주어진 함수를 부분 분수 전개한다.
$$F(s) = \dfrac{1}{s(s+a)} = \dfrac{A}{s} + \dfrac{B}{s+a}$$
계수 A, B를 구하는 과정은 다음과 같다.
$$A = \dfrac{1}{s(s+a)} \times s \bigg|_{s=0} = \dfrac{1}{a}$$
$$B = \dfrac{1}{s(s+a)} \times (s+a) \bigg|_{s=-a} = -\dfrac{1}{a}$$
각 값을 대입하여 라플라스 역변환하면 아래와 같다.
$$f(t) = \dfrac{1}{a} - \dfrac{1}{a}e^{-at} = \dfrac{1}{a}(1 - e^{-at})$$

암기 $\dfrac{1}{A \times B} = \dfrac{1}{B-A}\left(\dfrac{1}{A} - \dfrac{1}{B}\right)$

| 정답 | ④

대표빈출문제 $\mathcal{L}^{-1}\left[\dfrac{s}{(s+1)^2}\right]$ 는?

① $e^t - te^{-t}$ ② $e^{-t} - te^{-t}$ ③ $e^{-t} + te^{-t}$ ④ $e^{-t} + 2te^{-t}$

해설 문제에 주어진 함수를 부분 분수 전개한다.
$$F(s) = \dfrac{s}{(s+1)^2} = \dfrac{A}{(s+1)^2} + \dfrac{B}{s+1}$$
계수 A, B를 구하는 과정은 다음과 같다.
$$A = \dfrac{s}{(s+1)^2} \times (s+1)^2 \bigg|_{s=-1} = -1$$
$$B = \dfrac{d}{ds}\left\{\dfrac{s}{(s+1)^2} \times (s+1)^2\right\}\bigg|_{s=-1}$$
$$= \dfrac{d}{ds}\{s\}\bigg|_{s=-1} = 1$$
각 값을 대입하여 라플라스 역변환하면 아래와 같다.
$$f(t) = -te^{-t} + e^{-t} = e^{-t} - te^{-t}$$

| 정답 | ②

5 회로망에서의 전달 함수

(1) 회로망에서의 전달 함수 산출법

① 그림과 같은 회로의 출력 전압 V_o에 대한 전달 함수는 전압 분배의 법칙에 의해 구한다.

$$V_o = \frac{R_2}{R_1 + R_2} \times V_i \, [\text{V}]$$

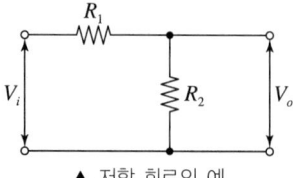

▲ 저항 회로의 예

② 전달 함수의 정의는 입력 신호 V_i에 대한 출력 신호 V_o의 비율이므로 위 식을 입력과 출력비 식으로 나타낼 수 있다.

$$G(s) = \frac{V_o}{V_i} = \frac{R_2}{R_1 + R_2}$$

(2) 회로 요소의 임피던스($Z[\Omega]$) 표현

① 인덕턴스

$L[\text{H}] \Rightarrow Z_L = j\omega L = sL \, [\Omega]$

② 정전 용량

$C[\text{F}] \Rightarrow Z_C = \dfrac{1}{j\omega C} = \dfrac{1}{sC} \, [\Omega]$

대표 빈출 문제 다음 회로에서 입력 전압 $v_1(t)$에 대한 출력 전압 $v_2(t)$의 전달 함수 $G(s)$는?

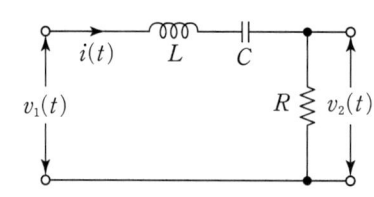

① $\dfrac{RCs}{LCs^2 + RCs + 1}$ ② $\dfrac{RCs}{LCs^2 - RCs - 1}$ ③ $\dfrac{Cs}{LCs^2 + RCs + 1}$ ④ $\dfrac{Cs}{LCs^2 - RCs - 1}$

해설 전압 분배 법칙에 의해

$$V_2(s) = \frac{R}{Ls + \dfrac{1}{Cs} + R} V_1(s) \text{이므로}$$

$$G(s) = \frac{V_2(s)}{V_1(s)} = \frac{R}{Ls + \dfrac{1}{Cs} + R} \times \frac{Cs}{Cs} = \frac{RCs}{LCs^2 + RCs + 1}$$

|정답| ①

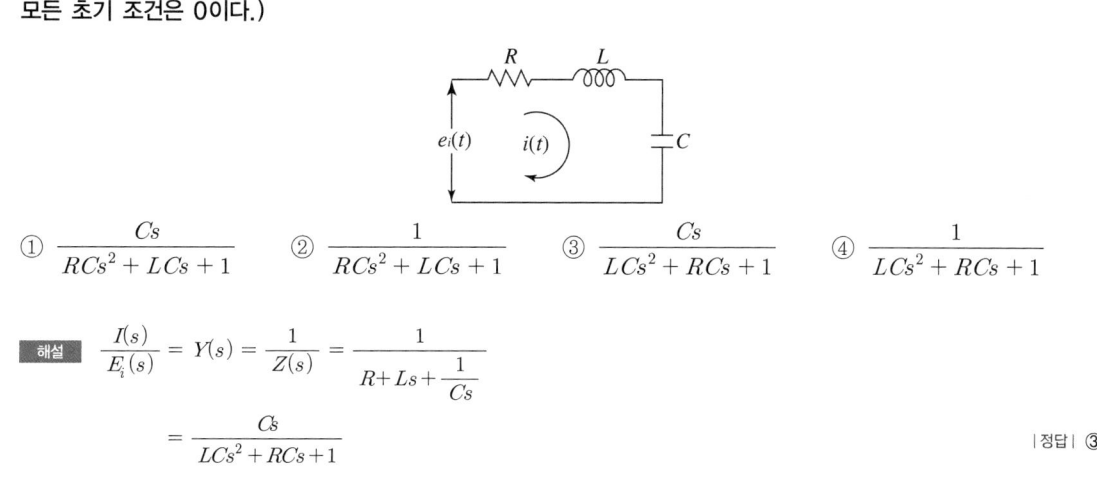

대표빈출문제 그림과 같은 RLC 회로에서 입력 전압 $e_i(t)$, 출력 전류가 $i(t)$인 경우 이 회로의 전달 함수 $I(s)/E_i(s)$는?(단, 모든 초기 조건은 0이다.)

① $\dfrac{Cs}{RCs^2 + LCs + 1}$ ② $\dfrac{1}{RCs^2 + LCs + 1}$ ③ $\dfrac{Cs}{LCs^2 + RCs + 1}$ ④ $\dfrac{1}{LCs^2 + RCs + 1}$

해설 $\dfrac{I(s)}{E_i(s)} = Y(s) = \dfrac{1}{Z(s)} = \dfrac{1}{R + Ls + \dfrac{1}{Cs}}$

$= \dfrac{Cs}{LCs^2 + RCs + 1}$

| 정답 | ③

6 블록 선도에서의 전달 함수 산출법

(1) 그림과 같은 블록 선도에서 전달 함수 $G(s)$는 다음 공식을 적용하여 산출한다.

$$G(s) = \dfrac{C(s)}{R(s)} = \dfrac{\sum 경로}{1 - \sum 폐루프}$$

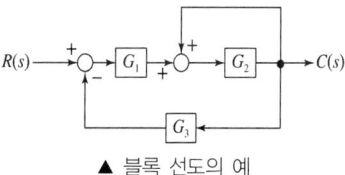

▲ 블록 선도의 예

(2) 위의 블록 선도에 공식을 적용한다.

$$G(s) = \dfrac{C(s)}{R(s)} = \dfrac{G_1 \times G_2}{1 - (-G_1 \times G_2 \times G_3) - (G_2)} = \dfrac{G_1 G_2}{1 + G_1 G_2 G_3 - G_2}$$

대표빈출문제 그림과 같은 블록 선도의 전달 함수 $\dfrac{C(s)}{R(s)}$ 는?

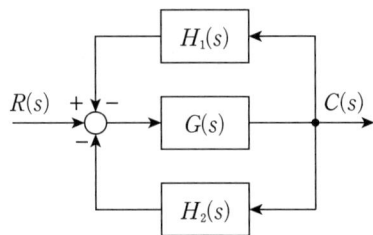

① $\dfrac{G(s)H_1(s)H_2(s)}{1+G(s)H_1(s)H_2(s)}$

② $\dfrac{G(s)}{1+G(s)H_1(s)H_2(s)}$

③ $\dfrac{G(s)}{1-G(s)(H_1(s)+H_2(s))}$

④ $\dfrac{G(s)}{1+G(s)(H_1(s)+H_2(s))}$

해설 주어진 블록 선도의 전달 함수를 구하면 다음과 같다.

$\dfrac{C(s)}{R(s)} = \dfrac{\sum 경로}{1-\sum 폐루프}$

$= \dfrac{G(s)}{1-(-H_1(s)G(s)-H_2(s)G(s))}$

$= \dfrac{G(s)}{1+H_1(s)G(s)+H_2(s)G(s)}$

$= \dfrac{G(s)}{1+G(s)(H_1(s)+H_2(s))}$

|정답| ④

> **대표 빈출 문제**
>
> 다음 블록 선도의 전달 함수 $\left(\dfrac{C(s)}{R(s)}\right)$는?

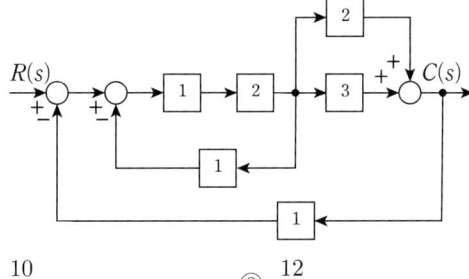

① $\dfrac{10}{9}$ ② $\dfrac{10}{13}$ ③ $\dfrac{12}{9}$ ④ $\dfrac{12}{13}$

해설   주어진 블록 선도의 전달 함수를 구하면 다음과 같다.

$$\dfrac{C(s)}{R(s)} = \dfrac{\sum 경로}{1-\sum 폐루프}$$

- 경로
  $1 \times 2 \times 2 = 4$, $1 \times 2 \times 3 = 6$
- 폐루프
  $1 \times 2 \times (-1) = -2$, $1 \times 2 \times 3 \times (-1) = -6$, $1 \times 2 \times 2 \times (-1) = -4$

$\therefore$ 전달 함수 $\dfrac{C(s)}{R(s)} = \dfrac{4+6}{1-(-2-6-4)} = \dfrac{10}{13}$

| 정답 | ②

7 신호 흐름 선도에서의 전달 함수 산출법

(1) 그림과 같은 신호 흐름 선도에서도 전달 함수 $G(s)$는 다음 공식을 적용하여 산출한다.

$$G(s) = \dfrac{C(s)}{R(s)} = \dfrac{\sum 경로}{1-\sum 폐루프}$$

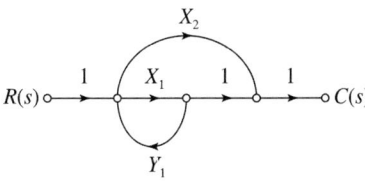

▲ 신호 흐름 선도의 예

(2) 위의 신호 흐름 선도에 공식을 적용한다.

$$G(s) = \dfrac{C(s)}{R(s)} = \dfrac{1 \times X_1 \times 1 \times 1 + 1 \times X_2 \times 1}{1-(X_1 \times Y_1)} = \dfrac{X_1 + X_2}{1 - X_1 Y_1}$$

대표빈출문제 그림의 신호 흐름 선도를 미분 방정식으로 표현한 것으로 옳은 것은?(단, 모든 초기값은 0이다.)

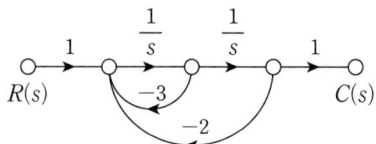

① $\dfrac{d^2c(t)}{dt^2}+3\dfrac{dc(t)}{dt}+2c(t)=r(t)$ ② $\dfrac{d^2c(t)}{dt^2}+2\dfrac{dc(t)}{dt}+3c(t)=r(t)$

③ $\dfrac{d^2c(t)}{dt^2}-3\dfrac{dc(t)}{dt}-2c(t)=r(t)$ ④ $\dfrac{d^2c(t)}{dt^2}-2\dfrac{dc(t)}{dt}-3c(t)=r(t)$

해설 주어진 신호 흐름 선도의 전달 함수를 구하면 다음과 같다.

$$\frac{C(s)}{R(s)}=\frac{\frac{1}{s}\times\frac{1}{s}}{1-\left(-\frac{3}{s}-\frac{2}{s^2}\right)}=\frac{\frac{1}{s^2}}{1+\frac{3}{s}+\frac{2}{s^2}}=\frac{1}{s^2+3s+2}$$

이 식을 시간 함수로 표현(미분 방정식)하면 다음과 같다.
$C(s)(s^2+3s+2)=R(s)$
$s^2C(s)+3sC(s)+2C(s)=R(s)$
$\therefore \dfrac{d^2c(t)}{dt^2}+3\dfrac{dc(t)}{dt}+2c(t)=r(t)$

|정답| ①

대표빈출문제 신호 흐름 선도에서 전달 함수 $\dfrac{C(s)}{R(s)}$는?

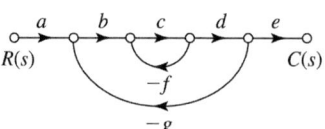

① $\dfrac{abcde}{1-cg-bcdg}$ ② $\dfrac{abcde}{1-cf+bcdg}$ ③ $\dfrac{abcde}{1+cf-bcdg}$ ④ $\dfrac{abcde}{1+cf+bcdg}$

해설 주어진 신호 흐름 선도의 전달 함수를 구하면 다음과 같다.

$$\frac{C(s)}{R(s)}=\frac{\sum 경로}{1-\sum 폐루프}=\frac{a\times b\times c\times d\times e}{1-\{c\times(-f)+b\times c\times d\times(-g)\}}$$

$$=\frac{abcde}{1+cf+bcdg}$$

|정답| ④

8 경로에 접하지 않는 폐루프가 있는 신호 흐름 선도에서의 전달 함수

(1) 그림과 같이 어떤 경로에 접하지 않는 폐루프가 있는 신호 흐름 선도의 전달 함수는 다음과 같이 변형된 공식을 적용한다.

$$\frac{C(s)}{R(s)} = \frac{\text{폐루프에 접하는 경로} + \text{폐루프에 접하지 않는 경로} \times (1 - \text{폐루프})}{1 - \text{폐루프}}$$

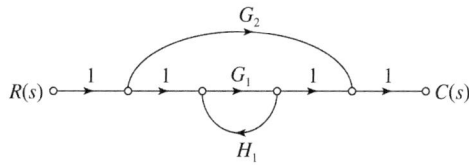

▲ 경로에 접하지 않는 폐루프가 있는 신호 흐름 선도

(2) 위의 신호 흐름 선도에서 전달 함수를 구한다.

$$G(s) = \frac{C(s)}{R(s)} = \frac{G_1 + G_2(1 - G_1 H_1)}{1 - G_1 H_1}$$

즉, G_2가 폐루프($G_1 H_1$)에 접하지 않는 경로이다.

대표 빈출 문제 그림과 같은 신호 흐름 선도에서 전달 함수 $\dfrac{Y(s)}{X(s)}$는 무엇인가?

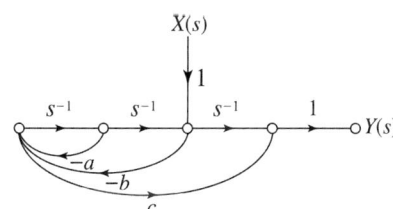

① $\dfrac{s+a}{s^2+as-b^2}$ ② $\dfrac{-bcs^2+s}{s^2+as+b}$ ③ $\dfrac{-bcs^2+s+a}{s^2+as}$ ④ $\dfrac{-bcs^2+s+a}{s^2+as+b}$

해설 비접촉 개로(s^{-1})와 독립 폐로($-as^{-1}$)가 있는 선도(제3유형)

- 개로(2개) : s^{-1}, $-bc$
  ($\sum$개로$= s^{-1} - bc$)
- 폐로(2개) : $-as^{-1}$, $-bs^{-2}$
  ($\sum$폐로$= -as^{-1} - bs^{-2}$)
- (비접촉 개로×독립 폐로)
  $= s^{-1} \cdot (-as^{-1}) = -as^{-2}$

$$G(s) = \frac{\sum\text{개로} - (\text{비접촉 개로} \times \text{독립 폐로})}{1 - \sum\text{폐로}}$$

$$= \frac{(s^{-1} - bc) - s^{-1} \cdot (-as^{-1})}{1 - (-as^{-1} - bs^{-2})}$$

$$\therefore \frac{Y(s)}{X(s)} = \frac{s^{-1} - bc + as^{-2}}{1 + as^{-1} + bs^{-2}} \times \frac{s^2}{s^2} = \frac{-bcs^2 + s + a}{s^2 + as + b}$$

|정답| ④

> **대표빈출문제** 아래의 신호 흐름 선도의 이득 $\dfrac{Y_7}{Y_1}$ 의 분자에 해당하는 값은?

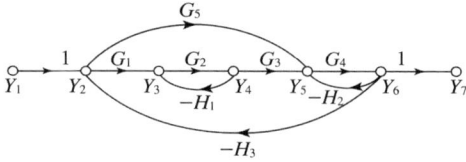

① $G_1 G_2 G_3 G_4 + G_4 G_5$
② $G_1 G_2 G_3 G_4 + G_4 G_5 + G_2 H_1$
③ $G_1 G_2 G_3 G_4 H_3 - G_2 H_1 + G_4 H_1$
④ $G_1 G_2 G_3 G_4 + G_4 G_5 + G_2 G_4 G_5 H_1$

해설 메이슨 공식에서 분자는 경로를 말하므로
신호 흐름 선도의 분자를 구하면 다음과 같다.
$Y_7 = G_1 G_2 G_3 G_4 + G_4 G_5 (1 + G_2 H_1)$
$\quad\,\, = G_1 G_2 G_3 G_4 + G_4 G_5 + G_2 G_4 G_5 H_1$

|정답| ④

9 폐루프 제어계의 구성 요소

(1) 제어 요소

① 조절부: 비교부에서 검출된 편차를 입력받아 필요한 제어량만큼 조정해 주는 장치이다.
② 조작부: 조절부에서 조정된 신호를 받아 실제로 제어 대상에 가해 어떤 동작 기구 등을 조작해 주는 장치이다.

(2) 비교부

입력과 출력값을 비교하여 오차량을 측정하는 부분이다.

(3) 조작량

제어 요소가 제어 대상에 주는 양이다.

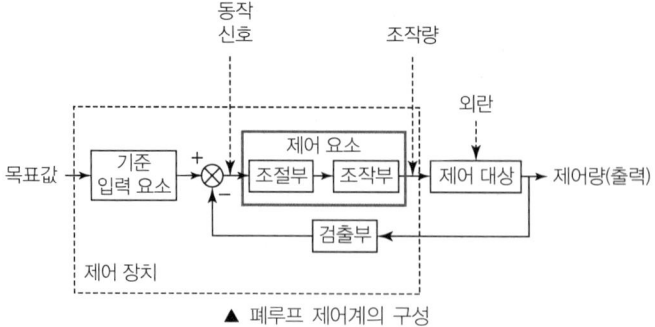

▲ 폐루프 제어계의 구성

대표 빈출 문제

블록 선도에서 ⓐ에 해당하는 신호는?

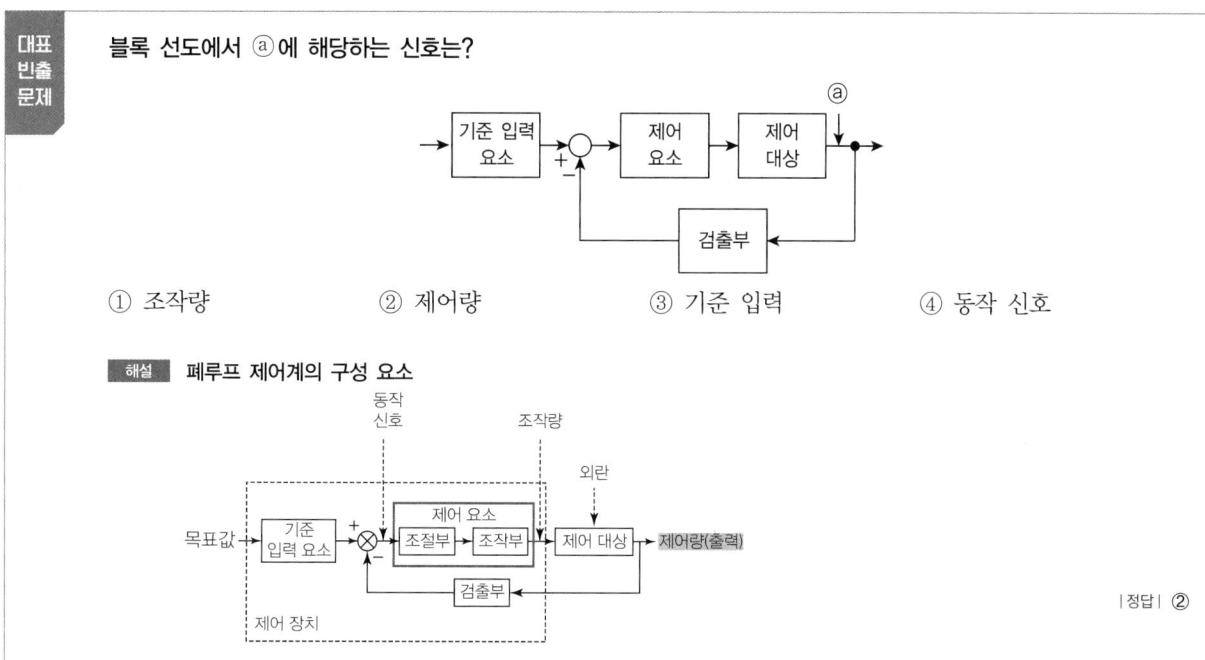

① 조작량   ② 제어량   ③ 기준 입력   ④ 동작 신호

해설 폐루프 제어계의 구성 요소

|정답| ②

대표 빈출 문제

자동 제어계의 기본적 구성에서 제어 요소는 무엇과 무엇으로 구성되는가?

① 비교부와 검출부   ② 검출부와 조작부   ③ 검출부와 조절부   ④ 조절부와 조작부

해설 폐루프 제어계의 구성 요소

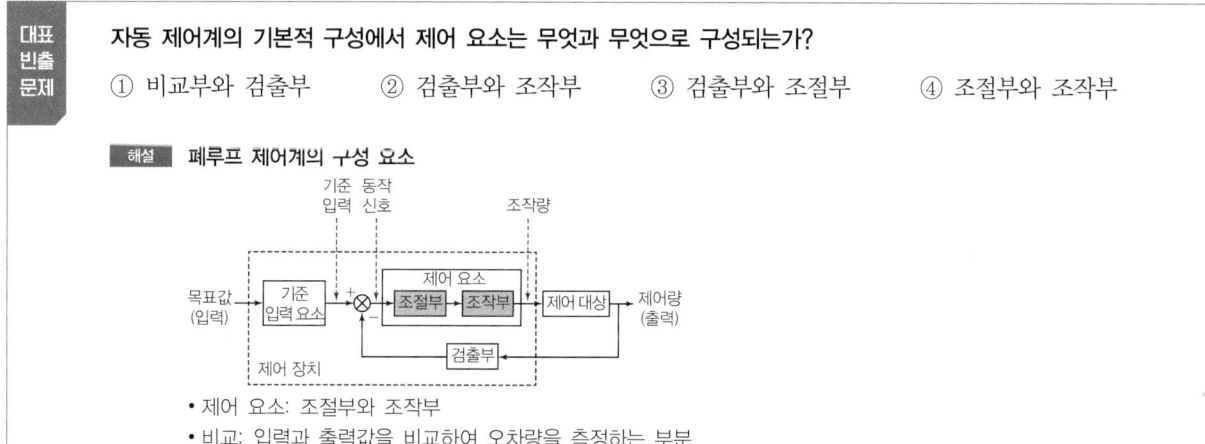

- 제어 요소: 조절부와 조작부
- 비교: 입력과 출력값을 비교하여 오차량을 측정하는 부분
- 조작량: 제어 요소가 제어 대상에 주는 양

|정답| ④

10 제어량의 종류에 의한 분류

(1) 프로세스 제어
① 프로세스 공업(화학·석유·가스·종이·철강 등)의 온도·유량·압력 등을 자동 제어한다.
② 액면 레벨, 밀도 등의 공업량인 경우의 자동 제어를 말한다.

(2) 서보 기구
① 제어량이 기계적 위치가 되도록 되어 있는 자동 제어 기구이다.
② 서보 기구는 일반적으로 피드백 제어에 의해 그 기구의 운동 부분이 물체의 위치, 방위, 자세 등의 목표값의 임의 변화에 추종하도록 제어하는 기구로 기계를 명령대로 작동시키는 장치이다.

(3) 자동 조정 제어
① 주로 전기적 신호나 기계적 양을 제어한다.
② 전압, 전류, 주파수, 회전수, 힘(토크) 등을 제어한다.

대표 빈출 문제 물체의 위치, 방위, 각도 등의 기계적 변위량으로 임의의 목표값에 추종하는 제어 장치는?

① 자동 조정   ② 서보 기구   ③ 프로그램 제어   ④ 프로세스 제어

해설 제어량의 종류에 의한 분류
• 서보 기구
  - 기계적 변위를 제어량으로 해서 목표값의 변화에 추종하는 제어
  - 물체의 위치, 방위, 각도, 자세 등을 제어
• 프로세스 제어
  - 생산 공장에서 주로 사용하는 제어
  - 온도, 압력, 유량, 밀도 등을 제어
• 자동 조정 제어
  - 주로 전기적 신호나 기계적인 양을 제어
  - 전압, 전류, 주파수, 회전수, 힘(토크) 등을 제어

|정답| ②

대표 빈출 문제 온도, 유량, 압력 등 공정 제어의 제어량으로 하는 제어는?

① 프로세스 제어   ② 자동 조정 제어   ③ 서보 기구   ④ 정치 제어

해설 프로세스 제어는 제조 공장 등에서 제조 생산품을 자동으로 제어할 목적으로 사용되는 제어법으로 온도, 유량, 압력 등의 제어에 주로 사용된다.

|정답| ①

---

11 조절부의 동작에 의한 분류

(1) 비례 제어(P 제어)
① 검출값 편차에 비례하여 조작부를 제어한다.
② 오차가 크고 동작 속도가 느린 단점이 있어 잔류 편차를 발생시킨다.
③ 전달 함수 $G(s) = K$(단, K: 비례 감도)

(2) 미분 제어(D 제어)
① 오차가 검출될 때 오차가 변화하는 속도에 대응하여 미분 제어한다.
② 제어 장치의 입력에 대응한 출력 변화를 검출하여 정상 상태에 이르렀을 때 검출 오차가 커지는 것을 미연에 방지한다.
③ 전달 함수 $G(s) = T_d s$ (단, T_d: 미분 시간)

(3) 적분 제어(I 제어)
① 오차가 검출될 때 오차에 해당하는 면적을 계산하기 위해 적분 제어한다.
② 잔류 편차(오차)를 제거하여 정확도를 높일 수 있다.
③ 전달 함수 $G(s) = \dfrac{1}{T_i s}$ (단, T_i: 적분 시간)

(4) 비례 미분 제어(PD 제어)
① 비례 제어의 속도가 느린 점을 보완하기 위해 미분 동작을 부가한 제어계이다.
② 제어 장치의 응답 속응성을 높일 수 있다.
③ 전달 함수 $G(s) = K(1 + T_d s)$

(5) 비례 적분 제어(PI 제어)
① 비례 제어의 오차가 큰 점을 보완하기 위해 적분 동작을 부가한 제어계이다.
② 제어 장치의 정확도를 높일 수 있다.
③ 전달 함수 $G(s) = K\left(1 + \dfrac{1}{T_i s}\right)$

(6) 비례 적분 미분 제어(PID 제어)
① PI 동작에 미분 동작(D 제어)을 추가한 제어이다.
② 제어 장치의 정확도 및 응답 속응성까지 개선시킬 수 있는 최적 제어이다.
③ 전달 함수 $G(s) = K\left(1 + \dfrac{1}{T_i s} + T_d s\right)$

대표 빈출 문제

전달 함수가 $G(s) = \dfrac{2s + 5}{7s}$ 인 제어기가 있다. 이 제어기는 어떤 제어기인가?

① 비례 미분 제어기
② 적분 제어기
③ 비례 적분 제어기
④ 비례 적분 미분 제어기

해설
- $G(s) = \dfrac{2s+5}{7s} = \dfrac{2s}{7s} + \dfrac{5}{7s} = \dfrac{2}{7} + \dfrac{5}{7s} = \dfrac{2}{7}\left(1 + \dfrac{5}{2s}\right)$
- 비례 적분 전달 함수
  $G(s) = K_p\left(1 + \dfrac{1}{T_i s}\right)$

∴ 비례 감도(K_p) $= \dfrac{2}{7}$, 적분 시간(T_i) $= \dfrac{2}{5}$ 인 비례 적분 제어기이다.

| 정답 | ③

| 대표빈출문제 | 일정 입력에 대해 잔류 편차가 있는 제어계는? |

① 비례 제어계
② 적분 제어계
③ 비례 적분 제어계
④ 비례 적분 미분 제어계

해설 연속 제어
- 비례 제어(P 제어): 잔류 편차 발생
- 적분 제어(I 제어): 잔류 편차 제거
- 미분 제어(D 제어): 오차가 커지는 것을 미리 방지
- 비례 적분 제어(PI 제어): 잔류 편차 제거, 제어 결과가 진동적
- 비례 미분 제어(PD 제어): 응답 속응성 개선
- 비례 적분 미분 제어(PID 제어): 잔류 편차 제거, 응답 속응성 개선, 응답 오버슈트 감소

|정답| ①

12 제동비 값에 따른 제어계의 과도 응답 특성

(1) $0 < \delta < 1$: 부족 제동(감쇠 진동)

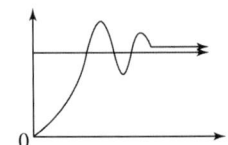

(2) $\delta > 1$: 과제동(비진동)

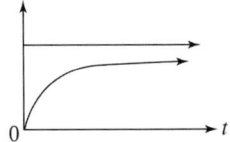

(3) $\delta = 1$: 임계 제동(임계 상태)

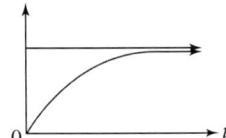

(4) $\delta = 0$: 무제동(무한 진동)

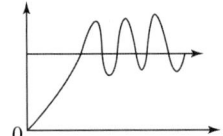

> **대표빈출문제** 2차 제어 시스템의 감쇠율(Damping ratio, δ)이 $\delta < 0$ 인 경우 제어 시스템의 과도 응답 특성은?
>
> ① 발산 ② 무제동 ③ 임계 제동 ④ 과제동
>
> **해설** 과도 응답 특성
> - $\delta > 1$: 과제동
> - $\delta = 1$: 임계 제동
> - $0 < \delta < 1$: 부족 제동
> - $\delta = 0$: 무제동
> - $\delta < 0$: 발산
>
> |정답| ①

> **대표빈출문제** 전달 함수가 $\dfrac{C(s)}{R(s)} = \dfrac{1}{3s^2 + 4s + 1}$ 인 제어 시스템의 과도 응답 특성은?
>
> ① 무제동 ② 부족 제동 ③ 임계 제동 ④ 과제동
>
> **해설**
> $$\frac{C(s)}{R(s)} = \frac{1}{3s^2+4s+1} = \frac{\frac{1}{3}}{s^2+\frac{4}{3}s+\frac{1}{3}} = \frac{\omega_n^2}{s^2+2\delta\omega_n s+\omega_n^2}$$
>
> $\omega_n^2 = \dfrac{1}{3} \rightarrow \omega_n = \dfrac{1}{\sqrt{3}}$ [rad/sec]
>
> $2\delta\omega_n = \dfrac{4}{3} \rightarrow \delta = \dfrac{4}{3} \times \dfrac{1}{2\omega_n} = \dfrac{2}{\sqrt{3}} = 1.15$
>
> $\therefore \delta > 1$이므로 과제동
>
> |정답| ④

13 편차의 종류

(1) 위치 편차

제어계에 단위 계단 입력 $r(t) = u(t) = 1$을 가했을 때의 편차

(2) 속도 편차

제어계에 속도 입력 $r(t) = t$를 가했을 때의 편차

(3) 가속도 편차

제어계에 가속도 입력 $r(t) = \dfrac{1}{2}t^2$을 가했을 때의 편차

편차의 종류	입력	편차 상수	편차
위치 편차	$r(t) = 1$	$K_p = \lim_{s \to 0} G(s)$	$e_p = \dfrac{1}{1+K_p}$
속도 편차	$r(t) = t$	$K_v = \lim_{s \to 0} sG(s)$	$e_v = \dfrac{1}{K_v}$
가속도 편차	$r(t) = \dfrac{1}{2}t^2$	$K_a = \lim_{s \to 0} s^2 G(s)$	$e_a = \dfrac{1}{K_a}$

대표빈출문제 단위 피드백 제어계에서 개루프 전달 함수 $G(s)$가 다음과 같이 주어졌을 때 단위 계단 입력에 대한 정상 상태 편차는?

$$G(s) = \frac{5}{s(s+1)(s+2)}$$

① 0   ② 1   ③ 2   ④ 3

해설 $K_p = \lim\limits_{s \to 0} G(s) = \lim\limits_{s \to 0} \frac{5}{s(s+1)(s+2)} = \infty$

따라서 단위 계단 입력의 정상 편차는 다음과 같다.

$e_p = \dfrac{1}{1+K_p} = \dfrac{1}{1+\infty} = 0$

|정답| ①

대표빈출문제 그림과 같은 블록 선도의 제어 시스템에서 속도 편차 상수 K_v는 얼마인가?

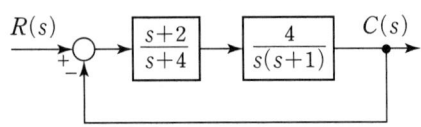

① 0   ② 0.5   ③ 2   ④ ∞

해설 속도 편차 상수 $K_v = \lim\limits_{s \to 0} sG(s)$이다.

개루프 전향 이득 $G(s) = \dfrac{s+2}{s+4} \times \dfrac{4}{s(s+1)}$

$K_v = \lim\limits_{s \to 0} s \times \dfrac{s+2}{s+4} \times \dfrac{4}{s(s+1)} = \dfrac{2}{4} \times \dfrac{4}{1} = 2$

|정답| ③

14 진폭비 및 위상차

(1) 전달 함수가 $G(s)$인 제어계에 주파수 ω인 정현파 신호를 가했을 때 출력 신호의 정상값은 입력과 같은 주파수의 정현파가 되며, 진폭은 $|G(j\omega)|$배가 되고, 위상은 $\angle G(j\omega)$만큼 벗어나게 된다.

(2) 진폭비 $|G(j\omega)|$와 위상차 $\angle G(j\omega)$는 다음의 식으로 구할 수 있다.

① 진폭비

$|G(j\omega)| = \sqrt{a^2 + b^2}$

② 위상차

$\angle G(j\omega) = \tan^{-1} \dfrac{b}{a}$

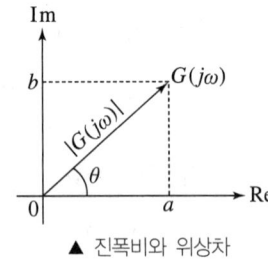

▲ 진폭비와 위상차

대표빈출문제 $G(j\omega) = \dfrac{1}{1+j2T}$ 이고, $T=2$초일 때 크기 $|G(j\omega)|$와 위상 $\angle G(j\omega)$는 각각 얼마인가?

① 0.24, 76° ② 0.44, 36° ③ 0.24, −76° ④ 0.44, −36°

해설
- $T=2 \rightarrow G(j\omega) = \dfrac{1}{1+j2\times 2} = \dfrac{1}{1+j4}$
- 크기 $|G(j\omega)| = \dfrac{1}{\sqrt{1^2+4^2}} = 0.24$
- 위상 $\angle G(j\omega) = \dfrac{\angle 0°}{\angle \tan^{-1}\frac{4}{1}} = \dfrac{\angle 0°}{\angle 76°} = \angle -76°$

|정답| ③

대표빈출문제 $G(j\omega) = \dfrac{1}{j\omega T+1}$ 의 크기와 위상각은?

① $G(j\omega) = \sqrt{\omega^2 T^2+1},\ \angle \tan^{-1}\omega T$
② $G(j\omega) = \sqrt{\omega^2 T^2+1},\ \angle -\tan^{-1}\omega T$
③ $G(j\omega) = \dfrac{1}{\sqrt{\omega^2 T^2+1}},\ \angle \tan^{-1}\omega T$
④ $G(j\omega) = \dfrac{1}{\sqrt{\omega^2 T^2+1}},\ \angle -\tan^{-1}\omega T$

해설
- 크기
$$|G(j\omega)| = \dfrac{\sqrt{1^2}}{\sqrt{(\omega T)^2+1^2}} = \dfrac{1}{\sqrt{\omega^2 T^2+1}}$$
- 위상각
$$\angle G(j\omega) = \dfrac{\angle \tan^{-1}\frac{0}{1}}{\angle \tan^{-1}\frac{\omega T}{1}} = \angle(0° - \tan^{-1}\omega T) = \angle -\tan^{-1}\omega T$$

|정답| ④

---

15 보드 선도 작성 시 필요한 사항

(1) 이득

$g = 20\log_{10}|G(s)|\ [\text{dB}]$

(2) 이득 여유(GM: Gain Margin)

$GM = 20\log_{10}\dfrac{1}{|G(s)|}[\text{dB}]$

(3) 절점 주파수

보드 선도가 경사를 이루는 실수부와 허수부가 같아지는 주파수

(4) 경사

$g = K\log_{10}\omega\ [\text{dB}]$에서 K 값이 보드 선도의 경사를 의미한다.

대표빈출문제 $G(s)H(s) = \dfrac{2}{(s+1)(s+2)}$ 의 이득 여유[dB]는?

① 20　　② −20　　③ 0　　④ ∞

해설　$G(j\omega)H(j\omega) = \dfrac{2}{(j\omega+1)(j\omega+2)}\bigg|_{j\omega=0} = 1$

∴ 이득 여유 $g = 20\log_{10}\left|\dfrac{1}{G(j\omega)H(j\omega)}\right| = 20\log_{10}1 = 0[\text{dB}]$

| 정답 | ③

대표빈출문제 $G(s) = \dfrac{K}{s}$ 인 적분 요소의 보드 선도에서 이득 곡선의 1[decade]당 기울기는 몇 [dB]인가?

① 10　　② 20　　③ −10　　④ −20

해설　$g = 20\log_{10}\left|\dfrac{K}{j\omega}\right| = 20\log_{10}\dfrac{K}{\omega} = 20\log_{10}K - 20\log_{10}\omega$ 로서 주파수(ω)의 변화에 따라 이득 곡선은 −20[dB]로 변화한다.

| 정답 | ④

---

16 제어계의 안정 조건

특성 방정식에서 제어계가 안정하기 위한 필수 조건은 다음과 같다.

(1) 특성 방정식의 모든 계수의 부호가 같을 것

(2) 특성 방정식의 모든 차수가 존재할 것

(3) 루드표를 작성하여 제1열의 부호 변화가 없을 것
　　(루드표 제1열의 부호 변화 횟수는 s 평면의 우반 평면에 존재하는 근의 개수를 의미한다.)

대표빈출문제 Routh-Hurwitz 표에서 제1열의 부호가 변하는 횟수로부터 알 수 있는 것은?

① s−평면의 좌반면에 존재하는 근의 수
② s−평면의 우반면에 존재하는 근의 수
③ s−평면의 허수축에 존재하는 근의 수
④ s−평면의 원점에 존재하는 근의 수

해설　제어계가 안정하기 위한 특성 방정식의 필수 조건
• 특성 방정식의 모든 계수의 부호가 같아야 한다.
• 특성 방정식의 모든 차수가 존재해야 한다.
• 루드표를 작성하여 제1열의 부호 변화가 없어야 한다.(부호 변화 개수는 s 평면의 우반 평면에 존재하는 근의 수를 의미한다.)

| 정답 | ②

다음의 특성 방정식 중 안정한 제어 시스템은?

① $s^3 + 3s^2 + 4s + 5 = 0$
② $s^4 + 3s^3 - s^2 + s + 10 = 0$
③ $s^5 + s^3 + 2s^2 + 4s + 3 = 0$
④ $s^4 - 2s^3 - 3s^2 + 4s + 5 = 0$

해설 제어계가 안정하기 위한 필수 조건
- 특성 방정식의 모든 계수의 부호가 같아야 한다.
- 특성 방정식의 모든 차수가 존재하여야 한다.
- 루드표를 작성하여 제1열의 부호 변화가 없어야 한다.(부호 변화 개수는 s 평면의 우반 평면에 존재하는 근의 수를 의미한다.)

따라서 보기의 특성 방정식 중 안정한 시스템은 ①이다.

|정답| ①

17 루드표 작성법 및 안정도 판정

(1) 특성 방정식 $a_0 s^3 + a_1 s^2 + a_2 s + a_3 = 0$에서 루드표를 작성하면 다음과 같다.

차수	제1열 계수	제2열 계수	제3열 계수
s^3	a_0	a_2	0
s^2	a_1	a_3	0
s^1	$A = \dfrac{a_1 \times a_2 - a_0 \times a_3}{a_1}$	$B = \dfrac{a_1 \times 0 - a_0 \times 0}{a_1} = 0$	0
s^0	$C = \dfrac{A \times a_3 - a_1 \times B}{A} = a_3$	$D = \dfrac{A \times 0 - a_1 \times 0}{A} = 0$	0

(2) 루드표에서 제1열의 결과들의 부호가 모두 (+)가 되어 부호 변화가 없어야 제어계는 안정하다.(부호 변화가 1번이라도 발생하면 제어계는 불안정하다.)

대표빈출문제 특성 방정식이 $2s^4+10s^3+11s^2+5s+K=0$으로 주어진 제어 시스템이 안정하기 위한 조건은?

① $0<K<2$ ② $0<K<5$ ③ $0<K<6$ ④ $0<K<10$

해설 주어진 특성 방정식을 루드표로 작성하면 다음과 같다.

차수	제1열	제2열	제3열
s^4	2	11	K
s^3	10	5	0
s^2	$\dfrac{10\times11-2\times5}{10}=10$	$\dfrac{10\times K-2\times0}{10}=K$	0
s^1	$\dfrac{10\times5-10\times K}{10}=5-K$	0	0
s^0	K	0	0

제어계가 안정하려면 루드표의 제1열의 부호 변화가 없어야 한다.
$K>0$, $5-K>0$ → $K<5$
따라서 안정하기 위한 위의 2가지 조건을 모두 충족하는 조건은 $0<K<5$이다.

암기 루드표의 제1열의 부호 변화는 우반면의 근의 존재를 의미한다.

| 정답 | ②

대표빈출문제 개루프 전달 함수가 다음과 같은 제어 시스템의 근궤적이 $j\omega$(허수)축과 교차할 때 K는 얼마인가?

$$G(s)H(s)=\frac{K}{s(s+3)(s+4)}$$

① 30 ② 48 ③ 84 ④ 180

해설 근궤적이 허수축과 교차하는 것은 임계 상태를 의미한다.
개루프 전달 함수의 특성 방정식은 아래와 같다.
$s(s+3)(s+4)+K=s^3+7s^2+12s+K=0$
위의 특성 방정식을 루드표로 작성하면 다음과 같다.

차수	제1열	제2열
s^3	1	12
s^2	7	K
s^1	$\dfrac{7\times12-1\times K}{7}=\dfrac{84-K}{7}$	0
s^0	K	0

제어계가 임계 상태이기 위해서는 s^1의 모든 열이 0이어야 한다.
$\dfrac{84-K}{7}=0$ → $K=84$
따라서 $K=84$이다.

| 정답 | ③

18 근궤적의 성질

(1) 근궤적의 출발점($K=0$)은 $G(s)H(s)$의 극점으로부터 출발한다.

(2) 근궤적의 종착점($K=\infty$)은 $G(s)H(s)$의 영점에서 끝난다.

(3) 근궤적은 항상 실수축에 대해 대칭이다.

(4) 근궤적의 개수는 영점수(Z)와 극점수(P) 중 큰 것과 일치한다.

(5) 근궤적의 가짓수는 특성 방정식의 차수와 같다.

(6) 실수축에서 이득 K가 최대가 되게 하는 점이 이탈점이 될 수 있다.

(7) 근궤적의 이탈점은 극점을 기준으로 좌측의 홀수구간에 존재한다.

(8) 점근선은 실수축 상에서 교차한다.

대표 빈출 문제

근궤적의 성질 중 틀린 것은?

① 근궤적은 실수축을 기준으로 대칭이다.
② 점근선은 허수축상에서 교차한다.
③ 근궤적의 가짓수는 특성 방정식의 차수와 같다.
④ 근궤적은 개루프 전달 함수의 극점으로부터 출발한다.

해설 근궤적의 성질
- 근궤적의 출발점($K=0$): $G(s)H(s)$의 극점으로부터 출발한다.
- 근궤적의 종착점($K=\infty$): $G(s)H(s)$의 영점에서 끝난다.
- 근궤적은 항상 실수축에 대해 대칭이다.
- 근궤적의 가짓수는 영점(Z) 수와 극점(P) 수 중 큰 것과 일치한다.
- 근궤적의 가짓수는 특성 방정식의 차수와 같다.
- 실수축에서 이득 K가 최대가 되게 하는 점이 이탈점이 될 수 있다.
- 근궤적의 이탈점은 극점을 기준으로 좌측의 홀수구간에 존재한다.
- 점근선은 실수축 상에서 교차한다.

|정답| ②

19 근궤적 관련 공식

(1) 점근선의 교차점

$$\text{교차점 } A = \frac{\sum P - \sum Z}{P - Z}$$

- $\sum P$: 극점의 합계, $\sum Z$: 영점의 합계
- P: 극점의 개수, Z: 영점의 개수

(2) 점근선의 각도

$$\text{각도 } \alpha = \frac{(2k+1)\pi}{P-Z} \ (k=0,1,2,3,\cdots)$$

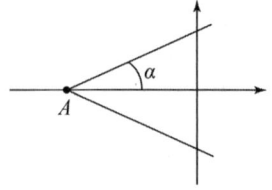

▲ 점근선의 교차점 및 각도

대표 빈출 문제

$G(s)H(s) = \dfrac{K(s-1)}{s(s+1)(s-4)}$ 에서 점근선의 교차점을 구하면?

① -1 ② 0 ③ 1 ④ 2

해설 주어진 전달 함수에서 영점과 극점을 구한다.
Z(영점) $= 1 \to 1$개
P(극점) $= 0, -1, 4 \to 3$개
이를 점근선의 교차점 공식에 대입한다.

점근선의 교차점 $= \dfrac{\text{극점의 합}(\sum P) - \text{영점의 합}(\sum Z)}{\text{극점 수}(P) - \text{영점 수}(Z)}$

$= \dfrac{(0-1+4)-(1)}{3-1} = \dfrac{2}{2} = 1$

| 정답 | ③

대표 빈출 문제

제어 시스템의 개루프 전달 함수가 $G(s)H(s) = \dfrac{K(s+30)}{s^4+s^3+2s^2+s+7}$ 로 주어질 때, 다음 중 $K>0$인 경우 근궤적의 점근선이 실수축과 이루는 각은?

① $20°$ ② $60°$ ③ $90°$ ④ $120°$

해설 점근선의 각도 $\alpha = \dfrac{2k+1}{\text{극점 수}(P) - \text{영점 수}(Z)} \times 180°$

$(k=0, 1, 2, 3, \cdots)$

주어진 함수에서 $P=4$, $Z=1$이므로 다음과 같다.

$k=0$일 때, $\alpha = \dfrac{2\times 0+1}{4-1} \times 180° = \dfrac{180°}{3} = 60°$

$k=1$일 때, $\alpha = \dfrac{2\times 1+1}{4-1} \times 180° = 180°$

$k=2$일 때, $\alpha = \dfrac{2\times 2+1}{4-1} \times 180° = 300°$

| 정답 | ②

20 이상적인 증폭기의 특성

X_1, X_2 → Amp → X_3
▲ 연산 증폭기

(1) 입력 임피던스(Z_i)가 크다.

(2) 출력 임피던스(Z_o)가 작다.

(3) 전압 이득 $\left(\dfrac{V_o}{V_i}\right)$이 크다.

(4) 전력 이득 $\left(\dfrac{P_o}{P_i}\right)$이 크다.

(5) 대역폭이 매우 크다.

대표빈출문제 연산 증폭기의 성질에 관한 설명으로 틀린 것은?
① 전압 이득이 크다.
② 입력 임피던스가 작다.
③ 전력 이득이 크다.
④ 출력 임피던스가 작다.

해설 연산 증폭기의 특성
- 입력 임피던스가 매우 크다.
- 출력 임피던스가 매우 작다.
- 출력의 전력 이득이 매우 크다.
- 출력의 전압 이득이 매우 크다.

|정답| ②

---

21 제어 시스템의 미분 방정식 및 상태 방정식

(1) 2차 제어 시스템
① 2차 제어 시스템이란 상태 방정식이 2차 미분 방정식으로 표현되는 제어계를 말한다.
② 상태 방정식: $\dfrac{d^2y(t)}{dt^2} + a\dfrac{dy(t)}{dt} + by(t) = cr(t)$
③ 벡터 행렬: $A = \begin{bmatrix} 0 & 1 \\ -b & -a \end{bmatrix}$, $B = \begin{bmatrix} 0 \\ c \end{bmatrix}$

(2) 3차 제어 시스템

① 3차 제어 시스템이란 상태 방정식이 3차 미분 방정식으로 표현되는 제어계를 말한다.

② 상태 방정식: $\dfrac{d^3 y(t)}{dt^3} + a\dfrac{d^2 y(t)}{dt^2} + b\dfrac{dy(t)}{dt} + cy(t) = dr(t)$

③ 벡터 행렬: $A = \begin{bmatrix} 0 & 1 & 0 \\ 0 & 0 & 1 \\ -c & -b & -a \end{bmatrix}, B = \begin{bmatrix} 0 \\ 0 \\ d \end{bmatrix}$

대표빈출문제 다음의 미분방정식과 같이 표현되는 제어 시스템이 있다. 이 제어 시스템을 상태 방정식 $\dot{x} = Ax + Bu$로 나타내었을 때 시스템 행렬 A는?

$$\dfrac{d^3 C(t)}{dt^3} + 5\dfrac{d^2 C(t)}{dt^2} + \dfrac{dC(t)}{dt} + 2C(t) = r(t)$$

① $\begin{bmatrix} 0 & 1 & 0 \\ 0 & 0 & 1 \\ -2 & -1 & -5 \end{bmatrix}$ ② $\begin{bmatrix} 1 & 0 & 0 \\ 0 & 1 & 0 \\ -2 & -1 & -5 \end{bmatrix}$ ③ $\begin{bmatrix} 0 & 1 & 0 \\ 0 & 0 & 1 \\ 2 & 1 & 5 \end{bmatrix}$ ④ $\begin{bmatrix} 1 & 0 & 0 \\ 0 & 1 & 0 \\ 2 & 1 & 5 \end{bmatrix}$

해설 상태 방정식 계수 행렬의 특성(3차 방정식)
- 계수 행렬 A
  - 1행 및 2행 요소(불변): $\begin{bmatrix} 0 & 1 & 0 \\ 0 & 0 & 1 \end{bmatrix}$
  - 3행 요소(부호 반대): $[-2\ -1\ -5]$

$\therefore A = \begin{bmatrix} 0 & 1 & 0 \\ 0 & 0 & 1 \\ -2 & -1 & -5 \end{bmatrix}$

|정답| ①

대표빈출문제 미분 방정식 $\ddot{x} + 2\dot{x} + x = 3u$로 표시되는 계의 시스템 행렬과 입력 행렬은?

① $\begin{bmatrix} 0 & 1 \\ -1 & -2 \end{bmatrix}, \begin{bmatrix} 0 \\ 3 \end{bmatrix}$ ② $\begin{bmatrix} 0 & 1 \\ -1 & 2 \end{bmatrix}, \begin{bmatrix} 0 \\ 3 \end{bmatrix}$ ③ $\begin{bmatrix} 0 & 1 \\ -1 & 0 \end{bmatrix}, \begin{bmatrix} 3 \\ 0 \end{bmatrix}$ ④ $\begin{bmatrix} 0 & 1 \\ -1 & 2 \end{bmatrix}, \begin{bmatrix} 3 \\ 0 \end{bmatrix}$

해설 상태 방정식 계수 행렬의 특성(2차 방정식)
- 계수 행렬 A
  - 1행 요소(불변): $[0\ \ 1]$
  - 2행 요소(부호 반대): $[-1\ \ -2]$
  - $A = \begin{bmatrix} 0 & 1 \\ -1 & -2 \end{bmatrix}$
- 계수 행렬 B
  - 1행 요소(불변): $[0]$
  - 2행 요소(u의 계수): $[3]$
  - $B = \begin{bmatrix} 0 \\ 3 \end{bmatrix}$

|정답| ①

22 제어 시스템의 과도 응답(천이 행렬)

(1) 천이 행렬 $\phi(t)$

제어 장치의 상태 방정식 $\dot{x}(t) = Ax(t) + Bu(t)$ 의 해를 구하여 제어계가 급격한 과도 상태일 때, 제어 장치의 특성을 파악하기 위한 행렬식을 말한다.

(2) 천이 행렬 계산 방법

① $sI - A$ 행렬을 계산한다.

여기서, I: 단위 행렬 $\left(\begin{bmatrix} 1 & 0 \\ 0 & 1 \end{bmatrix} \right)$, A: 벡터 행렬

② $sI - A$의 역행렬 $(sI-A)^{-1}$ 을 계산한다.

③ 역라플라스 변환을 이용하여 시간 함수로 표현된 천이 행렬을 계산한다.
$$\phi(t) = \mathcal{L}^{-1}\left[(sI-A)^{-1}\right]$$

대표 빈출 문제 다음과 같은 상태 방정식으로 표현되는 제어 시스템에 대한 특성 방정식의 근(s_1, s_2)은?

$$\begin{bmatrix} \dot{x}_1 \\ \dot{x}_2 \end{bmatrix} = \begin{bmatrix} 0 & -3 \\ 2 & -5 \end{bmatrix} \begin{bmatrix} x_1 \\ x_2 \end{bmatrix} + \begin{bmatrix} 1 \\ 0 \end{bmatrix} u$$

① $1, -3$ ② $-1, -2$ ③ $-2, -3$ ④ $-1, -3$

해설 특성 방정식은 $|sI-A| = 0$이다.
$$sI - A = \begin{bmatrix} s & 0 \\ 0 & s \end{bmatrix} - \begin{bmatrix} 0 & -3 \\ 2 & -5 \end{bmatrix} = \begin{bmatrix} s & 3 \\ -2 & s+5 \end{bmatrix}$$
$$|sI - A| = s(s+5) - 3(-2) = s^2 + 5s + 6$$
$$= (s+2)(s+3) = 0$$
따라서 특성 방정식의 근은 -2와 -3이다.

|정답| ③

대표 빈출 문제 제어 시스템의 상태 방정식이 $\dfrac{dx(t)}{dt} = Ax(t) + Bu(t)$, $A = \begin{bmatrix} 0 & 1 \\ -3 & 4 \end{bmatrix}$, $B = \begin{bmatrix} 1 \\ 1 \end{bmatrix}$일 때 특성 방정식을 구하면?

① $s^2 - 4s - 3 = 0$ ② $s^2 - 4s + 3 = 0$ ③ $s^2 + 4s + 3 = 0$ ④ $s^2 + 4s - 3 = 0$

해설 특성 방정식은 $|sI-A| = 0$이다.
$$sI - A = \begin{bmatrix} s & 0 \\ 0 & s \end{bmatrix} - \begin{bmatrix} 0 & 1 \\ -3 & 4 \end{bmatrix} = \begin{bmatrix} s & -1 \\ 3 & s-4 \end{bmatrix}$$
$$|sI - A| = s(s-4) - \{(-1) \times 3\} = s^2 - 4s + 3$$
따라서 특성 방정식은 $s^2 - 4s + 3 = 0$이다.

|정답| ②

23 주요 z 변환 공식표

시간 함수 $f(t)$	라플라스 변환 $F(s)$	z 변환 $F(z)$
임펄스 함수 $\delta(t)$	1	1
단위 계단 함수 $u(t)=1$	$\dfrac{1}{s}$	$\dfrac{z}{z-1}$
속도 함수 t	$\dfrac{1}{s^2}$	$\dfrac{Tz}{(z-1)^2}$
지수 함수 e^{-at}	$\dfrac{1}{s+a}$	$\dfrac{z}{z-e^{-aT}}$

대표빈출문제 $F(z)=\dfrac{(1-e^{-aT})z}{(z-1)(z-e^{-aT})}$ 의 역 z 변환은?

① $1-e^{-at}$ ② $1+e^{-at}$ ③ te^{-at} ④ te^{at}

해설 주어진 식을 부분분수로 전개한다.

$$\dfrac{F(z)}{z}=\dfrac{1-e^{-aT}}{(z-1)(z-e^{-aT})}=\dfrac{A}{z-1}+\dfrac{B}{z-e^{-aT}}$$
$$=\dfrac{1}{z-1}-\dfrac{1}{z-e^{-aT}}$$

(단, $A=\left.\dfrac{1-e^{-aT}}{z-e^{-aT}}\right|_{z=1}=1$, $B=\left.\dfrac{1-e^{-aT}}{z-1}\right|_{z=e^{-aT}}=-1$)

위의 식에서 좌변 분모의 z를 원래의 우변 분자에 이항하여 식을 정리한다.

$$F(z)=\dfrac{z}{z-1}-\dfrac{z}{z-e^{-aT}}$$

따라서 위의 식을 z 역변환하여 시간 함수로 바꾸면 다음과 같다.

$$F(z)=\dfrac{z}{z-1}-\dfrac{z}{z-e^{-aT}} \to f(t)=1-e^{-at}$$

| 정답 | ①

대표빈출문제 z 변환된 함수 $F(z)=\dfrac{3z}{z-e^{-3T}}$ 에 대응되는 라플라스 변환 함수는?

① $\dfrac{1}{s+3}$ ② $\dfrac{3}{s-3}$ ③ $\dfrac{1}{s-3}$ ④ $\dfrac{3}{s+3}$

해설 $F(z)=\dfrac{3z}{z-e^{-3T}}=3\times\dfrac{z}{z-e^{-3T}}$ 이므로 이에 대응하는 시간 함수

$f(t)=3e^{-3t}$ 가 된다.

$\therefore F(s)=3\times\dfrac{1}{s+3}=\dfrac{3}{s+3}$

| 정답 | ④

24 z 평면상에서 제어계의 안정도 판정 방법

z 평면상에서의 안정도 판정은 반지름의 크기가 1인 단위원을 기준으로 하여 다음과 같이 안정도 여부를 결정한다.

(1) 안정 조건
단위원 내부에 극점이 모두 존재할 것

(2) 불안정 조건
단위원 외부에 극점이 하나라도 존재할 것

(3) 임계 상태
단위원에 접하여 극점이 존재하는 경우

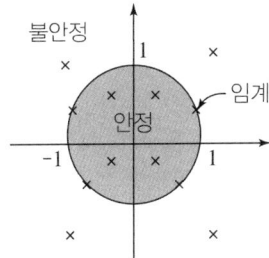

▲ z 평면에서의 안정도

대표 빈출 문제

z변환을 이용한 샘플값 제어계가 안정하려면 특성 방정식의 근의 위치가 있어야 할 위치는?

① z평면의 좌반면
② z평면의 우반면
③ z평면의 단위원 내부
④ z평면의 단위원 외부

해설 자동 제어계가 안정하기 위한 근의 위치 조건
- s 평면(라플라스 변환법): 좌반 평면에 모든 근이 위치하면 안정한 제어계
- z 평면(z 변환법): 단위원의 내부에 모든 근이 위치하면 안정한 제어계

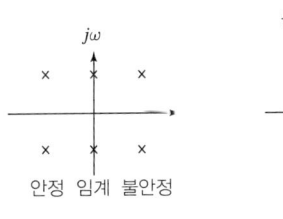

[s 평면에서의 안정도]

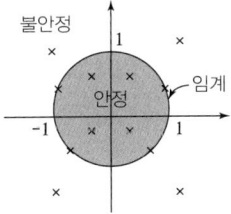

[z 평면에서의 안정도]

|정답| ③

25 기본 논리 회로

(1) AND 회로(직렬)

① AND 회로: 2개의 입력 A, B가 모두 '1'일 경우에만 출력이 '1'이 되는 회로를 말하며, 논리식은 $X = A \cdot B$로 표시한다.

② AND 유접점 회로, 무접점 회로 및 진리표

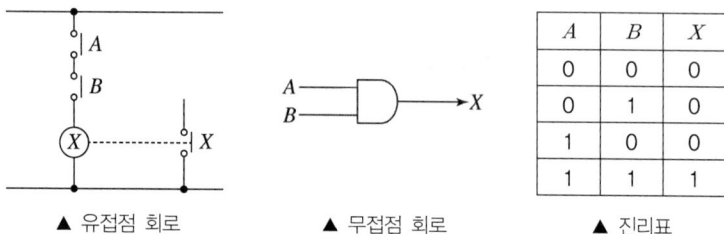

▲ 유접점 회로　　　▲ 무접점 회로　　　▲ 진리표

(2) OR 회로(병렬)

① OR 회로: 2개의 입력 A, B 중 어느 한 입력이라도 '1'일 경우에 출력이 '1'이 되는 회로를 말하며, 논리식은 $X = A + B$로 표시한다.

② OR 유접점 회로, 무접점 회로 및 진리표

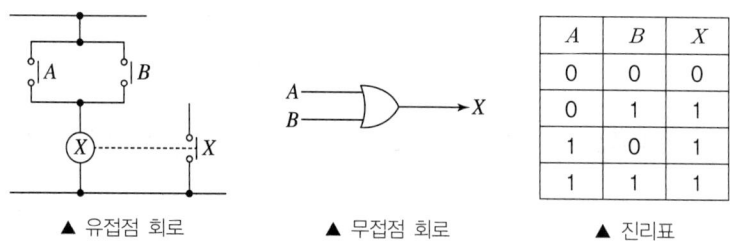

▲ 유접점 회로　　　▲ 무접점 회로　　　▲ 진리표

대표빈출문제　다음 논리 회로가 나타내는 식은 어떤 식인가?

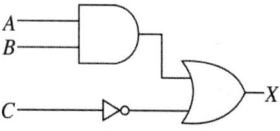

① $X = (A \cdot B) + \overline{C}$

② $X = \overline{(A \cdot B)} + C$

③ $X = (\overline{A + B}) \cdot C$

④ $X = (A + B) \cdot \overline{C}$

해설　AND 회로와 OR 회로의 결합이므로 논리식을 구하면 다음과 같다.
$X = (A \cdot B) + \overline{C}$

| 정답 | ①

26 논리 대수 및 드 모르간 정리

교환 법칙	$A+B = B+A$, $A \cdot B = B \cdot A$
결합 법칙	$(A+B)+C = A+(B+C)$, $(A \cdot B) \cdot C = A \cdot (B \cdot C)$
분배 법칙	$A \cdot (B+C) = A \cdot B + A \cdot C$, $A+(B \cdot C) = (A+B) \cdot (A+C)$
동일 법칙	$A+A = A$, $A \cdot A = A$
공리 법칙	$A+0 = A$, $A \cdot 1 = A$, $A+1 = 1$, $A \cdot 0 = 0$, $A \cdot \overline{A} = 0$
드 모르간 정리	$\overline{A+B} = \overline{A} \cdot \overline{B}$, $\overline{A \cdot B} = \overline{A} + \overline{B}$

대표 빈출 문제 다음의 논리식과 등가인 것은?

$$Y = (A+B)(\overline{A}+B)$$

① $Y = A$ ② $Y = B$ ③ $Y = \overline{A}$ ④ $Y = \overline{B}$

해설 $(A+B) \cdot (\overline{A}+B) = A\overline{A} + AB + \overline{A}B + BB = AB + \overline{A}B + B$
$= B(A+\overline{A}+1) = B$

암기 • 항등 법칙: $A+1 = 1$ • 공리 법칙: $A+\overline{A} = 0$ • 보원 법칙: $A+\overline{A} = 1$

|정답| ②

대표 빈출 문제 논리식 $L = \overline{X}\,\overline{Y}Z + \overline{X}\,YZ + X\overline{Y}Z + XYZ$를 간소화한 식은?

① Z ② XZ ③ YZ ④ $X\overline{Z}$

해설 $L = \overline{X}\,\overline{Y}Z + \overline{X}\,YZ + X\overline{Y}Z + XYZ$
$= \overline{X}Z(\overline{Y}+Y) + XZ(\overline{Y}+Y)$
$= \overline{X}Z + XZ = Z(\overline{X}+X) = Z$

|정답| ①

대표 빈출 문제 드 모르간의 정리를 나타낸 식은?

① $\overline{A+B} = A \cdot B$
② $\overline{A+B} = \overline{A} + \overline{B}$
③ $\overline{A \cdot B} = \overline{A} \cdot \overline{B}$
④ $\overline{A+B} = \overline{A} \cdot \overline{B}$

해설 드 모르간의 정리
• $\overline{A+B} = \overline{A} \cdot \overline{B}$
• $\overline{A \cdot B} = \overline{A} + \overline{B}$

|정답| ④

최신기출 CBT 모의고사

시험 전 최신 기출문제를 풀며 최종 점검을 할 수 있습니다.
CBT 모의고사로 학습하면 온라인 시험 방식에 적응할 수 있습니다.
무료특강과 함께하면 소화력은 배가 됩니다.(무료특강은 2025년 9월 중 오픈 예정입니다.)

제어공학 본권 학습 후 마무리를 도와주는 끝맺음 노트

2025년 1회 최신기출 CBT 모의고사

01
자동제어의 추치 제어에 속하지 않는 것은?
① 프로세스 제어 ② 추종 제어
③ 비율 제어 ④ 프로그램 제어

02
$F(s) = \dfrac{(s+5)(s+14)}{s(s+7)(s+8)}$ 의 역 라플라스 변환은?

① $1.25 + 2e^{-7t} - 2.25e^{-8t}$
② $-0.25 + 0.5e^{-7t} + 2.25e^{-8t}$
③ $0.25 - 0.5e^{-7t} - 2.25e^{-8t}$
④ $-2.5 + 0.25e^{-7t} - 2.25e^{-8t}$

03
블록 선도의 제어 시스템은 단위 램프 입력에 대한 정상 상태 오차(정상 편차)가 0.01이다. 이 제어 시스템의 제어 요소인 $G_{C1}(s)$의 k는?

$$G_{C1}(s) = k, \quad G_{C2}(s) = \dfrac{1+0.1s}{1+0.2s}$$
$$G_P(s) = \dfrac{200}{s(s+1)(s+2)}$$

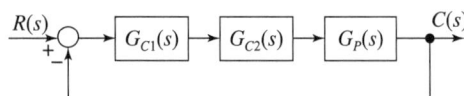

① 0.1 ② 1
③ 10 ④ 100

04
다음과 같은 상태 방정식으로 표현되는 제어 시스템의 특성 방정식의 근(s_1, s_2)은?

$$\begin{bmatrix} \dot{x_1} \\ \dot{x_2} \end{bmatrix} = \begin{bmatrix} 0 & 1 \\ -2 & -3 \end{bmatrix} \begin{bmatrix} x_1 \\ x_2 \end{bmatrix} + \begin{bmatrix} 1 \\ 0 \end{bmatrix} u$$

① 1, -3 ② -1, -2
③ -2, -3 ④ -1, -3

05
적분 시간 2[sec], 비례 감도가 2인 비례 적분 동작을 하는 제어 요소에 동작 신호 $x(t) = 2t$를 주었을 때 이 제어 요소의 조작량은?(단, 조작량의 초기값은 0이다.)

① $t^2 + 4t$ ② $t^2 + 2t$
③ $t^2 + 8t$ ④ $t^2 + 6t$

06
특성 방정식이 $s^3 + Ks^2 + 2s + K + 1 = 0$으로 주어진 제어계가 안정하기 위한 K의 범위는?

① $K > 0$ ② $K > 1$
③ $-1 < K < 1$ ④ $K > -1$

07
이산 시스템에서의 안정도 해석에 대한 설명 중 옳은 것은?

① 특성 방정식의 모든 근이 z 평면의 음의 반평면에 있으면 안정하다.
② 특성 방정식의 모든 근이 z 평면의 양의 반평면에 있으면 안정하다.
③ 특성 방정식의 모든 근이 z 평면의 단위원 내부에 있으면 안정하다.
④ 특성 방정식의 모든 근이 z 평면의 단위원 외부에 있으면 안정하다.

08
2차계의 감쇠비 δ가 $\delta > 1$이면 어떤 경우인가?

① 비제동 ② 과제동
③ 부족 제동 ④ 발산 상태

09
다음 회로는 무엇을 나타낸 것인가?

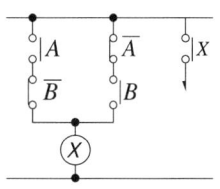

① EX-AND ② NOR
③ NAND ④ EX-OR

10
제어기에서 미분 제어의 특성으로 가장 적합한 것은?

① 대역폭이 감소하게 된다.
② 제동을 감소시키게 된다.
③ 작동 오차의 변화율에 반응하여 동작하게 된다.
④ 정상 상태의 오차를 줄이는 효과를 갖게 된다.

2025년 1회 정답과 해설

무료 해설 강의

1회 SPEED CHECK 빠른정답표									
01	02	03	04	05	06	07	08	09	10
①	①	②	②	①	②	③	②	④	③

01 | ①
추치 제어
추치 제어의 종류: 추종 제어, 프로그램 제어, 비율 제어

02 | ①
라플라스 역변환
$F(s) = \dfrac{(s+5)(s+14)}{s(s+7)(s+8)} = \dfrac{A}{s} + \dfrac{B}{(s+7)} + \dfrac{C}{(s+8)}$ 라 하면

$A = sF(s)|_{s=0} = \dfrac{(s+5)(s+14)}{(s+7)(s+8)}\Big|_{s=0} = \dfrac{5 \times 14}{7 \times 8} = 1.25$

$B = (s+7)F(s)|_{s=-7} = \dfrac{(s+5)(s+14)}{s(s+8)}\Big|_{s=-7}$
$= \dfrac{(-7+5)(-7+14)}{-7 \times (-7+8)} = 2$

$C = (s+8)F(s)|_{s=-8} = \dfrac{(s+5)(s+14)}{s(s+7)}\Big|_{s=-8}$
$= \dfrac{(-8+5)(-8+14)}{-8 \times (-8+7)} = -2.25$

$\therefore F(s) = \dfrac{1.25}{s} + \dfrac{2}{s+7} - \dfrac{2.25}{s+8}$ 이다.

라플라스 역변환 $\mathcal{L}^{-1}[F(s)] = 1.25 + 2e^{-7t} - 2.25e^{-8t}$

03 | ②
- 단위 램프 입력에 대한 속도 편차 상수
$K_v = \lim\limits_{s \to 0} s \times (G_{C1}(s) \times G_{C2}(s) \times G_P(s))$
$= \lim\limits_{s \to 0} s \times \dfrac{k \times (1+0.1s) \times 200}{s(s+1)(s+2)(1+0.2s)} = 100k$

- 정상 편차
$e_v = \dfrac{1}{K_v} = \dfrac{1}{100k} = 0.01$

$\therefore k = \dfrac{1}{100} \times \dfrac{1}{0.01} = 1$

04 | ②
특성 방정식은 $|sI - A| = 0$이다.
$sI - A = \begin{bmatrix} s & 0 \\ 0 & s \end{bmatrix} - \begin{bmatrix} 0 & 1 \\ -2 & -3 \end{bmatrix} = \begin{bmatrix} s & -1 \\ 2 & s+3 \end{bmatrix}$
$|sI - A| = s(s+3) + 2 = s^2 + 3s + 2$
$= (s+1)(s+2) = 0$
따라서 특성 방정식의 근은 -1과 -2이다.

05 | ①
비례 적분 요소의 전달 함수
$G(s) = K\left(1 + \dfrac{1}{Ts}\right) = 2\left(1 + \dfrac{1}{2s}\right) = 2 + \dfrac{1}{s}$
$x(t) = 2t$ 일 때 $X(s) = \dfrac{2}{s^2}$ 이므로
$Y(s) = X(s)G(s) = \dfrac{2}{s^2}\left(2 + \dfrac{1}{s}\right) = \dfrac{4}{s^2} + \dfrac{2}{s^3}$ 이다.
$\therefore y(t) = t^2 + 4t$

06 | ②
주어진 특성 방정식을 루드표로 작성하면 다음과 같다.

차수	제1열	제2열
s^3	1	2
s^2	K	$K+1$
s^1	$\dfrac{K \times 2 - 1 \times (K+1)}{K} = 1 - \dfrac{1}{K}$	0
s^0	$K+1$	0

제어계가 안정하려면 루드표 제1열의 부호 변화가 없어야 한다.
$K > 0, \ 1 - \dfrac{1}{K} > 0 \ \to \ K > 1, \ K+1 > 0 \ \to \ K > -1$

따라서 제어계가 안정하기 위한 조건은 $K > 1$이다.

07 | ③
이산 시스템은 z 평면상에서의 제어 시스템이다.

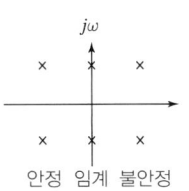
▲ s 평면에서의 안정도

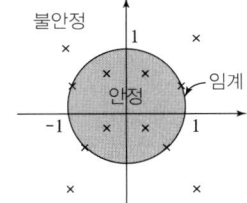
▲ z 평면에서의 안정도

10 | ③
미분 제어(D 제어)는 비례 제어의 오차가 큰 단점을 보완하기 위해 제어 장치에 미분 기능을 부가한 제어계이다. 미분 제어는 오차가 검출될 때 오차가 변화하는 속도에 대응하여 미분 제어하며, 정상 상태에 도달하기 전에 오차가 커지는 현상을 방지한다.

08 | ②
제동비값에 따른 제어계의 과도 응답 특성
- $0 < \delta < 1$: 부족 제동(감쇠 진동)
- $\delta > 1$: 과제동(비진동)

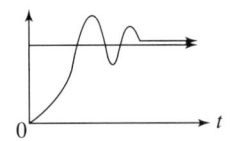
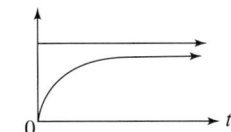

- $\delta = 1$: 임계 제동(임계 상태)
- $\delta = 0$: 무제동(무한 진동)

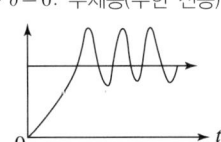

09 | ④
Exclusive-OR 회로(배타적 논리합 회로)
두 입력 신호가 서로 다를 때에만 출력이 '1'인 회로로, 무접점 회로와 진리표는 다음과 같다.

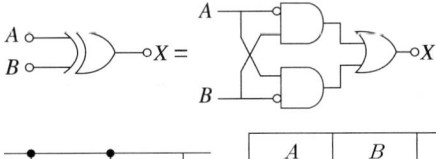

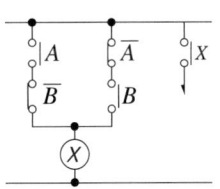

A	B	X
0	0	0
0	1	1
1	0	1
1	1	0

▲ 진리표

2025년 2회 최신기출 CBT 모의고사

01
특성 방정식이 $s^3+2s^2+3s+K=0$으로 주어지는 제어 시스템이 안정하기 위한 K의 범위는?

① $K<-6$
② $K<0$
③ $0<K<6$
④ $K>6$

02
단위 피드백 제어계에서 개루프 전달 함수 $G(s)$가 다음과 같이 주어졌을 때 단위 계단 입력에 대한 정상 상태 편차는?

$$G(s)=\frac{5}{s(s+1)(s+2)}$$

① 0
② 1
③ 2
④ 3

03
$F(s)=\dfrac{1}{s(s+a)}$의 라플라스 역변환은?

① e^{-at}
② $1-e^{-at}$
③ $a(1-e^{-at})$
④ $\dfrac{1}{a}(1-e^{-at})$

04
다음 블록선도의 전달 함수는?

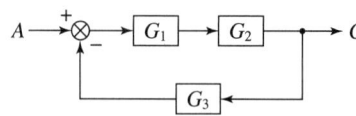

① $\dfrac{G_1+G_2}{1-G_1G_2G_3}$
② $\dfrac{G_1G_2}{1+G_1G_2G_3}$
③ $\dfrac{G_1}{1+G_1G_2G_3}$
④ $\dfrac{G_1+G_2}{1+G_1G_2G_3}$

05
$\overline{A}+\overline{B}\cdot\overline{C}$와 등가인 논리식은?

① $\overline{A\cdot(B+C)}$
② $\overline{A+B\cdot C}$
③ $\overline{A\cdot B+C}$
④ $\overline{A\cdot B+C}$

06
제어 시스템에서 출력이 얼마나 목표값을 잘 추종하는지를 알아볼 때, 시험용으로 많이 사용하는 신호로 다음 식의 조건을 만족하는 것은?

$$u(t-a)=\begin{cases}0\,(t<a)\\1\,(t\geq a)\end{cases}$$

① 사인 함수
② 임펄스 함수
③ 램프 함수
④ 단위 계단 함수

07

제어 시스템의 특성 방정식이 $s^5+s^4+4s^3+6s^2+10s+2=0$과 같을 때, 이 특성 방정식에서 s 평면의 우반 평면에 위치하는 근은 몇 개인가?

① 1　　　　　　② 2
③ 3　　　　　　④ 0

08

그림의 회로와 동일한 논리 소자는?

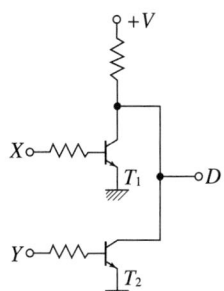

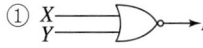　　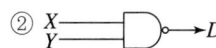

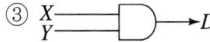　　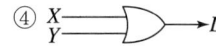

09

그림과 같은 요소는 제어계의 어떤 요소인가?

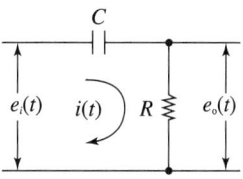

① 미분 요소
② 적분 요소
③ 2차 지연 요소
④ 1차 지연 미분 요소

10

전달 함수 $G(s)H(s) = \dfrac{K(s+1)}{s(s+1)(s+2)}$ 일 때 근궤적의 수는?

① 1　　　　　　② 2
③ 3　　　　　　④ 4

2025년 2회 정답과 해설

무료 해설 강의

2회 SPEED CHECK 빠른정답표								
01	02	03	04	05	06	07	08	09	10
③	①	④	②	①	④	②	①	④	③

01 | ③
특성 방정식을 루드표로 작성하면 다음과 같다.

차수	제1열	제2열
s^3	1	3
s^2	2	K
s^1	$\dfrac{2\times 3 - 1\times K}{2} = 3 - \dfrac{K}{2}$	0
s^0	K	0

제어계가 안정하려면 루드표 제 1열의 부호 변화가 없어야 한다.

$K > 0,\ 3 - \dfrac{K}{2} > 0$

$\therefore\ 0 < K < 6$

02 | ①
$K_p = \lim_{s\to 0} G(s) = \lim_{s\to 0} \dfrac{5}{s(s+1)(s+2)} = \infty$

따라서 단위 계단 입력의 정상 편차는 다음과 같다.

$e_p = \dfrac{1}{1+K_p} = \dfrac{1}{1+\infty} = 0$

03 | ④
문제에 주어진 $F(s)$ 함수를 부분분수 전개한다.

$F(s) = \dfrac{1}{s(s+a)} = \dfrac{A}{s} + \dfrac{B}{s+a}$

$A = \dfrac{1}{s(s+a)} \times s \Big|_{s=0} = \dfrac{1}{a}$

$B = \dfrac{1}{s(s+a)} \times (s+a) \Big|_{s=-a} = -\dfrac{1}{a}$

$\therefore F(s) = \dfrac{1}{a}\times\dfrac{1}{s} - \dfrac{1}{a}\times\dfrac{1}{s+a} = \dfrac{1}{a}\left(\dfrac{1}{s} - \dfrac{1}{s+a}\right)$

위 식을 라플라스 역변환하면 아래와 같다.

$f(t) = \dfrac{1}{a}(1 - e^{-at})$

04 | ②
$\dfrac{C}{A} = \dfrac{G_1 \times G_2}{1 - (-G_1 \times G_2 \times G_3)} = \dfrac{G_1 G_2}{1 + G_1 G_2 G_3}$

05 | ①
문제에 주어진 논리식에 드 모르간 정리를 적용한다.

$\overline{A + B\cdot C} = \overline{A} + \overline{B+C} = \overline{A\cdot(B+C)}$

암기

드 모르간 정리
- $\overline{A\cdot B} = \overline{A} + \overline{B}$
- $\overline{A + B} = \overline{A}\cdot\overline{B}$

06 | ④
문제에 주어진 $u(t-a)$는 시간이 a만큼 지연된 단위 계단 함수이다.

07 | ②
특성 방정식을 루드표로 작성하면 다음과 같다.

차수	제1열	제2열	제3열
s^5	1	4	10
s^4	1	6	2
s^3	$\dfrac{1\times 4 - 1\times 6}{1} = -2$	$\dfrac{1\times 10 - 1\times 2}{1} = 8$	
s^2	$\dfrac{(-2)\times 6 - 1\times 8}{(-2)} = 10$	$\dfrac{(-2)\times 2 - 1\times 0}{(-2)} = 2$	
s^1	$\dfrac{10\times 8 - (-2)\times 2}{10} = 8.4$	0	
s^0	2		

첫 열의 부호가 두 번 변하므로 우반 평면에 위치하는 불안정한 극점의 개수는 두 개이다.

08 | ①
문제에 주어진 트랜지스터 회로는 트랜지스터 두 개가 병렬 구조로 연결된 것이다. 이 회로는 베이스 입력인 X, Y가 0인 경우에만 출력되는 NOR 회로로 동작한다.

09 | ④
주어진 회로망의 전달 함수를 구한다.
$$\frac{E_o(s)}{E_i(s)} = \frac{R}{\frac{1}{Cs}+R} = \frac{RCs}{1+RCs}$$
분지 요소는 미분 요소이고, 분모 요소는 1차 지연 요소이다.

10 | ③
영점의 수는 1($Z=-1$), 극점의 수는 3($P=0, -1, -2$)이다. 근궤적의 개수는 영점과 극점의 개수 중 큰 것과 일치하므로 세 개이다.

암기
근궤적 개수는 영점과 극점의 개수 중에서 큰 것과 일치한다.

2025년 3회 최신기출 CBT 모의고사

01
제어 요소의 표준 형식인 적분 요소에 대한 전달 함수는?(단, K는 상수이다.)

① Ks
② $\dfrac{K}{s}$
③ K
④ $\dfrac{K}{1+Ts}$

02
주파수 전달 함수가 $G(j\omega) = \dfrac{1}{j100\omega}$ 인 제어 시스템에서 $\omega = 1.0[\text{rad/s}]$일 때의 이득[dB]과 위상각은 각각 얼마인가?

① $20[\text{dB}]$, $90°$
② $40[\text{dB}]$, $90°$
③ $-20[\text{dB}]$, $-90°$
④ $-40[\text{dB}]$, $-90°$

03
그림과 같은 제어 시스템의 폐루프 전달 함수 $T(s) = \dfrac{C(s)}{R(s)}$ 에 대한 감도 S_K^T는?

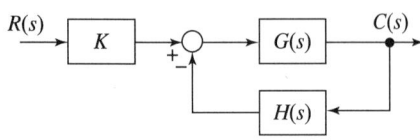

① 0.5
② 1
③ $\dfrac{G}{1+GH}$
④ $\dfrac{-GH}{1+GH}$

04
그림의 제어 시스템이 안정하기 위한 K의 범위는?

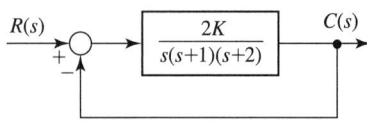

① $0 < K < 3$
② $0 < K < 4$
③ $0 < K < 5$
④ $0 < K < 6$

05
전달 함수가 $G(s) = \dfrac{1}{0.1s(0.01s+1)}$ 과 같은 제어 시스템에서 $\omega = 0.1[\text{rad/s}]$일 때의 이득[dB]과 위상각[°]은 약 얼마인가?

① $40[\text{dB}]$, $-90°$
② $-40[\text{dB}]$, $90°$
③ $40[\text{dB}]$, $-180°$
④ $-40[\text{dB}]$, $-180°$

06
다음 상태 방정식으로 표현되는 시스템의 상태 천이 행렬은?

$$\begin{bmatrix} \dfrac{d}{dt}x_1 \\ \dfrac{d}{dt}x_2 \end{bmatrix} = \begin{bmatrix} 0 & 1 \\ -3 & -4 \end{bmatrix} \begin{bmatrix} x_1 \\ x_2 \end{bmatrix}$$

① $\begin{bmatrix} 1.5e^{-t}-0.5e^{-3t} & -1.5e^{-t}+1.5e^{-3t} \\ 0.5e^{-t}-0.5e^{-3t} & -0.5e^{-t}+1.5e^{-3t} \end{bmatrix}$

② $\begin{bmatrix} 1.5e^{-t}-0.5e^{-3t} & 0.5e^{-t}-0.5e^{-3t} \\ -1.5e^{-t}+1.5e^{-3t} & -0.5e^{-t}+1.5e^{-3t} \end{bmatrix}$

③ $\begin{bmatrix} 1.5e^{-t}-0.5e^{-4t} & 0.5e^{-t}-0.5e^{-4t} \\ -1.5e^{-t}+1.5e^{-4t} & -0.5e^{-t}+1.5e^{-4t} \end{bmatrix}$

④ $\begin{bmatrix} 1.5e^{-t}-0.5e^{-4t} & -1.5e^{-t}+1.5e^{-4t} \\ 0.5e^{-t}-0.5e^{-4t} & -0.5e^{-t}+1.5e^{-4t} \end{bmatrix}$

07
제어 시스템의 특성 방정식이 $s^4+s^3-3s^2-s+2=0$와 같을 때, 이 특성 방정식에서 s 평면의 오른쪽에 위치하는 근은 몇 개인가?

① 0　　② 1
③ 2　　④ 3

08
그림의 회로와 동일한 논리 소자는?

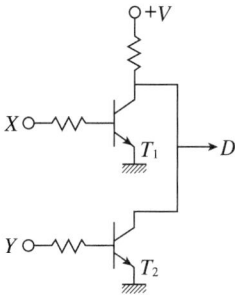

① NOR　　② NAND
③ AND　　④ OR

09
상태 방정식으로 표시되는 제어계의 천이 행렬 $\phi(t)$는?

$$\dot{X} = \begin{bmatrix} 0 & 1 \\ 0 & 0 \end{bmatrix} X + \begin{bmatrix} 0 \\ 1 \end{bmatrix} U$$

① $\begin{bmatrix} 0 & t \\ 1 & 1 \end{bmatrix}$　　② $\begin{bmatrix} 0 & 1 \\ 0 & t \end{bmatrix}$

③ $\begin{bmatrix} 1 & t \\ 0 & 1 \end{bmatrix}$　　④ $\begin{bmatrix} 0 & t \\ 1 & 0 \end{bmatrix}$

10
과도 응답이 소멸되는 정도를 나타내는 감쇠비(Damping ratio)는?

① 최대 오버슈트 / 제2 오버슈트
② 제3 오버슈트 / 제2 오버슈트
③ 제2 오버슈트 / 최대 오버슈트
④ 제2 오버슈트 / 제3 오버슈트

2025년 3회 정답과 해설

3회 SPEED CHECK 빠른정답표
01	02	03	04	05	06	07	08	09	10
②	④	②	①	①	②	③	①	③	③

01 | ②

- 비례 요소: $G(s) = K$
- 미분 요소: $G(s) = Ks$
- 적분 요소: $G(s) = \dfrac{K}{s}$
- 1차 지연 요소: $G(s) = \dfrac{K}{1+Ts}$

02 | ④

- 전달 함수의 크기

$$|G(j\omega)| = \left|\dfrac{1}{j100 \times 1.0}\right| = 10^{-2}$$

- 이득

$$g = 20\log_{10}|G(j\omega)| = 20\log_{10}10^{-2} = -40[\text{dB}]$$

- 위상각

$$\theta = \dfrac{\angle 0°}{\angle 90°} = -90°$$

03 | ②

- 전달 함수

$$T(s) = \dfrac{C(s)}{R(s)} = \dfrac{KG(s)}{1+G(s)H(s)}$$

- 감도

$$S_K^T = \dfrac{K}{T} \times \dfrac{dT}{dK}$$

$$= \dfrac{K}{\dfrac{KG(s)}{1+G(s)H(s)}} \times \dfrac{d}{dK}\left(\dfrac{KG(s)}{1+G(s)H(s)}\right)$$

$$= \dfrac{1+G(s)H(s)}{G(s)} \times \dfrac{G(s)}{1+G(s)H(s)} = 1$$

04 | ①

- 전달 함수

$$\dfrac{C(s)}{R(s)} = \dfrac{\dfrac{2K}{s(s+1)(s+2)}}{1-\left(-\dfrac{2K}{s(s+1)(s+2)}\right)} = \dfrac{2K}{s(s+1)(s+2)+2K}$$

$$= \dfrac{2K}{s^3+3s^2+2s+2K}$$

- 특성 방정식

$$s^3 + 3s^2 + 2s + 2K = 0$$

특성 방정식을 루드표로 작성하면 다음과 같다.

차수	제1열	제2열
s^3	1	2
s^2	3	$2K$
s^1	$\dfrac{3\times 2 - 1 \times 2K}{3} = \dfrac{6-2K}{3}$	0
s^0	$2K$	0

제어계가 안정하려면 루드표 제1열의 부호 변화가 없어야 한다.

$2K > 0 \to K > 0$, $\dfrac{6-2K}{3} > 0 \to K < 3$

따라서 제어계가 안정하기 위한 조건은 $0 < K < 3$이다.

05 | ①

- 전달 함수

$$G(j\omega) = \dfrac{1}{0.1j\omega(0.01j\omega+1)}\bigg|_{\omega=0.1} = \dfrac{1}{j0.01(j0.001+1)}$$

$$\fallingdotseq \dfrac{1}{j0.01} = -j100 \quad (\because j0.001 \ll 1)$$

- 전달 함수의 크기

$$|G(j\omega)| = |-j100| = 100$$

- 이득

$$g = 20\log_{10}|G(j\omega)| = 20\log_{10}100 = 20\times 2 = 40[\text{dB}]$$

- 위상각

$G(j\omega) \fallingdotseq \dfrac{1}{j0.01}$ 이므로 $\theta = \dfrac{\angle 0°}{\angle 90°} = \angle -90°$

06 | ②

천이 행렬 $\phi(t) = \mathcal{L}^{-1}[(sI-A)^{-1}]$을 순서대로 풀이하면 다음과 같다.

- $sI - A = \begin{bmatrix} s & 0 \\ 0 & s \end{bmatrix} - \begin{bmatrix} 0 & 1 \\ -3 & -4 \end{bmatrix} = \begin{bmatrix} s & -1 \\ 3 & s+4 \end{bmatrix}$

  $|sI-A| = s(s+4) - (-1) \times 3 = s^2 + 4s + 3 = (s+1)(s+3)$

- $(sI-A)^{-1} = \dfrac{1}{(s+1)(s+3)} \begin{bmatrix} s+4 & 1 \\ -3 & s \end{bmatrix}$

  $= \begin{bmatrix} \dfrac{s+4}{(s+1)(s+3)} & \dfrac{1}{(s+1)(s+3)} \\ \dfrac{-3}{(s+1)(s+3)} & \dfrac{s}{(s+1)(s+3)} \end{bmatrix}$

  $= \begin{bmatrix} \dfrac{1.5}{s+1} - \dfrac{0.5}{s+3} & \dfrac{0.5}{s+1} - \dfrac{0.5}{s+3} \\ \dfrac{-1.5}{s+1} + \dfrac{1.5}{s+3} & \dfrac{-0.5}{s+1} + \dfrac{1.5}{s+3} \end{bmatrix}$

행렬 각각의 s 함수를 시간 함수로 역변환하면 다음과 같다.

$\phi(t) = \mathcal{L}^{-1}[(sI-A)^{-1}]$
$= \begin{bmatrix} 1.5e^{-t} - 0.5e^{-3t} & 0.5e^{-t} - 0.5e^{-3t} \\ -1.5e^{-t} + 1.5e^{-3t} & -0.5e^{-t} + 1.5e^{-3t} \end{bmatrix}$

07 | ③

주어진 특성 방정식을 루드표로 작성하면 다음과 같다.

차수	제1열	제2열	제3열
s^4	1	-3	2
s^3	1	-1	0
s^2	$\dfrac{1 \times (-3) - 1 \times (-1)}{1} = -2$	$\dfrac{1 \times 2 - 1 \times 0}{1} = 2$	0
s^1	$\dfrac{(-2) \times (-1) - 1 \times 2}{-2} = 0$	$\dfrac{(-2) \times 0 - 1 \times 0}{-2} = 0$	0

모든 s^1 행의 값이 0이므로, 바로 위 s^2 행의 값을 적용한 방정식을 s에 대해 미분하여 s^1의 계수를 구한다.

$\dfrac{d}{ds}(-2s^2 + 2) = -4s$

s^1의 계수 -4를 s^1행 제1열에 적용하여 루드표를 작성한다.

차수	제1열	제2열	제3열
s^4	1	-3	2
s^3	1	-1	0
s^2	-2	2	0
s^1	-4	0	0
s^0	2	0	0

루드표 제1열의 부호 변화가 2번 발생하였으므로 s 평면의 우반면에 근이 두 개 존재한다.

암기
루드표 제1열의 부호 변화는 우반면의 근의 존재를 의미한다.

08 | ①

- 베이스(B) 입력 단자에 H(1) → 출력 단자 L(0)
- 베이스(B) 입력 단자에 L → 출력 단자 H

입력 X, Y가 모두 L일 때 출력 D는 H이며, 이와 같은 회로를 NOR 회로라고 한다.

$D = \overline{X} \cdot \overline{Y} = \overline{X+Y}$

X	Y	D
0	0	1
0	1	0
1	0	0
1	1	0

09 | ③

천이 행렬 $\phi(t) = \mathcal{L}^{-1}[(sI-A)^{-1}]$을 순서대로 풀이하면 다음과 같다.

- $sI-A = \begin{bmatrix} s & 0 \\ 0 & s \end{bmatrix} - \begin{bmatrix} 0 & 1 \\ 0 & 0 \end{bmatrix} = \begin{bmatrix} s & -1 \\ 0 & s \end{bmatrix}$

  $|sI-A| = s \times s - (-1) \times 0 = s^2$

- $(sI-A)^{-1} = \dfrac{1}{s^2} \begin{bmatrix} s & 1 \\ 0 & s \end{bmatrix} = \begin{bmatrix} \dfrac{1}{s} & \dfrac{1}{s^2} \\ 0 & \dfrac{1}{s} \end{bmatrix}$

$\therefore \phi(t) = \mathcal{L}^{-1}[(sI-A)^{-1}] = \begin{bmatrix} 1 & t \\ 0 & 1 \end{bmatrix}$

10 | ③

감쇠비 $\delta = \dfrac{\text{제2 오버슈트}}{\text{최대 오버슈트}}$

여러분의 작은 소리
에듀윌은 크게 듣겠습니다.

본 교재에 대한 여러분의 목소리를 들려주세요.
공부하시면서 어려웠던 점, 궁금한 점,
칭찬하고 싶은 점, 개선할 점, 어떤 것이라도 좋습니다.

에듀윌은 여러분께서 나누어 주신 의견을
통해 끊임없이 발전하고 있습니다.

에듀윌 도서몰 book.eduwill.net
- 부가학습자료 및 정오표: 에듀윌 도서몰 → 도서자료실
- 교재 문의: 에듀윌 도서몰 → 문의하기 → 교재(내용, 출간) / 주문 및 배송

끝맺음 노트

에듀윌 전기
제어공학 필기
+무료특강

📱 Mobile로 응시하기

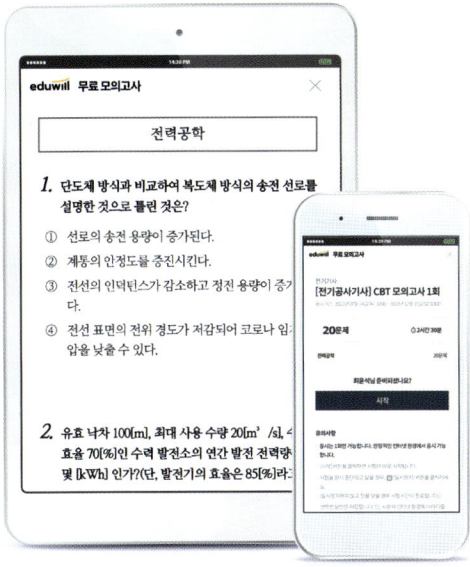

PC 버전 CBT 모의고사의 장점만을 그대로 담았습니다.
QR 코드를 스캔하여 더욱 쉽고 빠르게 서비스를 이용할 수 있습니다.

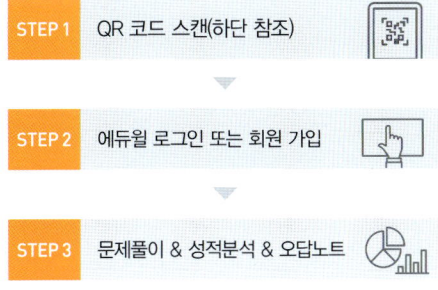

STEP 1 QR 코드 스캔(하단 참조)

STEP 2 에듀윌 로그인 또는 회원 가입

STEP 3 문제풀이 & 성적분석 & 오답노트

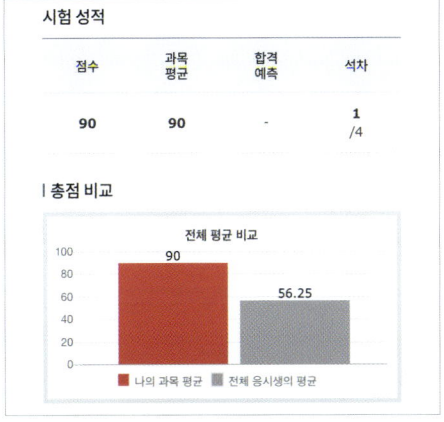

맞춤형 성적 분석

쉽고 빠른 오답해설

CBT 모의고사 3회 QR 코드

 1회 →  2회 →  3회

* CBT 모의고사는 2026년 1회차 시험 한달 전에 제공됩니다.
* CBT 모의고사 유효기간은 2027년 12월 31일까지이며, 이후 서비스 제공이 중단될 수 있습니다.

2026 에듀윌 전기 제어공학
6주 플래너

기초부터 탄탄하게 학습한다!
꼼꼼하게 학습하는 사람에게
추천하는 플래너

WEEK	DAY		차례	페이지	공부한 날	완료
1주	DAY 1	기본서	CHAPTER 01 라플라스 변환	기본서 p.26	__월 __일	☐
	DAY 2		CHAPTER 01 라플라스 변환	기본서 p.26	__월 __일	☐
	DAY 3		CHAPTER 02 전달 함수	기본서 p.42	__월 __일	☐
	DAY 4		CHAPTER 02 전달 함수	기본서 p.42	__월 __일	☐
	DAY 5		CHAPTER 02 전달 함수	기본서 p.42	__월 __일	☐
	DAY 6		CHAPTER 02 전달 함수	기본서 p.42	__월 __일	☐
	DAY 7		CHAPTER 03 제어 시스템의 기본 구성 및 원리	기본서 p.64	__월 __일	☐
2주	DAY 8		CHAPTER 04 자동 제어의 과도 응답	기본서 p.78	__월 __일	☐
	DAY 9		CHAPTER 04 자동 제어의 과도 응답	기본서 p.78	__월 __일	☐
	DAY 10		CHAPTER 05 자동 제어의 정확도	기본서 p.92	__월 __일	☐
	DAY 11	기본서	CHAPTER 06 자동 제어의 주파수 응답 해석	기본서 p.102	__월 __일	☐
	DAY 12		CHAPTER 07 제어계의 안정도	기본서 p.114	__월 __일	☐
	DAY 13		CHAPTER 07 제어계의 안정도	기본서 p.114	__월 __일	☐
	DAY 14		CHAPTER 08 제어계의 근궤적	기본서 p.126	__월 __일	☐
3주	DAY 15		CHAPTER 09 진상 보상기 및 지상 보상기	기본서 p.134	__월 __일	☐
	DAY 16		CHAPTER 10 제어계의 상태 해석법	기본서 p.144	__월 __일	☐
	DAY 17		CHAPTER 10 제어계의 상태 해석법	기본서 p.144	__월 __일	☐
	DAY 18		CHAPTER 11 시퀀스 제어계	기본서 p.156	__월 __일	☐
	DAY 19		CHAPTER 11 시퀀스 제어계	기본서 p.156	__월 __일	☐
	DAY 20		제어공학 기본서 전체 복습		__월 __일	☐
	DAY 21				__월 __일	
4주	DAY 22		CHAPTER 01 ~ 02	유형별 N제 p.170	__월 __일	☐
	DAY 23		CHAPTER 03 ~ 04	유형별 N제 p.196	__월 __일	☐
	DAY 24		CHAPTER 05	유형별 N제 p.218	__월 __일	☐
	DAY 25		CHAPTER 06	유형별 N제 p.226	__월 __일	☐
	DAY 26		CHAPTER 07	유형별 N제 p.236	__월 __일	☐
	DAY 27		CHAPTER 08	유형별 N제 p.254	__월 __일	☐
	DAY 28		CHAPTER 09	유형별 N제 p.262	__월 __일	☐
5주	DAY 29		CHAPTER 10	유형별 N제 p.268	__월 __일	☐
	DAY 30		CHAPTER 11 1회독 완료	유형별 N제 p.286	__월 __일	☐
	DAY 31	유형별 N제	CHAPTER 01 ~ 03	유형별 N제 p.170	__월 __일	☐
	DAY 32		CHAPTER 04 ~ 06	유형별 N제 p.206	__월 __일	☐
	DAY 33		CHAPTER 07 ~ 09	유형별 N제 p.236	__월 __일	☐
	DAY 34		CHAPTER 10	유형별 N제 p.268	__월 __일	☐
	DAY 35		CHAPTER 11 2회독 완료	유형별 N제 p.286	__월 __일	☐
6주	DAY 36		CHAPTER 01 ~ 04	유형별 N제 p.170	__월 __일	☐
	DAY 37		CHAPTER 05 ~ 08	유형별 N제 p.218	__월 __일	☐
	DAY 38		CHAPTER 09 ~ 11 3회독 완료	유형별 N제 p.262	__월 __일	☐
	DAY 39		제어공학 유형별 N제 전체 복습		__월 __일	☐
	DAY 40				__월 __일	
	DAY 41		제어공학 전체 복습		__월 __일	☐
	DAY 42				__월 __일	

에듀윌이
너를
지지할게
ENERGY

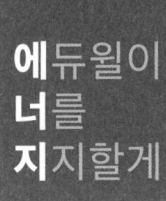

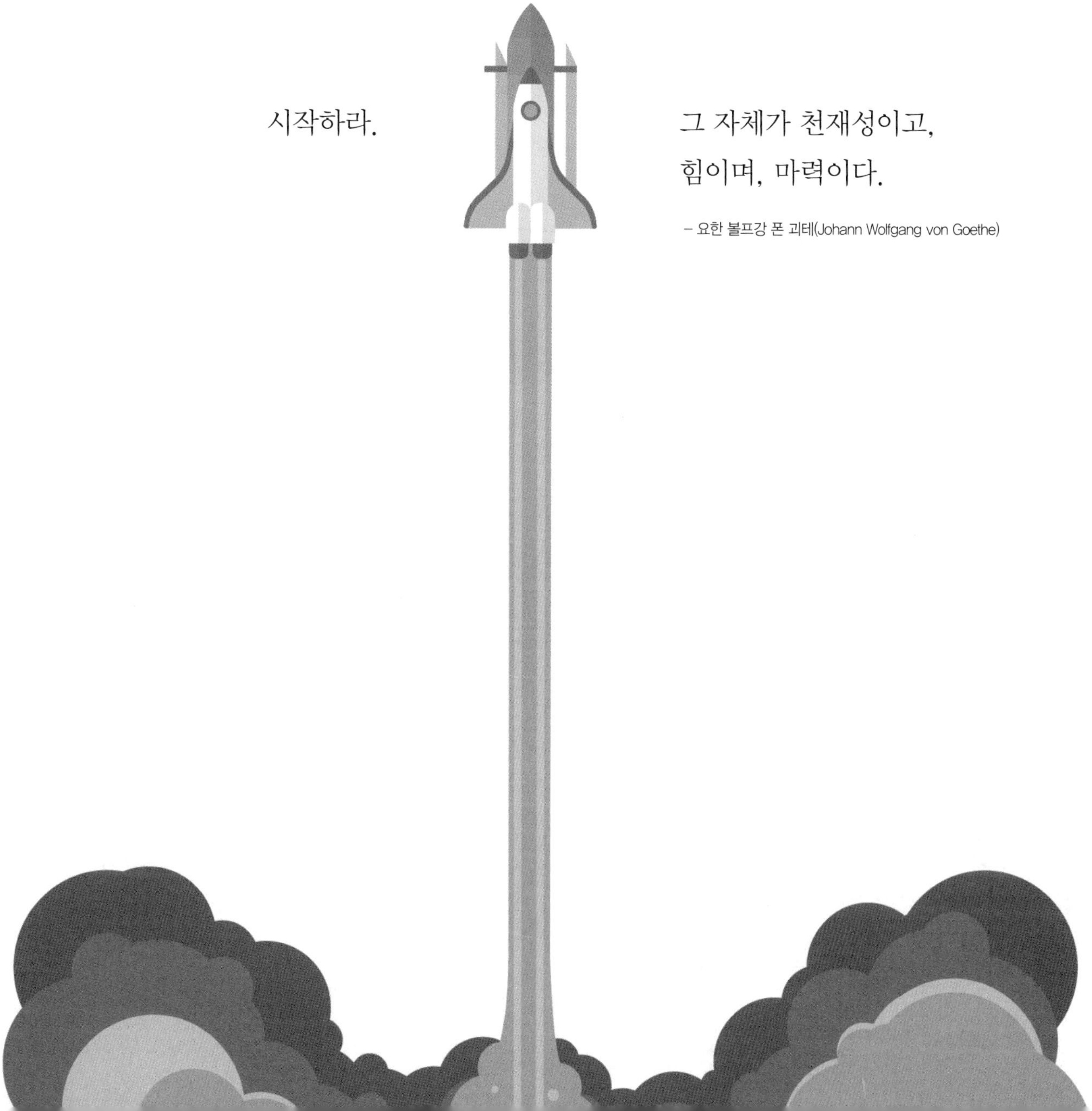

시작하라.

그 자체가 천재성이고,
힘이며, 마력이다.

– 요한 볼프강 폰 괴테(Johann Wolfgang von Goethe)

에듀윌 전기 제어공학

필기 기본서 + 유형별 N제

ISSUE
전기설비기술기준 & KEC 용어표준화 및 국문순화

어떻게 변했는가?

- 산업통상자원부에서 전기설비기술기준 및 한국전기설비규정(KEC) 내 일본식 한자, 어려운 축약어, 외래어 등의 순화에 관한 사항을 2023년 10월 12일에 공고하였습니다.
- 용어표준화 및 국문순화는 공고 즉시 시행되었으며 순화된 용어는 다음과 같이 총 177개입니다. 순화 대상이 된 용어는 앞으로 전기 관련 시험에 반영되어 출제될 것으로 예상됩니다.

*산업통상자원부 고시 제 2023-197호(전기설비기술기준 변경)
*산업통상자원부 공고 제 2023-768호(한국전기설비규정 변경)

*용어표준화 및 국문순화 대상

용어 변경에 따른 학습의 방향

- 2022년 3회차 전기기사 필기 시험부터 적용된 CBT 시험 방식의 특성상 용어의 변경이 시험 문제 전반에 걸쳐 모두 반영되지 않을 수 있습니다.
- 그러나 전기설비기술기준, 한국전기설비규정(KEC)에서 순화된 용어로 개정된 것은 명백한 사실이므로 용어표준화 및 국문순화에 따른 시험 문제 및 보기의 문항이 바뀔 가능성이 높습니다.
- 따라서 변경된 용어 위주로 학습하되 변경되기 전의 용어는 무엇이었는지 알고 넘어간다면 더욱 완벽한 시험 대비를 할 수 있습니다.

수험자별 다르게 출제되는 CBT시험 어떻게 준비해야 할까요?

 사람마다 출제되는 문제가 다르므로 지금보다 좀 더 폭넓은 개념을 익혀 두어야 합니다.

 연도별 최신기출보다는 빈출 유형별로 잘 정리하여야 시험에 대응하기 수월 합니다

 실전과 비슷한 방법으로 컴퓨터 시험 환경에 익숙해져야 합니다.

2026년 대비 CBT 맞춤 개정판 출간

CBT 시험에 강한 유형별 N제	문제은행 방식으로 출제됨에 따라 과년도 기출문제를 폭넓게 접해보는 것이 더욱 중요해졌습니다. 최신 기출문제는 물론 2000년도 이전에 시행된 시험까지 분석하여, 엄선한 문제들로 유형별 N제를 구성하였습니다. 반복학습을 통해 가장 쉽고 빠르게 합격이 가능합니다.
핵심이론만 모은 기본서	과년도 기출문제를 분석하여 자주 출제된 문제 유형을 챕터 및 테마별로 정리하였습니다. 시험대비에 꼭 필요한 내용으로만 구성하여 효율적으로 학습이 가능합니다.
최신기출 CBT 모의고사	최신 기출복원문제 3회분을 수록하여 시험 직전 최종 점검을 할 수 있도록 하였습니다. 제공되는 상세한 해설 및 동영상 강의를 활용하여 시험 직전 마무리 학습을 더 효율적으로 할 수 있습니다.

이 책의 구성

2026 에듀윌 전기 기본서

비전공자도 이해하기 쉬운, 기초개념

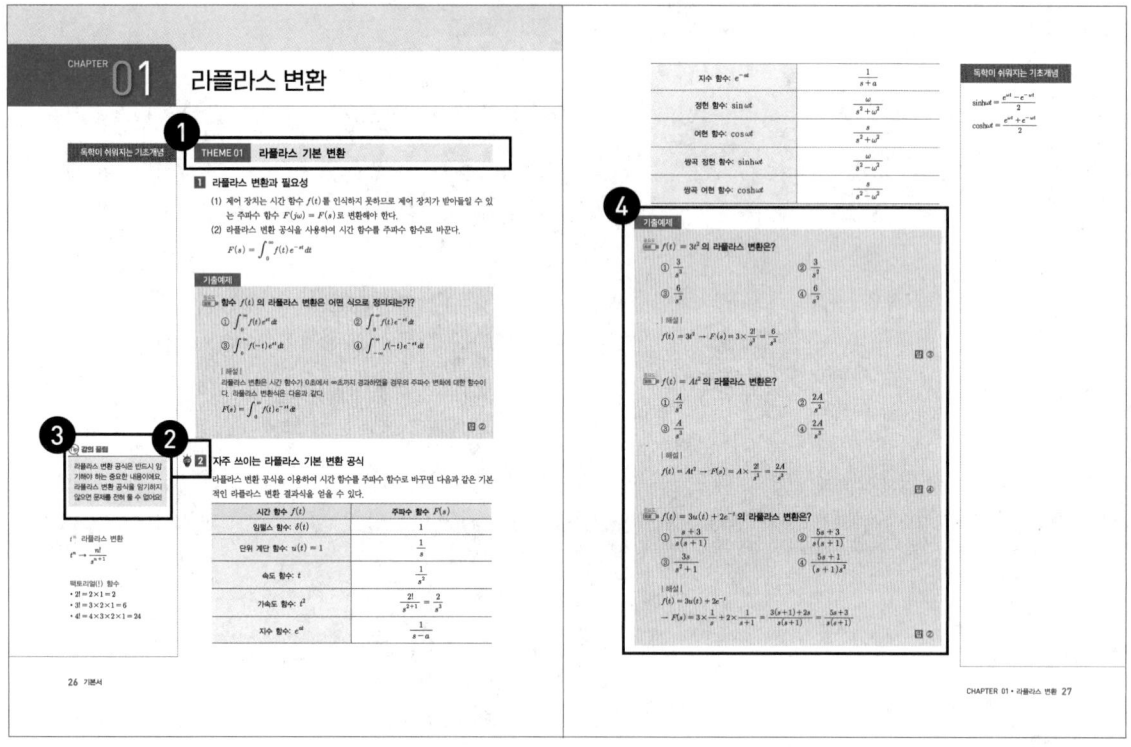

❶ CBT 시험 대비에 꼭 필요한 유형을 챕터별 THEME로 분류하였다.
❷ 시험에 자주 출제되는 개념에 '빈출'을 표시하여 전략적인 학습을 할 수 있도록 하였다.
❸ 전공자부터 비전공자까지 누구나 쉽게 이해할 수 있도록 어려운 개념을 알기 쉽게 풀어서 쓴 강의꿀팁을 제공하였다.
❹ 기출예제를 통해 이론 학습 후 바로 실전 적용을 할 수 있도록 하였다.

"시험에 출제되는 이론을 탄탄하게 학습할 수 있습니다."

합격에 꼭 필요한, 유형별 N제

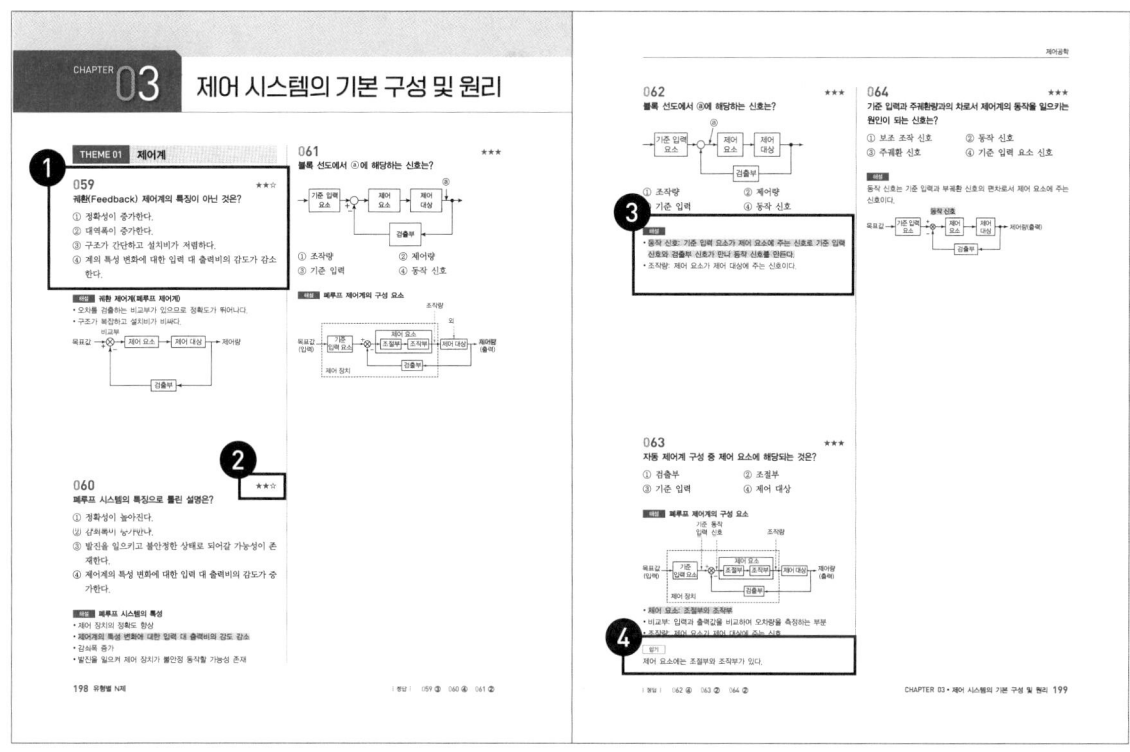

❶ 유형별로 쉬운 문제부터 어려운 문제까지 엄선하여 수록하였습니다.

❷ 출제 비중을 ★~★★★로 표시하여 중요도를 한눈에 알 수 있습니다.

❸ 누구나 쉽게 이해할 수 있게 친절한 해설을 제공하였습니다.

❹ 중요한 이론이나 공식은 암기 로 수록하였습니다.

"유형별 N제 3회독 학습으로 쉽고 빠른 합격이 가능합니다."

이 책의 구성
2026 에듀윌 전기 기본서

마무리 학습을 위한, 끝맺음 노트

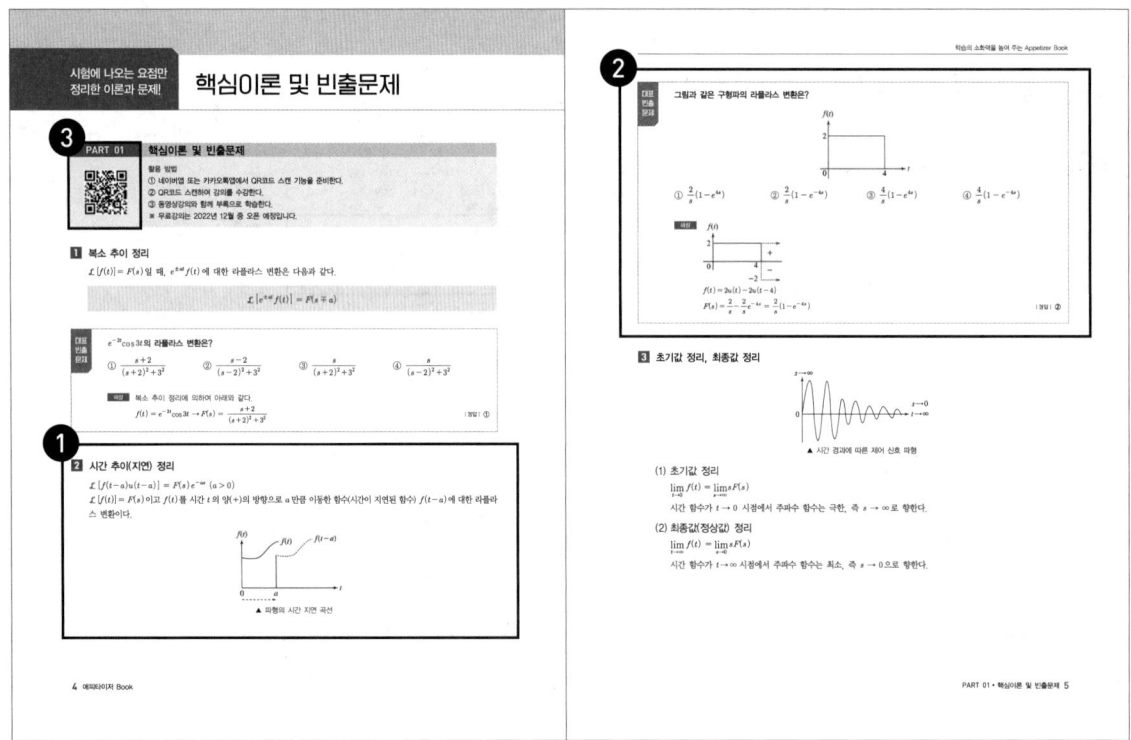

❶ 시험에 나오는 요점만 정리한 핵심이론을 제공하였다.
❷ 대표 빈출문제를 수록하여 핵심이론에 관련된 문제를 바로 풀어볼 수 있게 하였다.
❸ QR 코드를 스캔하여 학습을 돕는 무료특강을 수강할 수 있도록 하였다.

"시험 전, **끝맺음 노트**와 함께 최종 점검하면 좋습니다."

시험 전에 준비하는, CBT 실전 모의고사

실전 모의고사 편

❶ 기출문제를 기반으로 실제 시험에 출제될 만한 문제들로 구성하여 모의고사를 3회분 제공하였다.
하단의 링크를 입력하거나 QR 코드를 스캔하여 온라인 CBT 모의고사에 응시해 보세요!

정답과 해설 편

❷ 문제 해답을 한눈에 확인할 수 있도록 빠른 정답표를 제공하였다.
❸ QR 코드를 스캔하여 무료 해설 특강으로 접근할 수 있으며, 강의를 통해 효율적인 학습이 가능합니다.

CBT 모의고사 빠른 입장

※ CBT 모의고사 유효기간은 2027년 12월 31일까지이며, 이후 서비스 제공이 중단될 수 있습니다.

합격의 첫 걸음
전기직 취업

전기기사 과목별 출제 정보

과목	전기(산업)기사	전기공사(산업)기사	전기직 공사·공단	전기직 공무원
회로이론	O	O	O	O
제어공학	O	O	O	O
전기기기	O	O	O	O
전기자기학	O	X	O	O
전력공학	O	O	O	X
전기설비기술기준	O	O	O	X
전기응용 및 공사재료	X	O	O	X
전기설비 설계 및 관리	O	X	X	X
전기설비 견적 및 시공	X	O	X	X

※ 단, 전기산업기사 및 전기공사산업기사는 제어공학이 출제되지 않음
※ 전기직 공사·공단 출제 정보는 회사마다 다름

필기

- 회로이론
- 제어공학
- 전력공학
- 전기자기학
- 전기기기
- 전기설비기술기준
- 전기응용 및 공사재료

실기

- 전기설비 설계 및 관리
- 전기설비 견적 및 시공

전기직 취업 정보

전기직군 공사·공단 취업

- 회로이론
- 제어공학
- 전기기기
- 전기자기학
- 전력공학
- 전기설비기술기준

→ 전기 전문성을 갖춘 인력의 수요는 꾸준히 존재하므로 관련 공사·공단에서 전기직 중심의 채용이 이루어지고 있음. 회사마다 시험 과목은 다르므로 자세한 내용은 회사별 채용 공지사항 확인

전기직 공무원 취업

직렬	선발예정인원	시험과목(선택형 필기시험)
전기직 (7급)	• 일반: 14명 • 장애인: 1명	언어논리영역, 자료해석영역, 상황판단영역, 영어(영어능력검정시험으로 대체), 한국사(한국사능력검정시험으로 대체), 물리학개론, 전기자기학, 회로이론, 전기기기
전기직 (9급)	• 일반: 43명 • 장애인: 4명 • 저소득: 1명	국어, 영어, 한국사, 전기이론, 전기기기

- 회로이론
- 제어공학
- 전기기기
- 전기자기학

→ 2023년 7·9급 전기직 공무원, 군무원 시험과목에 전기 기초 과목이 포함됨

**결국 최종 목표는 취업, 전기기사 자격증부터 취업까지
에듀윌 전기기사 시리즈로 한번에 해결!**

Why? 전기기사
취업의 치트키 전기기사 자격증

취업 기회가 늘어나는 전기 관련 시장

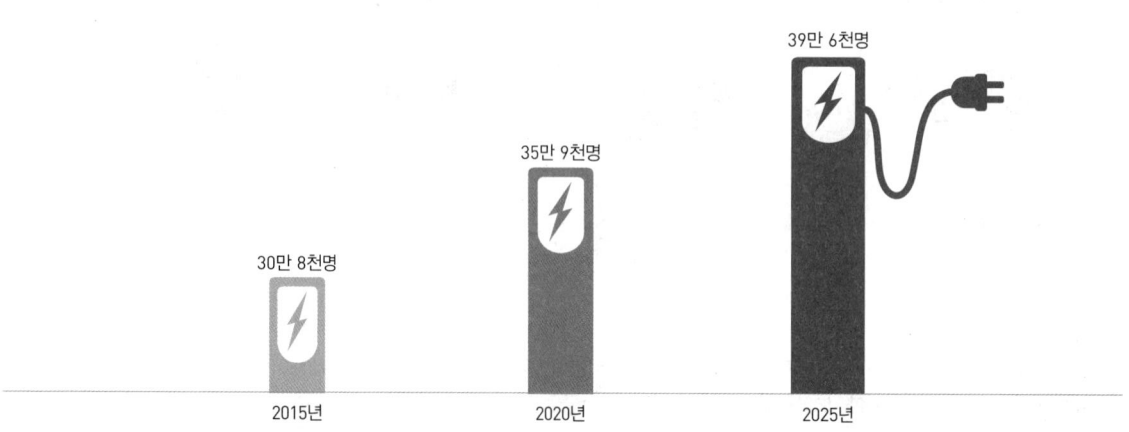

전기전자 관련직 수요증가

- 2015년: 30만 8천명
- 2020년: 35만 9천명
- 2025년: 39만 6천명

※ 출처: 고용노동부 직종별 사업체 노동력 조사

취업 부담이 줄어드는 다양한 가산점

한국전력공사 채용	한국철도공사 일반직 6급 채용
전기기사 10점 + 전기공사기사 10점 총 20점까지 부여	전기기사 4점 가산 전기산업기사 2.5점 가산

6급 이하 및 기술직공무원 채용	경찰공무원 채용
전기기사 5% 가산 전기산업기사 3% 가산	전기기사 4점 가산 전기산업기사 2점 가산

알아 두면 쓸데 있는 전기기사 시험 Q&A

  전기기사와 전기공사기사 시험, 무엇이 다를까요?

전기기사와 전기공사기사의 필기시험은 총 5과목입니다. 이 중에서 4과목은 공통이고 1과목만 서로 다릅니다. 전기기사는 전기자기학, 전기공사기사는 전기응용 및 공사재료 과목이 다릅니다. 실기시험은 50%만 공통으로 출제되고 나머지 50%는 다르게 출제됩니다. 2과목만 더 준비하면 합격이 가능하기 때문에 쌍기사 자격증에 도전하는 것을 권합니다.

 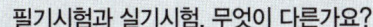 **필기시험과 실기시험, 무엇이 다른가요?**

필기시험이 5과목이어서 어려워 보일 수도 있지만, 실제 시험 결과는 정반대입니다. 필기는 객관식 문제로 출제되고 평균 60점을 넘으면 합격할 수 있지만, 실기는 논술식이기 때문에 체감 난이도가 훨씬 높습니다.
또 필기시험의 학습 분량에 비해 실기시험의 학습 분량은 2배입니다. 실기시험은 단답, 시퀀스, 수변전 설비의 3과목으로 나뉘어 필기보다 2과목이 적지만, 단답을 세분화하면 필기보다 더 많은 부분을 공부해야 합니다.

 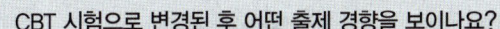 **CBT 시험으로 변경된 후 어떤 출제 경향을 보이나요?**

2022년 제3회 시험부터 CBT 시험 방식이 도입되었습니다. CBT 시험 특성상 수험자별로 출제되는 문제가 다르기 때문에 출제 경향을 예측하기 쉽지 않은 상황입니다. 그러나 문제은행 방식으로 출제된다는 특징이 있기 때문에, 유형별로 이론과 문제들을 반복학습하면 쉽게 합격할 수 있습니다.

How? 전기기사

전기기사 합격전략

효율 UP 학습순서

전략 UP 과목별 맞춤학습법

과목	학습법	목표
회로이론	• 모든 과목의 바탕이 되는 중요한 과목 • 전기기사는 회로이론 전체를 학습 • 산업기사는 회로이론 앞부분을 중심으로 학습	60점 이상
제어공학	• 70점 이상의 점수를 얻기 쉬운 과목 • 전기기사는 회로이론의 기본만 학습하고 제어공학을 중심으로 학습	70점 이상
전력공학	• 고득점을 얻어야 유리한 과목 • 필기시험과 실기시험에도 영향을 미치는 과목 • 발전보다는 전력 부분에 초점을 맞추어 학습	70점 이상
전기자기학	• 고난도 문제가 자주 출제되는 과목 • 출제 기준에 맞추어서 학습	60점 이상
전기기기	• 어려운 내용에 비해 문제는 비교적 쉽게 출제되는 과목 • 기본공식을 암기하는 것에 집중하여 학습 • 기출문제를 중심으로 학습	70점 이상
전기응용 및 공사재료	• 난이도가 높지 않은 과목 • 기출문제 위주로 학습	70점 이상
전기설비기술기준	• 암기가 중요한 과목 • 고득점을 얻어야 하는 쉽지만 중요한 과목 • 내용을 요약하여 정리한 후 문제를 풀면서 학습	75점 이상

제어공학의 흐름을 잡는

완벽한 출제분석

제어공학 출제기준

분야	세부 출제기준
1. 자동 제어계의 요소 및 구성	제어계의 종류 / 제어계의 구성과 자동 제어의 용어 / 자동 제어계의 분류 등
2. 블록 선도와 신호 흐름 선도	블록 선도의 개요 / 궤환 제어계의 표준형 / 블록 선도의 변환 / 아날로그 계산기 등
3. 상태 공간 해석	상태 변수의 의의 / 상태 변수와 상태 방정식 / 선형 시스템의 과도 응답 등
4. 정상 오차와 주파수 응답	자동 제어계의 정상 오차 / 과도 응답과 주파수 응답 / 주파수 응답의 궤적 표현 / 2차계에서 MP와 WP 등
5. 안정도 판별법	Routh-Hurwitz 안정도 판별법 / Nyquist 안정도 판별법 / Nyquist 선도로부터의 이득과 위상 여유 / 특성 방정식의 근 등
6. 근궤적과 자동 제어의 보상	근궤적 / 근궤적의 성질 / 종속 보상법 / 지상 보상의 영향 / 조절기의 제어 동작 등
7. 샘플값 제어	sampling 방법 / Z 변환법 / 펄스 전달 함수 / sample값 제어계의 Z 변환법에 의한 해석 / sample값 제어계의 안정도 등
8. 시퀀스 제어	시퀀스 제어의 특징 / 제어 요소의 동작과 표현 / 불대수의 기본 정리 / 논리 회로 / 무접점 회로 / 유접점 회로 등

제어공학 최근 20개년 출제비중

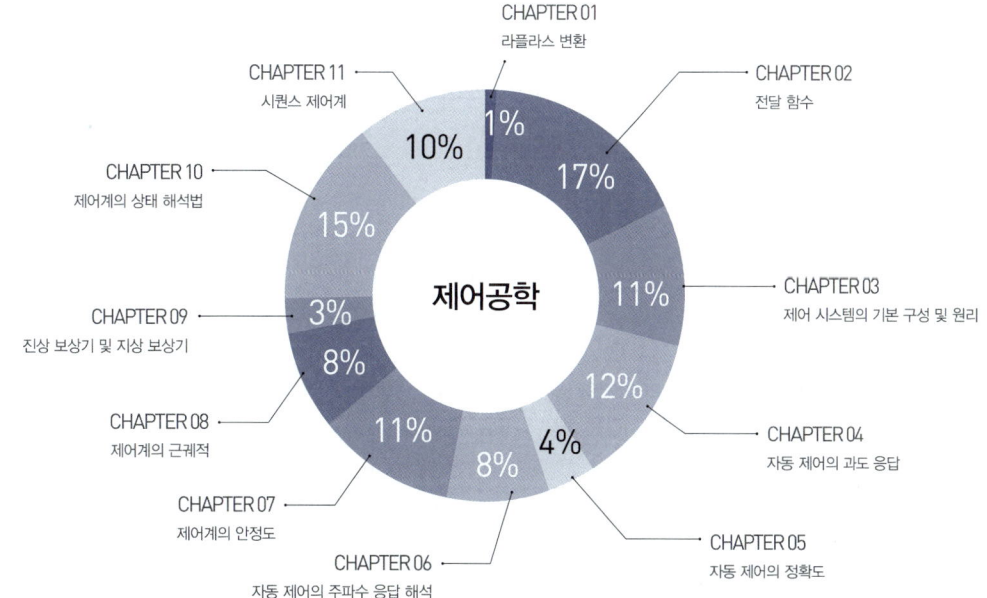

GUIDE
전기기사 시험안내

2026 시험 예상 일정

1. 전기(산업)기사, 전기공사(산업)기사

구분	필기시험	필기합격 (예정자)발표	실기시험	최종합격 발표일
제1회	2~3월	3월	4~5월	6월
제2회	5월	6월	7~8월	9월
제3회	7월	8월	10~11월	12월

※ 정확한 시험 일정은 한국산업인력공단(Q-net) 참고

2. 빈자리 추가 접수기간

구분	필기시험	실기시험
제1회	2월	4월
제2회	5월	7월
제3회	6월	-

※ 정확한 시험 일정은 한국산업인력공단(Q-net) 참고

3. 공통사항

(1) 원서접수 시간은 원서접수 첫날 10:00부터 마지막 날 18:00까지 임
(2) 필기시험 합격(예정)자 및 최종합격자 발표시간은 해당 발표일 09:00임

검정기준 및 응시자격

1. 검정기준

등급	검정기준
기사	해당 국가기술자격의 종목에 관한 공학적 기술이론 지식을 가지고 설계·시공·분석 등의 업무를 수행할 수 있는 능력 보유
산업기사	해당 국가기술자격의 종목에 관한 기술기초이론 지식 또는 숙련기능을 바탕으로 복합적인 기초기술 및 기능 업무를 수행할 수 있는 능력 보유

※ 국가기술자격 검정의 기준(제14조 제1항 관련)

2. 응시자격

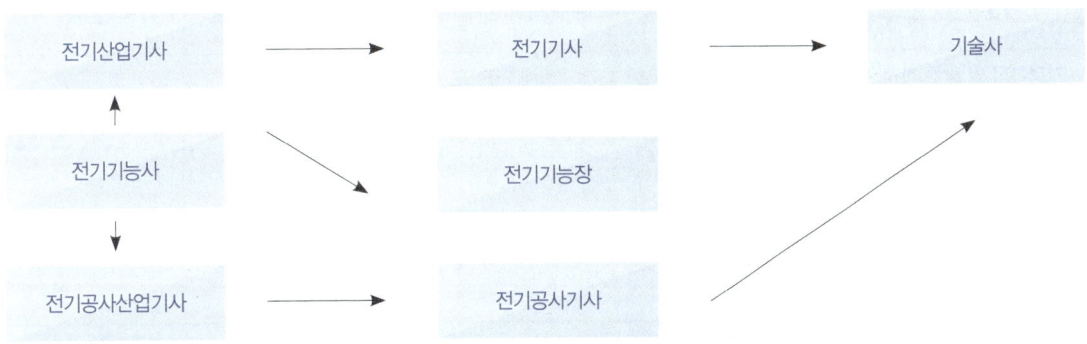

등급		응시자격 조건
기능사	자격제한 없음	
산업기사	자격증 + 경력	기능사 + 실무경력 1년
		실무경력 2년
	관련학과 졸업	관련학과 4년제 대졸 또는 졸업 예정
		관련학과 2, 3년제 대졸 또는 졸업 예정
기사	자격증 + 경력	산업기사 + 실무경력 1년
		기능사 + 실무경력 3년
		실무경력 4년
	관련학과 졸업	관련학과 4년제 대졸 또는 졸업 예정
		관련학과 3년제 대졸 + 실무경력 1년
		관련학과 2년제 대졸 + 실무경력 2년

GUIDE
전기기사 시험안내

전기기사

구분	시험과목	검정방법	합격기준
필기	· 전기자기학 · 전력공학 · 전기기기 · 회로이론 및 제어공학 · 전기설비기술기준	객관식 4지 택일형, 과목당 20문항(30분)	과목당 40점 이상, 전과목 평균 60점 이상(100점 만점 기준)
실기	전기설비 설계 및 관리	필답형(2시간 30분)	60점 이상(100점 만점 기준)

분류	종목	인정학점	표준교육과정 해당 전공	
			전문학사	학사
전기일반	전기기사	20(30)	시스템제어, 자동제어, 전기, 전기공사, 전자기기	메카트로닉스학, 전기공학, 제어계측공학
	전기산업기사	16(24)		
전기설비	전기공사기사	20(30)	시스템제어, 자동제어, 전기, 전기공사	전기공학, 제어계측공학
	전기공사산업기사	16(24)		

※ 인정학점 옆 괄호 학점은 2009년 3월 1일 이전 취득한 자격에 한해 인정

전기산업기사

구분	시험과목	검정방법	합격기준
필기	· 전기자기학 · 전력공학 · 전기기기 · 회로이론 · 전기설비기술기준	객관식 4지 택일형, 과목당 20문항(30분)	과목당 40점 이상, 전과목 평균 60점 이상(100점 만점 기준)
실기	전기설비 설계 및 관리	필답형(2시간)	60점 이상(100점 만점 기준)

분류	종목	인정학점	표준교육과정 해당 전공	
			전문학사	학사
전기일반	전기기사	20(30)	시스템제어, 자동제어, 전기, 전기공사, 전자기기	메카트로닉스학, 전기공학, 제어계측공학
	전기산업기사	16(24)		
전기설비	전기공사기사	20(30)	시스템제어, 자동제어, 전기, 전기공사	전기공학, 제어계측공학
	전기공사산업기사	16(24)		

※ 인정학점 옆 괄호 학점은 2009년 3월 1일 이전 취득한 자격에 한해 인정

전기공사기사

구분	시험과목	검정방법	합격기준
필기	· 전기응용 및 공사재료 · 전력공학 · 전기기기 · 회로이론 및 제어공학 · 전기설비기술기준	객관식 4지 택일형, 과목당 20문항(30분)	과목당 40점 이상, 전과목 평균 60점 이상(100점 만점 기준)
실기	전기설비 견적 및 시공	필답형(2시간 30분)	60점 이상(100점 만점 기준)

분류	종목	인정학점	표준교육과정 해당 전공	
			전문학사	학사
전기일반	전기기사	20(30)	시스템제어, 자동제어, 전기, 전기공사, 전자기기	메카트로닉스학, 전기공학, 제어계측공학
	전기산업기사	16(24)		
전기설비	전기공사기사	20(30)	시스템제어, 자동제어, 전기, 전기공사	전기공학, 제어계측공학
	전기공사산업기사	16(24)		

※ 인정학점 옆 괄호 학점은 2009년 3월 1일 이전 취득한 자격에 한해 인정

전기공사산업기사

구분	시험과목	검정방법	합격기준
필기	· 전기응용 및 공사재료 · 전력공학 · 전기기기 · 회로이론 · 전기설비기술기준	객관식 4지 택일형, 과목당 20문항(30분)	과목당 40점 이상, 전과목 평균 60점 이상(100점 만점 기준)
실기	전기설비 견적 및 시공	필답형(2시간)	60점 이상(100점 만점 기준)

분류	종목	인정학점	표준교육과정 해당 전공	
			전문학사	학사
전기일반	전기기사	20(30)	시스템제어, 자동제어, 전기, 전기공사, 전자기기	메카트로닉스학, 전기공학, 제어계측공학
	전기산업기사	16(24)		
전기설비	전기공사기사	20(30)	시스템제어, 자동제어, 전기, 전기공사	전기공학, 제어계측공학
	전기공사산업기사	16(24)		

※ 인정학점 옆 괄호 학점은 2009년 3월 1일 이전 취득한 자격에 한해 인정

CONTENTS

PART 1 기본서

CHAPTER 01 라플라스 변환
1. 라플라스 기본 변환   26
2. 라플라스 변환의 기본 정리   28
3. 라플라스 역변환   31
CBT 적중문제   33

CHAPTER 02 전달 함수
1. 제어 시스템에서의 전달 함수   42
2. 회로망에서의 전달 함수   44
3. 블록 선도 및 신호 흐름 선도에서의 전달 함수   46
4. 블록 선도 및 신호 흐름 선도의 특수 경우   49
CBT 적중문제   52

CHAPTER 03 제어 시스템의 기본 구성 및 원리
1. 제어계   64
2. 제어 장치의 분류   66
3. 변환 기기   69
CBT 적중문제   71

CHAPTER 04 자동 제어의 과도 응답
1. 제어계의 안정 조건   78
2. 자동 제어의 과도 응답 특성   79
3. 특성 방정식의 근의 위치에 따른 응답 특성   80
4. 영점 및 극점   81
5. 제동비에 따른 제어계의 과도 응답 특성   82
CBT 적중문제   84

CHAPTER 05 자동 제어의 정확도
1. 자동 제어계의 정상 편차   92
2. 제어계의 형에 따른 편차   94
3. 제어 장치의 감도(Sensitivity)   95
CBT 적중문제   96

CHAPTER 06 자동 제어의 주파수 응답 해석
1. 자동 제어계의 주파수 전달 함수   102
2. 보드 선도   105
CBT 적중문제   106

CHAPTER 07 제어계의 안정도
1. 루드(Routh)표에 의한 안정도 해석   114
2. 나이퀴스트(Nyquist) 선도에 의한 안정도 해석   115
CBT 적중문제   118

CHAPTER 08 제어계의 근궤적
1. 근궤적의 특성   126
2. 근궤적 관련 공식   126
3. 근궤적의 이탈점(분지점: Breakaway Point)   127
CBT 적중문제   128

CHAPTER 09 진상 보상기 및 지상 보상기
1. 진상 보상기 및 지상 보상기의 회로망   134
2. 연산 증폭기(OP Amp)   136
CBT 적중문제   137

CHAPTER 10 제어계의 상태 해석법
1. 제어계의 상태 방정식   144
2. 제어 시스템의 과도 응답(천이 행렬)   145
3. 제어 시스템의 제어 및 관측 가능성 판정   146
4. z 변환   147
CBT 적중문제   149

CHAPTER 11 시퀀스 제어계
1. 기본 논리 회로   156
2. 조합 논리 회로   157
3. 논리 대수 및 드 모르간 정리   159
CBT 적중문제   160

PART 2 유형별 N제

CHAPTER 01 라플라스 변환
1. 라플라스 기본 변환 　　　　　　　　　　170
2. 라플라스 변환의 기본 정리 　　　　　　170
3. 라플라스 역변환 　　　　　　　　　　　172

CHAPTER 02 전달 함수
1. 제어 시스템에서의 전달 함수 　　　　　176
2. 회로망에서의 전달 함수 　　　　　　　177
3. 블록 선도 및 신호 흐름 선도에서의 전달 함수 　178
4. 블록 선도 및 신호 흐름 선도의 특수 경우 　190

CHAPTER 03 제어 시스템의 기본 구성 및 원리
1. 제어계 　　　　　　　　　　　　　　　196
2. 제어 장치의 분류 　　　　　　　　　　198
3. 변환 기기 　　　　　　　　　　　　　203

CHAPTER 04 자동 제어의 과도 응답
1. 제어계의 안정 조건 　　　　　　　　　206
2. 자동 제어의 과도 응답 특성 　　　　　208
3. 특성 방정식의 근의 위치에 따른 응답 특성 　208
4. 영점 및 극점 　　　　　　　　　　　　210
5. 제동비에 따른 제어계의 과도 응답 특성 　210

CHAPTER 05 자동 제어의 정확도
1. 자동 제어계의 정상 편차 　　　　　　218
2. 제어계의 형에 따른 편차 　　　　　　220
3. 제어 장치의 감도(Sensitivity) 　　　　220

CHAPTER 06 자동 제어의 주파수 응답 해석
1. 자동 제어계의 주파수 전달 함수 　　　226
2. 보드 선도 　　　　　　　　　　　　　228

CHAPTER 07 제어계의 안정도
1. 루드표에 의한 안정도 해석 　　　　　236
2. 나이퀴스트 선도에 의한 안정도 해석 　248

CHAPTER 08 제어계의 근궤적
1. 근궤적의 특성 　　　　　　　　　　　254
2. 근궤적 관련 공식 　　　　　　　　　　257
3. 근궤적의 이탈점(분지점: Breakaway Point) 　259

CHAPTER 09 진상 보상기 및 지상 보상기
1. 진상 보상기 및 지상 보상기의 회로망 　262
2. 연산 증폭기 　　　　　　　　　　　　264

CHAPTER 10 제어계의 상태 해석법
1. 제어계의 상태 방정식 　　　　　　　　268
2. 제어 시스템의 과도 응답 　　　　　　272
3. 제어 시스템의 제어 및 관측 가능성 판정 　276
4. z 변환 　　　　　　　　　　　　　　　276

CHAPTER 11 시퀀스 제어계
1. 기본 논리 회로 　　　　　　　　　　　286
2. 조합 논리 회로 　　　　　　　　　　　288
3. 논리 대수 및 드 모르간 정리 　　　　290

PART 1

기본서

기본서 학습전략

기본서는 총 11개의 챕터로 구성되어 있습니다. 이론을 학습한 뒤, 문제에 적용되는 방식을 익힐 수 있도록 기출예제를 풀어보며 개념을 확립하는 것이 좋습니다. 또한 페이지 양단에 있는 강의 꿀팁 및 독학이 쉬워지는 기초개념을 활용하여 외워야 할 개념은 바로 외우고 넘어가야 합니다. 빈출이 표기된 개념은 반드시 암기하는 것이 좋습니다. 챕터의 이론 학습이 끝나면, 과년도 문제로 구성된 CBT 적중문제를 풀어 보며 실전 감각을 향상시킵니다.

PART 1 구성

CHAPTER 01	라플라스 변환
CHAPTER 02	전달 함수
CHAPTER 03	제어 시스템의 기본 구성 및 원리
CHAPTER 04	자동 제어의 과도 응답
CHAPTER 05	자동 제어의 정확도
CHAPTER 06	자동 제어의 주파수 응답 해석
CHAPTER 07	제어계의 안정도
CHAPTER 08	제어계의 근궤적
CHAPTER 09	진상 보상기 및 지상 보상기
CHAPTER 10	제어계의 상태 해석법
CHAPTER 11	시퀀스 제어계

라플라스 변환

1. 라플라스 기본 변환
2. 라플라스 변환의 기본 정리
3. 라플라스 역변환

학습 전략

이 챕터에서는 가장 기본적인 라플라스 변환 공식을 확실하게 암기하고, 여러 가지 함수의 라플라스 변환을 연습해야 합니다. 또한 라플라스 역변환 과정에서 필요한 부분분수 전개법을 익혀야 합니다. 수학 실력이 약하다고 판단된다면, 난도가 적당한 라플라스 변환 문제 위주로 학습하는 것이 좋습니다.

CHAPTER 01 | 흐름 미리보기

1. 라플라스 기본 변환
2. 라플라스 변환의 기본 정리
3. 라플라스 역변환

NEXT **CHAPTER 02**

CHAPTER 01 라플라스 변환

THEME 01 라플라스 기본 변환

1 라플라스 변환과 필요성

(1) 제어 장치는 시간 함수 $f(t)$를 인식하지 못하므로 제어 장치가 받아들일 수 있는 주파수 함수 $F(j\omega) = F(s)$로 변환해야 한다.

(2) 라플라스 변환 공식을 사용하여 시간 함수를 주파수 함수로 바꾼다.

$$F(s) = \int_0^\infty f(t)\,e^{-st}dt$$

기출예제

함수 $f(t)$의 라플라스 변환은 어떤 식으로 정의되는가?

① $\int_0^\infty f(t)\,e^{st}dt$ ② $\int_0^\infty f(t)\,e^{-st}dt$

③ $\int_0^\infty f(-t)\,e^{st}dt$ ④ $\int_{-\infty}^\infty f(-t)\,e^{-st}dt$

| 해설 |
라플라스 변환은 시간 함수가 0초에서 ∞초까지 경과하였을 경우의 주파수 변화에 대한 함수이다. 라플라스 변환식은 다음과 같다.

$$F(s) = \int_0^\infty f(t)\,e^{-st}dt$$

답 ②

2 자주 쓰이는 라플라스 기본 변환 공식

라플라스 변환 공식을 이용하여 시간 함수를 주파수 함수로 바꾸면 다음과 같은 기본적인 라플라스 변환 결과식을 얻을 수 있다.

시간 함수 $f(t)$	주파수 함수 $F(s)$
임펄스 함수: $\delta(t)$	1
단위 계단 함수: $u(t) = 1$	$\dfrac{1}{s}$
속도 함수: t	$\dfrac{1}{s^2}$
가속도 함수: t^2	$\dfrac{2!}{s^{2+1}} = \dfrac{2}{s^3}$
지수 함수: e^{at}	$\dfrac{1}{s-a}$

독학이 쉬워지는 기초개념

Tip 강의 꿀팁

라플라스 변환 공식은 반드시 암기해야 하는 중요한 내용이에요. 라플라스 변환 공식을 암기하지 않으면 문제를 풀 수 없어요!

t^n 라플라스 변환

$$t^n \to \frac{n!}{s^{n+1}}$$

팩토리얼(!) 함수
- $2! = 2 \times 1 = 2$
- $3! = 3 \times 2 \times 1 = 6$
- $4! = 4 \times 3 \times 2 \times 1 = 24$

지수 함수: e^{-at}	$\dfrac{1}{s+a}$
정현 함수: $\sin \omega t$	$\dfrac{\omega}{s^2+\omega^2}$
여현 함수: $\cos \omega t$	$\dfrac{s}{s^2+\omega^2}$
쌍곡 정현 함수: $\sinh \omega t$	$\dfrac{\omega}{s^2-\omega^2}$
쌍곡 여현 함수: $\cosh \omega t$	$\dfrac{s}{s^2-\omega^2}$

독학이 쉬워지는 기초개념

$\sinh \omega t = \dfrac{e^{\omega t} - e^{-\omega t}}{2}$

$\cosh \omega t = \dfrac{e^{\omega t} + e^{-\omega t}}{2}$

기출예제

중요도 $f(t) = 3t^2$의 라플라스 변환은?

① $\dfrac{3}{s^3}$ ② $\dfrac{3}{s^2}$

③ $\dfrac{6}{s^3}$ ④ $\dfrac{6}{s^2}$

| 해설 |
$f(t) = 3t^2 \rightarrow F(s) = 3 \times \dfrac{2!}{s^3} = \dfrac{6}{s^3}$

답 ③

중요도 $f(t) = At^2$의 라플라스 변환은?

① $\dfrac{A}{s^2}$ ② $\dfrac{2A}{s^2}$

③ $\dfrac{A}{s^3}$ ④ $\dfrac{2A}{s^3}$

| 해설 |
$f(t) = At^2 \rightarrow F(s) = A \times \dfrac{2!}{s^3} = \dfrac{2A}{s^3}$

답 ④

중요도 $f(t) = 3u(t) + 2e^{-t}$의 라플라스 변환은?

① $\dfrac{s+3}{s(s+1)}$ ② $\dfrac{5s+3}{s(s+1)}$

③ $\dfrac{3s}{s^2+1}$ ④ $\dfrac{5s+1}{(s+1)s^2}$

| 해설 |
$f(t) = 3u(t) + 2e^{-t}$
$\rightarrow F(s) = 3 \times \dfrac{1}{s} + 2 \times \dfrac{1}{s+1} = \dfrac{3(s+1)+2s}{s(s+1)} = \dfrac{5s+3}{s(s+1)}$

답 ②

독학이 쉬워지는 기초개념

복소 추이 정리
$\mathcal{L}\left[e^{\pm at}f(t)\right]$
$= F(s)|_{s=s\mp a}$
$= F(s\mp a)$

미·적분 방정식의 라플라스 변환
- $f(t) \to F(s)$
- 미분 $\dfrac{d}{dt} \to s$, $\dfrac{d^2}{dt^2} \to s^2$
- 적분 $\int dt \to \dfrac{1}{s}$

THEME 02 라플라스 변환의 기본 정리

1 복소 추이 정리

$\mathcal{L}[f(t)] = F(s)$일 때, $e^{\pm at}f(t)$에 대한 라플라스 변환은 다음과 같다.
$\mathcal{L}\left[e^{\pm at}f(t)\right] = F(s\mp a)$

2 미·적분 정리

(1) 미분식의 라플라스 변환(초기값 0)

$$\mathcal{L}\left[\frac{df}{dt}\right] = sF(s), \quad \mathcal{L}\left[\frac{d^2f}{dt^2}\right] = s^2F(s)$$

(2) 적분식의 라플라스 변환

$$\mathcal{L}\left[\int f(t)dt\right] = \frac{1}{s}F(s)$$

(3) $\mathcal{L}[f(t)] = F(s)$일 때, $tf(t)$에 대한 라플라스 변환은 다음과 같다.

$$\mathcal{L}[tf(t)] = -\frac{d}{ds}F(s)$$

기출예제

다음 중 $f(t) = te^{-at}$의 라플라스 변환은?

① $\dfrac{2}{(s-a)^2}$ ② $\dfrac{1}{s(s+a)}$

③ $\dfrac{1}{(s+a)^2}$ ④ $\dfrac{1}{s+a}$

| 해설 |
각 단독 함수에서의 라플라스 변환은 다음과 같다.
$f(t) = t \to F(s) = \dfrac{1}{s^2}$

$f(t) = e^{-at} \to F(s) = \dfrac{1}{s+a}$

따라서 문제에 주어진 함수를 복소 추이 정리를 적용하여 라플라스 변환한다.
$f(t) = te^{-at} \to F(s) = \dfrac{1}{(s+a)^2}$

답 ③

$5\dfrac{d^2q(t)}{dt^2} + \dfrac{dq(t)}{dt} = 10\sin t$ 에서 모든 초기 조건을 0으로 하고 라플라스 변환하면?(단, $Q(s)$는 $q(t)$의 라플라스 변환이다.)

① $Q(s) = \dfrac{10}{(5s+1)(s^2+1)}$

② $Q(s) = \dfrac{10}{(5s^2+s)(s^2+1)}$

③ $Q(s) = \dfrac{10}{2(s^2+1)}$

④ $Q(s) = \dfrac{10}{(s^2+5)(s^2+1)}$

| 해설 |

$5\dfrac{d^2q(t)}{dt^2} + \dfrac{dq(t)}{dt} = 10\sin t \rightarrow 5s^2 Q(s) + s\, Q(s) = 10 \times \dfrac{1}{s^2 + 1^2}$ $(\because \omega = 1)$

$\therefore Q(s) = \dfrac{10}{(5s^2 + s)(s^2 + 1)}$

답 ②

독학이 쉬워지는 기초개념

$u(t) \begin{cases} 1(t>0) \\ 0(t<0) \end{cases}$

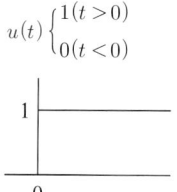

3 시간 추이(지연) 정리

$\mathcal{L}\,[f(t-a)u(t-a)] = F(s)\,e^{-as}$ $(a > 0)$

$\mathcal{L}\,[f(t)] = F(s)$ 이고 $f(t)$ 를 시간 t 의 양$(+)$의 방향으로 a 만큼 이동한 함수(시간이 지연된 함수) $f(t-a)$ 에 대한 라플라스 변환이다.

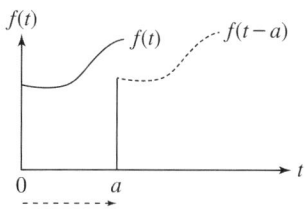

▲ 파형의 시간 지연 곡선

기출예제

다음과 같은 파형 $v(t)$ 를 단위 계단 함수로 표시하면 어떻게 되는가?

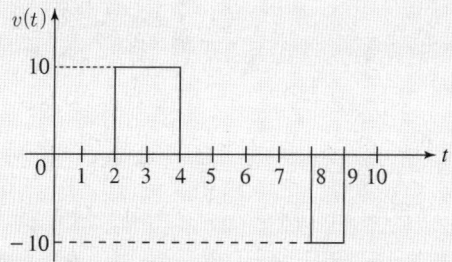

① $10u(t-2) + 10u(t-4) + 10u(t-8) + 10u(t-9)$
② $10u(t-2) - 10u(t-4) - 10u(t-8) - 10u(t-9)$
③ $10u(t-2) - 10u(t-4) + 10u(t-8) - 10u(t-9)$
④ $10u(t-2) - 10u(t-4) - 10u(t-8) + 10u(t-9)$

| 해설 |
시간 추이 정리를 적용하여 주어진 파형의 시간 함수를 구한다.
$v(t) = 10\{u(t-2) - u(t-4)\} - 10\{u(t-8) - u(t-9)\}$
$\quad\ = 10u(t-2) - 10u(t-4) - 10u(t-8) + 10u(t-9)$

답 ④

독학이 쉬워지는 기초개념

- 초기값: $s \to \infty$
- 정상값: $s \to 0$

4 초기값 정리, 최종값 정리

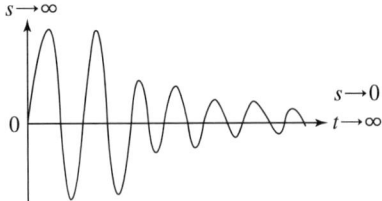

▲ 시간 경과에 따른 제어 신호 파형

(1) 초기값 정리

$$\lim_{t \to 0} f(t) = \lim_{s \to \infty} sF(s)$$

시간 함수가 $t \to 0$ 시점에서 주파수 함수는 극한, 즉 $s \to \infty$로 향한다.

(2) 최종값(정상값) 정리

$$\lim_{t \to \infty} f(t) = \lim_{s \to 0} sF(s)$$

시간 함수가 $t \to \infty$ 시점에서 주파수 함수는 최소, 즉 $s \to 0$으로 향한다.

기출예제

어떤 제어계의 출력이 $C(s) = \dfrac{5}{s(s^2 + s + 2)}$ 로 주어질 때 출력의 시간 함수 $c(t)$의 정상값은?

① 5
② 2
③ $\dfrac{2}{5}$
④ $\dfrac{5}{2}$

| 해설 |

$$\lim_{t \to \infty} c(t) = \lim_{s \to 0} s\, C(s) = \lim_{s \to 0} s \times \frac{5}{s(s^2 + s + 2)}$$
$$= \lim_{s \to 0} \frac{5}{s^2 + s + 2} = \frac{5}{2}$$

답 ④

THEME 03 라플라스 역변환

1 1차 함수의 부분분수 전개

(1) 분모가 1차인 부분분수의 전개(인수분해 가능한 경우)

$$F(s) = \frac{s+c}{(s+a)(s+b)} = \frac{A}{s+a} + \frac{B}{s+b}$$

(2) 계수 A, B를 구하는 방법

- $A = \dfrac{s+c}{(s+a)(s+b)} \times (s+a) \Big|_{s=-a} = \dfrac{s+c}{s+b}\Big|_{s=-a} = \dfrac{-a+c}{-a+b}$

- $B = \dfrac{s+c}{(s+a)(s+b)} \times (s+b) \Big|_{s=-b} = \dfrac{s+c}{s+a}\Big|_{s=-b} = \dfrac{-b+c}{-b+a}$

(3) 위 (1)에서 부분분수로 전개된 $F(s)$식에 대해 역라플라스 변환된 $f(t)$를 구한다.

기출예제

$F(s) = \dfrac{2s+3}{s^2+3s+2}$ 인 라플라스 함수를 시간 함수로 고치면?

① $e^{-t} - 2e^{-2t}$
② $e^{-t} + te^{-2t}$
③ $e^{-t} + e^{-2t}$
④ $2t + e^{-t}$

| 해설 |

주어진 함수를 부분분수로 전개한다.

$$F(s) = \frac{2s+3}{s^2+3s+2} = \frac{2s+3}{(s+1)(s+2)}$$
$$= \frac{A}{s+1} + \frac{B}{s+2}$$

계수 A, B를 구하는 과정은 다음과 같다.

$$A = \frac{2s+3}{(s+1)(s+2)} \times (s+1) \Big|_{s=-1} = 1$$

$$B = \frac{2s+3}{(s+1)(s+2)} \times (s+2) \Big|_{s=-2} = 1$$

각 값을 대입하여 라플라스 역변환하면 아래와 같다.

$$F(s) = \frac{1}{s+1} + \frac{1}{s+2} \rightarrow f(t) = e^{-t} + e^{-2t}$$

답 ③

독학이 쉬워지는 기초개념

역변환식
$\mathcal{L}^{-1}[F(s)] = f(t)$

완전제곱근 알아두기
- $s^2 + 2s + 1 = (s+1)^2$
- $s^2 + 4s + 4 = (s+2)^2$
- $s^2 + 6s + 9 = (s+3)^2$
- $s^2 + 8s + 16 = (s+4)^2$

독학이 쉬워지는 기초개념

분수함수의 미분법

- $F(s) = \dfrac{분자}{분모}$

- $\dfrac{dF(s)}{ds}$
  $= \dfrac{(분자\ 미분 \times 분모) - (분모\ 미분 \times 분자)}{(분모)^2}$

2 2차 함수의 부분분수 전개

(1) 분모가 2차인 부분분수의 전개

$$F(s) = \dfrac{s+c}{(s+a)^2(s+b)} = \dfrac{A}{(s+a)^2} + \dfrac{B}{s+a} + \dfrac{C}{s+b}$$

(2) 계수 A, B, C를 구하는 방법

- $A = \dfrac{s+c}{(s+a)^2(s+b)} \times (s+a)^2 \Big|_{s=-a} = \dfrac{s+c}{s+b}\Big|_{s=-a} = \dfrac{-a+c}{-a+b}$

- $B = \dfrac{d}{ds}\left\{\dfrac{s+c}{(s+a)^2(s+b)} \times (s+a)^2\right\}\Big|_{s=-a} = \dfrac{d}{ds}\left\{\dfrac{s+c}{s+b}\right\}\Big|_{s=-a}$

  $= \dfrac{1 \times (s+b) - 1 \times (s+c)}{(s+b)^2}\Big|_{s=-a} = \dfrac{(-a+b)-(-a+c)}{(-a+b)^2} = \dfrac{b-c}{(-a+b)^2}$

- $C = \dfrac{s+c}{(s+a)^2(s+b)} \times (s+b)\Big|_{s=-b} = \dfrac{s+c}{(s+a)^2}\Big|_{s=-b} = \dfrac{-b+c}{(-b+a)^2}$

(3) 위 (1)에서 부분분수로 전개된 $F(s)$식에 대해 역라플라스 변환된 $f(t)$를 구한다.

기출예제

$F(s) = \dfrac{1}{(s+1)^2(s+2)}$의 역라플라스 변환을 구하면?

① $e^{-t} + te^{-t} + e^{-2t}$
② $-e^{-t} + te^{-t} + e^{-2t}$
③ $e^{-t} - te^{-t} + e^{-2t}$
④ $e^t + te^t + e^{2t}$

| 해설 |

주어진 식을 부분분수로 전개한다.

- $\dfrac{1}{(s+1)^2(s+2)} = \dfrac{A}{(s+1)^2} + \dfrac{B}{s+1} + \dfrac{C}{s+2}$

- $A = \dfrac{1}{(s+1)^2(s+2)} \times (s+1)^2\Big|_{s=-1} = \dfrac{1}{s+2}\Big|_{s=-1} = 1$

- $B = \dfrac{d}{ds}\left\{\dfrac{1}{(s+1)^2(s+2)} \times (s+1)^2\right\}\Big|_{s=-1} = \dfrac{d}{ds}\left\{\dfrac{1}{(s+2)}\right\}\Big|_{s=-1}$

  $= \dfrac{0 \times (s+2) - 1 \times 1}{(s+2)^2}\Big|_{s=-1} = -1$

- $C = \dfrac{1}{(s+1)^2(s+2)} \times (s+2)\Big|_{s=-2} = \dfrac{1}{(s+1)^2}\Big|_{s=-2} = 1$

따라서 라플라스 역변환하면 다음과 같다.

$\dfrac{1}{(s+1)^2} - \dfrac{1}{s+1} + \dfrac{1}{s+2} \rightarrow te^{-t} - e^{-t} + e^{-2t}$

답 ②

CHAPTER 01 CBT 적중문제

01

함수 $f(t) = 1 - e^{-at}$ 를 라플라스 변환하면?

① $\dfrac{1}{s+a}$ ② $\dfrac{1}{s(s+a)}$

③ $\dfrac{a}{s}$ ④ $\dfrac{a}{s(s+a)}$

해설

$f(t) = 1 - e^{-at}$

$\rightarrow F(s) = \dfrac{1}{s} - \dfrac{1}{s+a} = \dfrac{s+a-s}{s(s+a)} = \dfrac{a}{s(s+a)}$

02

단위 계단 함수 $u(t)$ 에 상수 5를 곱해 라플라스 변환식을 구하면?

① $-\dfrac{5}{s}$ ② $\dfrac{5}{s^2}$

③ $\dfrac{5}{s-1}$ ④ $\dfrac{5}{s}$

해설

단위 계단 함수 $u(t)$에 상수 5를 곱한다는 뜻은 $f(t) = 5u(t)$ 라는 것이다. 이를 라플라스 변환하면 $F(s) = 5 \times \dfrac{1}{s} = \dfrac{5}{s}$ 가 된다.

03

$f(t) = \delta(t) - be^{-bt}$ 의 라플라스 변환은?(단, $\delta(t)$ 는 임펄스 함수이다.)

① $\dfrac{b}{s+b}$ ② $\dfrac{s(1-b)+5}{s(s+b)}$

③ $\dfrac{1}{s(s+b)}$ ④ $\dfrac{s}{s+b}$

해설

$f(t) = \delta(t) - be^{-bt}$

$\rightarrow F(s) = 1 - b \times \dfrac{1}{s+b} = \dfrac{s+b-b}{s+b} = \dfrac{s}{s+b}$

04

$\dfrac{e^{at} + e^{-at}}{2}$ 의 라플라스 변환은?

① $\dfrac{s}{s^2+a^2}$ ② $\dfrac{s}{s^2-a^2}$

③ $\dfrac{a}{s^2+a^2}$ ④ $\dfrac{a}{s^2-a^2}$

해설

$f(t) = \dfrac{e^{at} + e^{-at}}{2}$

$\rightarrow F(s) = \dfrac{1}{2}\left(\dfrac{1}{s-a} + \dfrac{1}{s+a}\right)$

$= \dfrac{1}{2} \times \dfrac{s+a+s-a}{(s-a)(s+a)} = \dfrac{1}{2} \times \dfrac{2s}{s^2-a^2} = \dfrac{s}{s^2-a^2}$

[참고]

$\sinh at = \dfrac{e^{at} - e^{-at}}{2} \rightarrow \dfrac{a}{s^2-a^2}$

$\cosh at = \dfrac{e^{at} + e^{-at}}{2} \rightarrow \dfrac{s}{s^2-a^2}$

| 정답 | 01 ④ 02 ④ 03 ④ 04 ②

05

$f(t) = \sin t \cos t$ 를 라플라스 변환하면?

① $\dfrac{1}{s^2+4}$ ② $\dfrac{1}{s^2+2}$

③ $\dfrac{1}{(s+2)^2}$ ④ $\dfrac{1}{(s+4)^2}$

해설

$\sin t \cos t$ 식은 라플라스 변환이 직접 되지 않으므로 삼각함수의 2배각 공식을 이용하여 식을 변환한 후 라플라스 변환한다.

$f(t) = \sin t \cos t = \dfrac{1}{2}\sin 2t \rightarrow F(s) = \dfrac{1}{2} \times \dfrac{2}{s^2+2^2} = \dfrac{1}{s^2+4}$

06

어느 회로망의 응답 $h(t) = (e^{-t} + 2e^{-2t})u(t)$의 라플라스 변환은?

① $\dfrac{3s+4}{(s+1)(s+2)}$ ② $\dfrac{3s}{(s-1)(s-2)}$

③ $\dfrac{3s+2}{(s+1)(s+2)}$ ④ $\dfrac{-s-4}{(s-1)(s-2)}$

해설

$h(t) = (e^{-t} + 2e^{-2t})u(t) = (e^{-t} + 2e^{-2t}) \times 1 = e^{-t} + 2e^{-2t}$

$\therefore H(s) = \dfrac{1}{s+1} + \dfrac{2}{s+2} = \dfrac{s+2+2s+2}{(s+1)(s+2)} = \dfrac{3s+4}{(s+1)(s+2)}$

07

$\displaystyle\int_0^x f(t)\,dt$ 를 라플라스 변환하면?

① $s^2 F(s)$ ② $sF(s)$

③ $\dfrac{1}{s}F(s)$ ④ $\dfrac{1}{s^2}F(s)$

해설

적분 정리에 의한 $\displaystyle\int_0^x f(t)\,dt$ 의 라플라스 변환은 $\dfrac{1}{s}F(s)$이다.

08

$e^{-2t}\cos 3t$ 의 라플라스 변환은?

① $\dfrac{s+2}{(s+2)^2+3^2}$

② $\dfrac{s-2}{(s-2)^2+3^2}$

③ $\dfrac{s}{(s+2)^2+3^2}$

④ $\dfrac{s}{(s-2)^2+3^2}$

해설

복소 추이 정리에 의해 다음과 같이 구할 수 있다.

$f(t) = e^{-2t}\cos 3t \rightarrow F(s) = \left.\dfrac{s}{s^2+3^2}\right|_{s=s+2} = \dfrac{s+2}{(s+2)^2+3^2}$

09

함수 $f(t) = t^2 e^{-at}$ 를 맞게 라플라스 변환시킨 것은?

① $\dfrac{2}{(s+a)^3}$ ② $\dfrac{2}{(s-a)^3}$

③ $\dfrac{1}{(s+a)^3}$ ④ $\dfrac{1}{(s-a)^3}$

해설

복소 추이 정리에 의하여 다음과 같이 구할 수 있다.

$f(t) = t^2 e^{-at} \rightarrow F(s) = \dfrac{2}{(s+a)^3}$

[참고]

$\mathcal{L}[t^n e^{-at}] = \dfrac{n!}{(s+a)^{n+1}}$

10

RC 직렬 회로 직류 전압 $V[\text{V}]$가 인가될 때 전류 $i(t)$에 대한 시간 영역 방정식이 $V = Ri(t) + \frac{1}{C}\int i(t)dt\,[\text{V}]$로 주어져 있다. 전류 $i(t)$의 라플라스 변환 $I(s)$는?(단, C에는 초기 전하가 없다.)

① $I(s) = \dfrac{V}{R} \dfrac{1}{s - \dfrac{1}{RC}}$

② $I(s) = \dfrac{C}{R} \dfrac{1}{s + \dfrac{1}{RC}}$

③ $I(s) = \dfrac{V}{R} \dfrac{1}{s + \dfrac{1}{RC}}$

④ $I(s) = \dfrac{R}{C} \dfrac{1}{s - \dfrac{1}{RC}}$

해설

주어진 미분 방정식을 라플라스 변환한다.
$V = Ri(t) + \dfrac{1}{C}\int i(t)dt \rightarrow \dfrac{V}{s} = RI(s) + \dfrac{1}{Cs}I(s)$

위 식을 전류에 대하여 변형한다.

$I(s) = \dfrac{\dfrac{V}{s}}{R + \dfrac{1}{Cs}} = \dfrac{V}{Rs + \dfrac{1}{C}} = \dfrac{V}{R} \times \dfrac{1}{s + \dfrac{1}{RC}}$

11

$\dfrac{dx(t)}{dt} + x(t) = 1$의 라플라스 변환 $X(s)$의 값은?(단, $x(0) = 0$이다.)

① $s + 1$
② $s(s+1)$
③ $\dfrac{1}{s}(s+1)$
④ $\dfrac{1}{s(s+1)}$

해설

주어진 방정식을 라플라스 변환한다.
$\dfrac{dx(t)}{dt} + x(t) = 1 \rightarrow sX(s) + X(s) = \dfrac{1}{s}$

$X(s) = \dfrac{1}{s(s+1)}$

12

$f(t) = u(t-a) - u(t-b)$ 식으로 표시되는 사각파의 라플라스 변환은?

① $\dfrac{1}{s}(e^{-as} - e^{-bs})$
② $\dfrac{1}{s}(e^{as} + e^{bs})$
③ $\dfrac{1}{s^2}(e^{-as} - e^{-bs})$
④ $\dfrac{1}{s^2}(e^{as} + e^{bs})$

해설

주어진 파형은 단위 계단 함수 $f(t) = u(t)$가 각각 a, b만큼 시간이 추이(지연)된 파형이므로 이를 라플라스 변환한다.
$F(s) = \dfrac{1}{s}e^{-as} - \dfrac{1}{s}e^{-bs} = \dfrac{1}{s}(e^{-as} - e^{-bs})$

13

다음 파형의 라플라스 변환은?

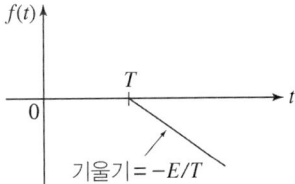
기울기 = $-E/T$

① $-\dfrac{E}{Ts^2}e^{-Ts}$
② $\dfrac{E}{Ts^2}e^{-Ts}$
③ $-\dfrac{E}{Ts^2}e^{Ts}$
④ $\dfrac{E}{Ts^2}e^{Ts}$

해설

주어진 파형의 시간 함수는 다음과 같다.
$f(t) = -\dfrac{E}{T}(t-T) \cdot u(t-T)$

따라서 위 함수의 라플라스 변환은 다음과 같다.
$F(s) = -\dfrac{E}{Ts^2}e^{-Ts}$

14
그림과 같이 높이가 1인 펄스의 라플라스 변환은?

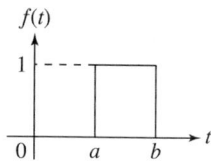

① $\dfrac{1}{s}(e^{-as}+e^{-bs})$ ② $\dfrac{1}{s}(e^{-as}-e^{-bs})$

③ $\dfrac{1}{a-b}(e^{-as}+e^{-bs})$ ④ $\dfrac{1}{a-b}(e^{-as}-e^{-bs})$

해설

주어진 파형은 다음과 같이 분해할 수 있다.

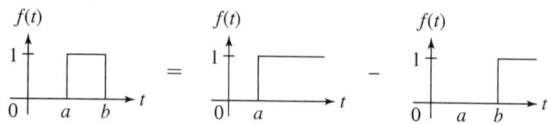

위 파형을 시간 함수로 표현하여 라플라스 변환한다.

$f(t)=u(t-a)-u(t-b)$

$F(s)=\dfrac{1}{s}e^{-as}-\dfrac{1}{s}e^{-bs}=\dfrac{1}{s}(e^{-as}-e^{-bs})$

15
그림과 같은 직류 전압의 라플라스 변환을 구하면?

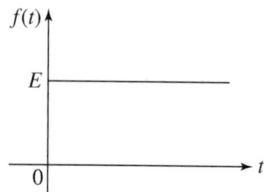

① $\dfrac{E}{s-1}$ ② $\dfrac{E}{s+1}$

③ $\dfrac{E}{s}$ ④ $\dfrac{E}{s^2}$

해설

주어진 파형의 시간 함수 $f(t)=Eu(t)$이며 위의 식을 라플라스 변환한다.

$f(t)=Eu(t) \rightarrow F(s)=E\times\dfrac{1}{s}=\dfrac{E}{s}$

16
그림과 같은 파형의 라플라스 변환은?

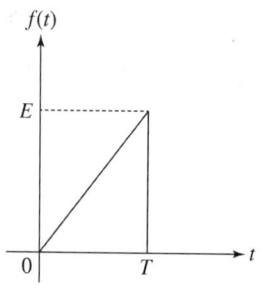

① $\dfrac{E}{Ts}(1-e^{-Ts})$

② $\dfrac{E}{Ts^2}(1-e^{-Ts})$

③ $\dfrac{E}{Ts}(1-e^{-Ts}-Tse^{-Ts})$

④ $\dfrac{E}{Ts^2}(1-e^{-Ts}-Tse^{-Ts})$

해설

주어진 파형은 다음과 같은 파형들의 합으로 볼 수 있다.

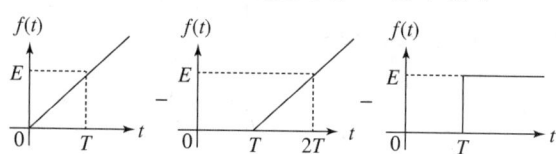

위에 주어진 파형의 시간 함수를 구한다.

$f(t)=\dfrac{E}{T}tu(t)-\dfrac{E}{T}(t-T)u(t-T)-Eu(t-T)$

따라서 시간 추이 정리를 적용하여 라플라스 변환하면 다음과 같다.

$F(s)=\dfrac{E}{T}\times\dfrac{1}{s^2}-\dfrac{E}{T}\times\dfrac{1}{s^2}e^{-Ts}-E\times\dfrac{1}{s}e^{-Ts}$

$\quad=\dfrac{E}{Ts^2}(1-e^{-Ts}-Tse^{-Ts})$

[참고]

$f(t)=\dfrac{E}{T}t[u(t)-u(t-T)]$

$\quad=\dfrac{E}{T}tu(t)-\dfrac{E}{T}(t-T+T)u(t-T)$

$\quad=\dfrac{E}{T}tu(t)-\dfrac{E}{T}(t-T)u(t-T)-Eu(t-T)$

17
다음과 같은 2개의 전류 초기값 $i_1(0_+)$, $i_2(0_+)$ 가 맞게 구해진 것은?

$$I_1(s) = \frac{12(s+8)}{4s(s+6)} \qquad I_2(s) = \frac{12}{s(s+6)}$$

① 3, 0
② 4, 0
③ 4, 2
④ 3, 4

해설

- $\lim\limits_{t\to 0} i_1(t) = \lim\limits_{s\to\infty} s\,I_1(s) = \lim\limits_{s\to\infty} s \times \frac{12(s+8)}{4s(s+6)}$

  $= \lim\limits_{s\to\infty} \frac{12s^2 + 96s}{4s^2 + 24s} = \lim\limits_{s\to\infty} \frac{12 + \frac{96}{s}}{4 + \frac{24}{s}} = 3$

- $\lim\limits_{t\to 0} i_2(t) = \lim\limits_{s\to\infty} s\,I_2(s) = \lim\limits_{s\to\infty} s \times \frac{12}{s(s+6)}$

  $= \lim\limits_{s\to\infty} \frac{12}{s+6} = 0$

18
$F(s) = \dfrac{5s+3}{s(s+1)}$ 일 때 $f(t)$의 정상값은?

① 5
② 3
③ 1
④ 0

해설

$\lim\limits_{t\to\infty} f(t) = \lim\limits_{s\to 0} s\,F(s) = \lim\limits_{s\to 0} s \times \frac{5s+3}{s(s+1)} = 3$

19
$\mathcal{L}[f(t)]$를 $F(s)$라고 할 때 최종값 정리는?

① $\lim\limits_{s\to 0} F(s)$
② $\lim\limits_{s\to\infty} s F(s)$
③ $\lim\limits_{s\to\infty} F(s)$
④ $\lim\limits_{s\to 0} s F(s)$

해설

- 초기값 정리: $\lim\limits_{t\to 0} f(t) = \lim\limits_{s\to\infty} s F(s)$
- 최종값(정상값) 정리: $\lim\limits_{t\to\infty} f(t) = \lim\limits_{s\to 0} s F(s)$

20
$F(s) = \dfrac{2s+15}{s^3 + s^2 + 3s}$ 일 때 $f(t)$의 최종값은?

① 15
② 5
③ 3
④ 2

해설

$\lim\limits_{t\to\infty} f(t) = \lim\limits_{s\to 0} s F(s) = \lim\limits_{s\to 0} s \times \frac{2s+15}{s^3+s^2+3s}$

$= \lim\limits_{s\to 0} \frac{2s+15}{s^2+s+3} = 5$

21
$\dfrac{s\sin\theta + \omega\cos\theta}{s^2 + \omega^2}$의 역라플라스 변환을 구하면?

① $\sin(\omega t - \theta)$
② $\sin(\omega t + \theta)$
③ $\cos(\omega t - \theta)$
④ $\cos(\omega t + \theta)$

해설

$\dfrac{s\sin\theta + \omega\cos\theta}{s^2 + \omega^2} = \dfrac{s}{s^2+\omega^2}\sin\theta + \dfrac{\omega}{s^2+\omega^2}\cos\theta$

$\rightarrow \cos\omega t \sin\theta + \sin\omega t \cos\theta = \sin(\omega t + \theta)$

$(\because \sin(\alpha+\beta) = \sin\alpha\cos\beta + \cos\alpha\sin\beta)$

22

$f(t) = \mathcal{L}^{-1}\left[\dfrac{s^2+3s+10}{s^2+2s+5}\right]$ 은?

① $\delta(t) + e^{-t}(\cos 2t - \sin 2t)$
② $\delta(t) + e^{-t}(\cos 2t + 2\sin 2t)$
③ $\delta(t) + e^{-t}(\cos 2t - 2\sin 2t)$
④ $\delta(t) + e^{-t}(\cos 2t + \sin 2t)$

해설

주어진 식을 변형한다.

$\dfrac{s^2+3s+10}{s^2+2s+5} = \dfrac{(s^2+2s+5)+(s+5)}{s^2+2s+5} = 1 + \dfrac{s+5}{(s+1)^2+2^2}$

$= 1 + \dfrac{s+1}{(s+1)^2+2^2} + \dfrac{2\times 2}{(s+1)^2+2^2}$

라플라스 역변환한다.

$\delta(t) + e^{-t}\cos 2t + 2e^{-t}\sin 2t = \delta(t) + e^{-t}(\cos 2t + 2\sin 2t)$

($\because s^2+2s+1 = (s+1)^2$)

[참고]

시간 함수 $f(t)$	주파수 함수 $F(s)$
$\sin\omega t$	$\dfrac{\omega}{s^2+\omega^2}$
$\cos\omega t$	$\dfrac{s}{s^2+\omega^2}$

23

$F(s) = \dfrac{1}{s^n}$ 의 역라플라스 변환은?

① t^n
② t^{n-1}
③ $\dfrac{1}{n!}t^n$
④ $\dfrac{1}{(n-1)!}t^{n-1}$

해설

$F(s) = \dfrac{1}{s^n} = \dfrac{1}{(n-1)!} \times \dfrac{(n-1)!}{s^n}$

$\therefore f(t) = \dfrac{1}{(n-1)!} \times t^{n-1}$

$\left(\because f(t) = t^n \to F(s) = \dfrac{n!}{s^{n+1}}\right)$

24

$\dfrac{1}{s+3}$ 을 역라플라스 변환하면?

① e^{3t}
② e^{-3t}
③ $e^{\frac{t}{3}}$
④ $e^{-\frac{t}{3}}$

해설

$F(s) = \dfrac{1}{s+3} \to f(t) = e^{-3t}$

25

$F(s) = \dfrac{2s+3}{s^2+3s+2}$ 의 시간 함수는?

① $e^{-t} - e^{-2t}$
② $e^{-t} + e^{-2t}$
③ $e^{-t} + 2e^{-2t}$
④ $e^{-t} - 2e^{-2t}$

해설

주어진 식을 부분분수로 전개한다.

• $\dfrac{2s+3}{s^2+3s+2} = \dfrac{2s+3}{(s+1)(s+2)} = \dfrac{A}{s+1} + \dfrac{B}{s+2}$

• $A = \dfrac{2s+3}{(s+1)(s+2)} \times (s+1)\bigg|_{s=-1} = \dfrac{2s+3}{s+2}\bigg|_{s=-1} = 1$

• $B = \dfrac{2s+3}{(s+1)(s+2)} \times (s+2)\bigg|_{s=-2} = \dfrac{2s+3}{s+1}\bigg|_{s=-2} = 1$

라플라스 역변환한다.

$\dfrac{1}{s+1} + \dfrac{1}{s+2} \to e^{-t} + e^{-2t}$

26

$F(s) = \dfrac{1}{s(s+a)}$ 의 라플라스 역변환은?

① e^{-at}
② $1 - e^{-at}$
③ $a(1 - e^{-at})$
④ $\dfrac{1}{a}(1 - e^{-at})$

해설

주어진 함수를 부분분수로 전개한다.

$F(s) = \dfrac{1}{s(s+a)} = \dfrac{A}{s} + \dfrac{B}{s+a}$

- $A = \dfrac{1}{s(s+a)} \times s \bigg|_{s=0} = \dfrac{1}{a}$
- $B = \dfrac{1}{s(s+a)} \times (s+a) \bigg|_{s=-a} = -\dfrac{1}{a}$

위의 식을 라플라스 역변환하여 시간 함수를 구한다.

$f(t) = \dfrac{1}{a} - \dfrac{1}{a} e^{-at} = \dfrac{1}{a}(1 - e^{-at})$

27

구동 함수로 나타낸 임피던스를 부분분수로 전개할 때 K_0, K_1, K_2의 값은?

$$F(s) = \dfrac{s^2 + 2s - 2}{s(s+2)(s-3)} = \dfrac{K_0}{s} + \dfrac{K_1}{s+2} + \dfrac{K_2}{s-3}$$

① $0, -2, 3$
② $-2, 6, 3$
③ $\dfrac{1}{3}, -\dfrac{1}{5}, \dfrac{13}{15}$
④ $\dfrac{2}{3}, \dfrac{1}{6}, -\dfrac{2}{5}$

해설

$F(s) = \dfrac{s^2 + 2s - 2}{s(s+2)(s-3)} = \dfrac{K_0}{s} + \dfrac{K_1}{s+2} + \dfrac{K_2}{s-3}$ 에서

- $K_0 = \dfrac{s^2 + 2s - 2}{(s+2)(s-3)} \bigg|_{s=0} = \dfrac{1}{3}$
- $K_1 = \dfrac{s^2 + 2s - 2}{s(s-3)} \bigg|_{s=-2} = -\dfrac{1}{5}$
- $K_2 = \dfrac{s^2 + 2s - 2}{s(s+2)} \bigg|_{s=3} = \dfrac{13}{15}$

| 정답 | 26 ④ 27 ③

전달 함수

1. 제어 시스템에서의 전달 함수
2. 회로망에서의 전달 함수
3. 블록 선도 및 신호 흐름 선도에서의 전달 함수
4. 블록 선도 및 신호 흐름 선도의 특수 경우

학습 전략

이 챕터에서는 회로망에 대한 전달 함수를 해석하는 방법을 완벽하게 학습해야 합니다. 특히 블록 선도와 신호 흐름 선도는 시험에 자주 출제되는 부분이므로 중점적으로 학습해야 합니다. 전달 함수에 관한 문제를 풀 때 필수적으로 식을 정리하는 과정이 필요한데, 대표 유형으로 반복 학습을 하며 식을 정리하는 실력을 평소에 틈틈이 쌓아두는 것이 좋습니다.

CHAPTER 02 | 흐름 미리보기

1. 제어 시스템에서의 전달 함수
2. 회로망에서의 전달 함수
3. 블록 선도 및 신호 흐름 선도에서의 전달 함수
4. 블록 선도 및 신호 흐름 선도의 특수 경우

NEXT **CHAPTER 03**

CHAPTER 02 전달 함수

독학이 쉬워지는 기초개념

THEME 01 제어 시스템에서의 전달 함수

1 전달 함수의 정의

(1) 전달 함수의 의미: 제어 시스템에서 전달 함수는 제어 장치의 입력 신호에 대한 출력 신호 비율이다.

(2) 전달 함수의 표현: 제어 장치의 입력 신호 $R(s)$에 대하여 출력 신호 $C(s)$가 나올 때의 전달 함수이다.

$$G(s) = \frac{C(s)}{R(s)} = \frac{출력을\ 라플라스\ 변환한\ 값}{입력을\ 라플라스\ 변환한\ 값}$$

> **Tip 강의 꿀팁**
> 초기 조건=0인 상태는 제어 장치의 내부 에너지가 전혀 없는 0인 상태를 의미해요.

출력 $C(s) = R(s)G(s)$

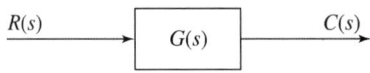

▲ 제어 시스템의 전달 함수

2 전달 함수의 성질

(1) 제어 시스템의 초기 조건은 0으로 한다.
(2) 제어 시스템의 전달 함수는 s만의 함수로 표시된다.
(3) 전달 함수는 선형 시스템에만 적용되고 비선형 시스템에는 적용되지 않는다.
(4) 전달 함수는 시스템 입력과 무관하다.

기출예제

중요도 모든 초기값을 0으로 할 때 출력과 입력의 비를 무엇이라고 하는가?
① 전달 함수
② 충격 함수
③ 경사 함수
④ 포물선 함수

| 해설 |
전달 함수는 제어 장치에서 초기값이 0인 상태에서의 입력과 출력의 비율이다.

답 ①

3 전달 함수의 종류

(1) 비례 요소
입력 신호 $R(s)$에 대하여 출력 신호 $C(s)$가 어떤 이득 상수 K에 비례하여 나타나는 제어 장치의 전달 함수 요소이다.

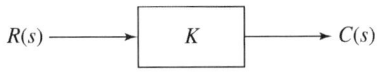
▲ 비례 요소를 갖는 제어 장치

$$C(s) = R(s) \cdot G(s) \rightarrow G(s) = \frac{C(s)}{R(s)} = K$$

(2) 미분 요소
입력 신호 $R(s)$에 대하여 출력 신호 $C(s)$가 어떤 미분 동작 Ks에 의해 나타나는 제어 장치의 전달 함수 요소이다.

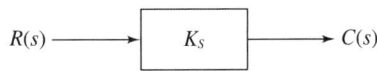
▲ 미분 요소를 갖는 제어 장치

$$G(s) = \frac{C(s)}{R(s)} = Ks$$

(3) 적분 요소
입력 신호 $R(s)$에 대하여 출력 신호 $C(s)$가 어떤 적분 동작 $\frac{K}{s}$에 의해 나타나는 제어 장치의 전달 함수 요소이다.

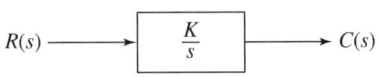
▲ 적분 요소를 갖는 제어 장치

$$G(s) = \frac{C(s)}{R(s)} = \frac{K}{s}$$

(4) 1차 지연 요소
입력 신호 $R(s)$에 대하여 출력 신호 $C(s)$가 $\frac{K}{Ts+1}$만큼 1차 함수적으로 지연되어 나타나는 제어 장치의 전달 함수 요소이다.

▲ 1차 지연 요소를 갖는 제어 장치

$$G(s) = \frac{C(s)}{R(s)} = \frac{K}{Ts+1}$$

독학이 쉬워지는 기초개념

- 비례 요소 = K
- 미분 요소 = Ks
- 적분 요소 = $\frac{K}{s}$
- 1차 지연 요소
  $= \frac{K}{Ts+1}$
- 2차 지연 요소
  $= \frac{\omega_n^2}{s^2 + 2\delta\omega_n s + \omega_n^2}$

(5) 2차 지연 요소

$$R(s) \longrightarrow \boxed{\frac{\omega_n^2}{s^2+2\delta\omega_n s+\omega_n^2}} \longrightarrow C(s)$$

▲ 2차 지연 요소를 갖는 제어 장치

입력 신호 $R(s)$에 대하여 출력 신호 $C(s)$가 $\dfrac{\omega_n^2}{s^2+2\delta\omega_n s+\omega_n^2}$의 2차 함수로 지연되는 제어 장치의 전달 함수 요소이다.

$$G(s) = \frac{C(s)}{R(s)} = \frac{\omega_n^2}{s^2+2\delta\omega_n s+\omega_n^2}$$

> **독학이 쉬워지는 기초개념**
>
> 2차 지연 요소의 전달 함수
> $$G(s) = \frac{\omega_n^2}{s^2+2\delta\omega_n s+\omega_n^2}$$
> - δ : 제동비
> - ω_n : 자연 주파수(고유 주파수)

기출예제

1차 지연 요소의 전달 함수는?

① K ② $\dfrac{K}{s}$

③ Ks ④ $\dfrac{K}{1+Ts}$

| 해설 |
- 비례 요소의 전달 함수: $G(s) = K$
- 미분 요소의 전달 함수: $G(s) = Ks$
- 적분 요소의 전달 함수: $G(s) = \dfrac{K}{s}$
- 1차 지연 요소의 전달 함수: $G(s) = \dfrac{K}{1+Ts}$
- 2차 지연 요소의 전달 함수: $G(s) = \dfrac{\omega_n^2}{s^2+2\delta\omega_n s+\omega_n^2}$

답 ④

THEME 02   회로망에서의 전달 함수

1 회로망에서의 전달 함수 산출법

(1) 그림과 같은 회로의 출력 전압 V_o에 대한 전달 함수는 전압 분배의 법칙에 의해 구한다.

$$V_o = \frac{R_2}{R_1+R_2} \times V_i$$

> **강의 꿀팁**
>
> 회로망의 전달 함수 산출은 전압 분배의 법칙을 이용해요.

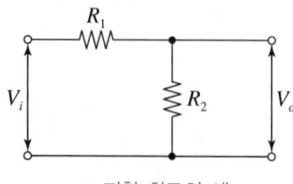

▲ 저항 회로의 예

(2) 전달 함수의 정의는 입력 신호 V_i에 대한 출력 신호 V_o의 비율이므로 위 식을 입력과 출력비 식으로 나타낼 수 있다.

$$G(s) = \frac{V_o}{V_i} = \frac{R_2}{R_1 + R_2}$$

2 회로 요소의 임피던스($Z[\Omega]$) 표현

(1) 인덕턴스

$L[\text{H}] \Rightarrow Z_L = j\omega L = sL\,[\Omega]$

(2) 정전 용량

$C[\text{F}] \Rightarrow Z_C = \dfrac{1}{j\omega C} = \dfrac{1}{sC}\,[\Omega]$

기출예제

다음 회로에서의 전압비 전달 함수 $\dfrac{V_2(s)}{V_1(s)}$는?

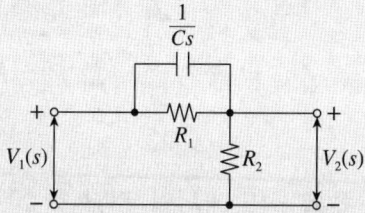

① $\dfrac{R_1 R_2 Cs + R_2}{R_1 R_2 Cs + R_1 + R_2}$

② $\dfrac{R_1 + R_2 + R_1 R_2 Cs}{R_2 + R_1 R_2 Cs}$

③ $\dfrac{R_1 Cs + R_2}{R_2 + R_1 R_2 Cs}$

④ $\dfrac{R_1 R_2 Cs}{R_1 R_2 Cs + R_1 + R_2}$

| 해설 |

콘덴서와 저항 병렬 접속 부분을 그림과 같이 Z로 하여 합성 임피던스를 구한다.

$$Z = \frac{\dfrac{1}{Cs} \times R_1}{\dfrac{1}{Cs} + R_1} = \frac{R_1}{1 + R_1 Cs}$$

전압비 전달 함수는 다음과 같다.

$$\frac{V_2(s)}{V_1(s)} = \frac{R_2}{\dfrac{R_1}{1+R_1 Cs} + R_2}$$

$$= \frac{R_2 + R_1 R_2 Cs}{R_1 + R_2 + R_1 R_2 Cs}$$

답 ①

독학이 쉬워지는 기초개념

독학이 쉬워지는 기초개념

그림과 같은 전기 회로의 전달 함수는?(단, $e_i(t)$: 입력 전압, $e_o(t)$: 출력 전압이다.)

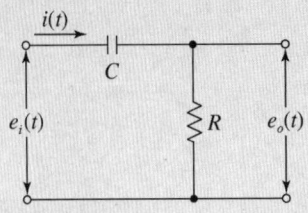

① $\dfrac{1+CRs}{CR}$ ② $\dfrac{1+CRs}{CRs}$

③ $\dfrac{CR}{1+CRs}$ ④ $\dfrac{CRs}{1+CRs}$

| 해설 |

$$E_o(s) = \dfrac{R}{\dfrac{1}{sC}+R}E_i(s) = \dfrac{sRC}{1+sRC}E_i(s)$$

$$\therefore \dfrac{E_o(s)}{E_i(s)} = \dfrac{sRC}{1+sRC}$$

답 ④

THEME 03 블록 선도 및 신호 흐름 선도에서의 전달 함수

1 블록 선도에서의 전달 함수 산출법

(1) 그림과 같은 블록 선도에서 전달 함수 $G(s)$는 다음 공식을 적용하여 산출한다.

$$G(s) = \dfrac{C(s)}{R(s)} = \dfrac{\sum 경로}{1-\sum 폐루프}$$

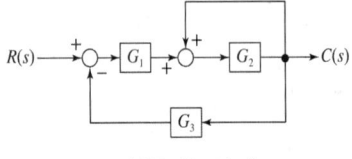

▲ 블록 선도의 예

(2) 위의 블록 선도에 공식을 적용한다.

$$G(s) = \dfrac{C(s)}{R(s)} = \dfrac{G_1 \times G_2}{1-(-G_1 \times G_2 \times G_3)-(G_2)} = \dfrac{G_1 G_2}{1+G_1 G_2 G_3 - G_2}$$

기출예제

자동 제어의 각 요소를 블록 선도로 표시할 때 각 요소는 전달 함수로 표시하고 신호의 전달 경로는 무엇으로 표시하는가?

① 전달 함수   ② 단자
③ 화살표   ④ 출력

| 해설 | 블록 선도
제어 요소는 자동제어계의 입·출력의 관계를 블록 내의 전달 함수로 표시하고, 제어 신호는 화살표 경로로 표시한 선도

답 ③

Tip 강의 꿀팁

블록 선도
- 신호 흐름: 화살표로 표시
- 전달 요소: 블록으로 표시

경로
입력에서 출력으로 일직선으로 가는 전향 이득

폐루프
가합점을 기준으로 신호가 되돌아와서 폐회로가 되는 이득

그림과 같은 블록 선도에서 $C(s)/R(s)$의 값은?

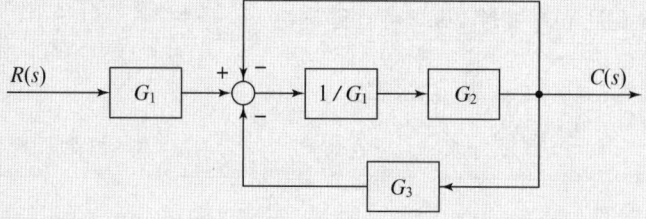

① $\dfrac{G_2}{G_1+G_2+G_3}$ ② $\dfrac{G_2}{G_1+G_2-G_2G_3}$

③ $\dfrac{G_1+G_2}{G_1+G_2+G_2G_3}$ ④ $\dfrac{G_1G_2}{G_1+G_2+G_2G_3}$

| 해설 |

$$\frac{C(s)}{R(s)} = \frac{G_1 \times \frac{1}{G_1} \times G_2}{1-\left(-\frac{1}{G_1}\times G_2\right)-\left(-\frac{1}{G_1}\times G_2 \times G_3\right)}$$

$$= \frac{G_2}{1+\frac{G_2}{G_1}+\frac{G_2G_3}{G_1}} \times \frac{G_1}{G_1}$$

$$= \frac{G_1G_2}{G_1+G_2+G_2G_3}$$

답 ④

2 신호 흐름 선도에서의 전달 함수 산출법

(1) 그림과 같은 신호 흐름 선도에서도 전달 함수 $G(s)$는 다음 공식을 적용하여 산출한다.

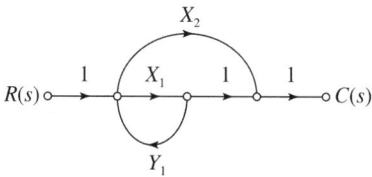

▲ 신호 흐름 선도의 예

$$G(s) = \frac{C(s)}{R(s)} = \frac{\sum \text{경로}}{1-\sum \text{폐루프}}$$

(2) 위의 신호 흐름 선도에 공식을 적용한다.
$$G(s) = \frac{C(s)}{R(s)} = \frac{1\times X_1 \times 1 \times 1 + 1 \times X_2 \times 1}{1-(X_1 \times Y_1)} = \frac{X_1+X_2}{1-X_1Y_1}$$

독학이 쉬워지는 기초개념

Tip 강의 꿀팁

블록 선도와 신호 흐름 선도의 전달 함수를 구하는 방법은 똑같아요.

독학이 쉬워지는 기초개념

기출예제

중요도 그림과 같은 신호 흐름 선도에서 전달 함수 $\dfrac{C(s)}{R(s)}$ 는?

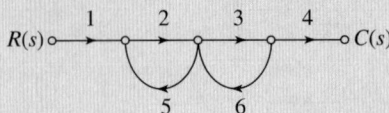

① $-\dfrac{8}{9}$ 　　　　② $\dfrac{4}{5}$

③ 180　　　　　　④ 10

| 해설 |
$$G(s) = \dfrac{C(s)}{R(s)} = \dfrac{1 \times 2 \times 3 \times 4}{1-(2\times5)-(3\times6)} = \dfrac{24}{-27} = -\dfrac{8}{9}$$

답 ①

중요도 그림과 같은 신호 흐름 선도에서 전달 함수 $\dfrac{C(s)}{R(s)}$ 는?

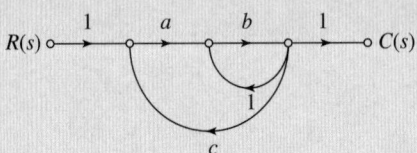

① $\dfrac{ab}{1+b-abc}$ 　　　② $\dfrac{ab}{1-b-abc}$

③ $\dfrac{ab}{1-b+abc}$ 　　　④ $\dfrac{ab}{1-ab+abc}$

| 해설 |
$$G(s) = \dfrac{C(s)}{R(s)} = \dfrac{1 \times a \times b \times 1}{1-(b\times1)-(a\times b\times c)} = \dfrac{ab}{1-b-abc}$$

답 ②

THEME 04 블록 선도 및 신호 흐름 선도의 특수 경우

1 입력이 2개인 블록 선도에서의 전달 함수

(1) 그림과 같이 2중 입력(R, U)인 블록 선도에서 전체 전달 함수는 각 입력에 대한 전달 함수를 별도로 구한 후 두 결과를 더한다.

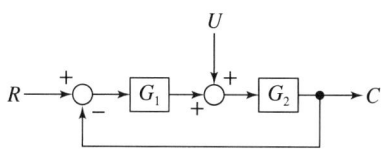

▲ 입력이 2개인 블록 선도

(2) 위의 블록 선도에서 전달 함수를 구한다.

- $\dfrac{C(s)}{R(s)} = \dfrac{G_1 \times G_2}{1-(-G_1 \times G_2)} = \dfrac{G_1 G_2}{1+G_1 G_2}$

- $\dfrac{C(s)}{U(s)} = \dfrac{G_2}{1-(-G_1 \times G_2)} = \dfrac{G_2}{1+G_1 G_2}$

$\therefore G(s) = \dfrac{C(s)}{R(s)} + \dfrac{C(s)}{U(s)} = \dfrac{G_1 G_2}{1+G_1 G_2} + \dfrac{G_2}{1+G_1 G_2}$

기출예제

그림의 전체 전달 함수는?

① 0.22
② 0.33
③ 1.22
④ 3.12

| 해설 |

- $\dfrac{C}{A} = \dfrac{3 \times 5}{1-(-3 \times 5 \times 4)} = \dfrac{15}{61}$

- $\dfrac{C}{B} = \dfrac{5}{1-(-5 \times 4 \times 3)} = \dfrac{5}{61}$

$\therefore G(s) = \dfrac{C}{A} + \dfrac{C}{B} = \dfrac{15}{61} + \dfrac{5}{61} = \dfrac{20}{61} = 0.33$

답 ②

> 독학이 쉬워지는 기초개념

2 경로에 접하지 않는 폐루프가 있는 신호 흐름 선도에서의 전달 함수

(1) 그림과 같이 어떤 경로에 접하지 않는 폐루프가 있는 신호 흐름 선도의 전달 함수는 다음과 같이 변형된 공식을 적용한다.

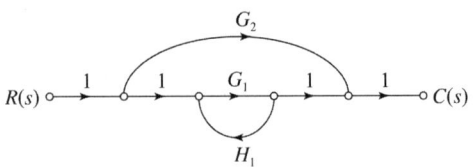

▲ 경로에 접하지 않는 폐루프가 있는 신호 흐름 선도

$$\frac{C(s)}{R(s)} = \frac{\text{폐루프에 접하는 경로} + \text{폐루프에 접하지 않는 경로} \times (1-\text{폐루프})}{1-\text{폐루프}}$$

(2) 위의 신호 흐름 선도에서 전달 함수를 구한다.

$$G(s) = \frac{C(s)}{R(s)} = \frac{G_1 + G_2(1-G_1H_1)}{1-G_1H_1}$$

즉, G_2 가 폐루프(G_1H_1)에 접하지 않는 경로이다.

3 종속 접속인 신호 흐름 선도에서의 전달 함수

(1) 직렬 종속 접속

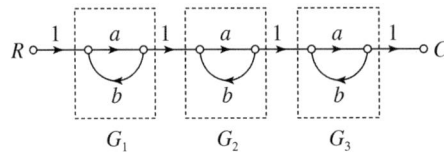

▲ 직렬 종속 접속인 신호 흐름 선도

① G_1, G_2, G_3 가 서로 직렬이며 종속적인 관계로 각 전달 함수를 구한다.

$$G_1 = G_2 = G_3 = \frac{a}{1-ab}$$

② 전체 전달 함수

$$G = G_1 \times G_2 \times G_3 = \frac{a}{1-ab} \times \frac{a}{1-ab} \times \frac{a}{1-ab} = \frac{a^3}{(1-ab)^3}$$

(2) 병렬 종속 접속

① G_1, G_2, G_3 는 서로 병렬이며 종속적인 관계로 각 전달 함수를 구한다.

$$G_1 = G_2 = G_3 = \frac{a}{1-ab}$$

② 전체 전달 함수

$$G = G_1 + G_2 + G_3$$
$$= \frac{a}{1-ab} + \frac{a}{1-ab} + \frac{a}{1-ab} = \frac{3a}{1-ab}$$

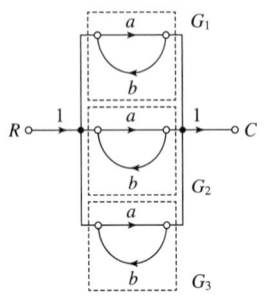

▲ 병렬 종속 접속

기출예제

중요도 그림과 같은 신호 흐름 선도에서 전달 함수 $\dfrac{C(s)}{R(s)}$ 는?

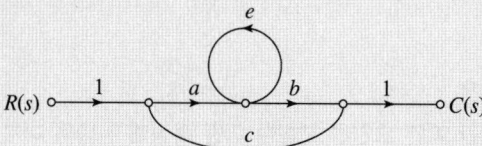

① $\dfrac{ab+c(1-e)}{1-e}$ ② $\dfrac{ab+c}{1-e}$

③ $ab+c$ ④ $\dfrac{ab+c(1+e)}{1+e}$

| 해설 |
주어진 선도는 c 경로에 접하지 않는 페루프(e)가 있는 경우이다.
$$G(s) = \frac{C(s)}{R(s)} = \frac{1 \times a \times b \times 1 + c \times (1-e)}{1-e} = \frac{ab+c(1-e)}{1-e}$$

답 ①

CHAPTER 02 CBT 적중문제

01
어떤 계에 임펄스 함수(δ 함수)가 입력으로 가해졌을 때 시간 함수 e^{-2t}가 출력으로 나타났다. 이 계의 전달 함수는?

① $\dfrac{1}{s+2}$ ② $\dfrac{1}{s-2}$

③ $\dfrac{2}{s+2}$ ④ $\dfrac{2}{s-2}$

해설

$$g(t) = \frac{c(t)}{r(t)} = \frac{e^{-2t}}{\delta(t)}$$

$$\therefore G(s) = \frac{C(s)}{R(s)} = \frac{\frac{1}{s+2}}{1} = \frac{1}{s+2}$$

02
전달 함수에 대한 설명으로 틀린 것은?

① 어떤 계의 전달 함수는 그 계에 대한 임펄스 응답의 라플라스 변환과 같다.
② 전달 함수는 $\dfrac{\text{출력 라플라스 변환}}{\text{입력 라플라스 변환}}$으로 정의된다.
③ 전달 함수가 s가 될 때 적분 요소라고 한다.
④ 어떤 계의 전달 함수의 분모를 0으로 놓으면 곧 특성 방정식이 된다.

해설

- 비례 요소의 전달 함수: $G(s) = K$
- 미분 요소의 전달 함수: $G(s) = Ks$
- 적분 요소의 전달 함수: $G(s) = \dfrac{K}{s}$
- 1차 지연 요소의 전달 함수: $G(s) = \dfrac{K}{1+Ts}$
- 2차 지연 요소의 전달 함수: $G(s) = \dfrac{\omega_n^2}{s^2 + 2\delta\omega_n s + \omega_n^2}$

03
시간 지연 요인을 포함한 어떤 특정계가 다음 미분 방정식 $\dfrac{dy(t)}{dt} + y(t) = x(t-T)$로 표현된다. $x(t)$를 입력, $y(t)$를 출력이라 할 때, 이 계의 전달 함수는?

① $\dfrac{e^{-sT}}{s+1}$ ② $\dfrac{s+1}{e^{-sT}}$

③ $\dfrac{e^{sT}}{s-1}$ ④ $\dfrac{e^{-2sT}}{s+2}$

해설

주어진 미분 방정식 $\dfrac{dy(t)}{dt} + y(t) = x(t-T)$를 라플라스 변환한다.

$sY(s) + Y(s) = X(s)e^{-Ts}$

따라서 입력 $x(t)$, 출력 $y(t)$에 대해 전달 함수를 구한다.

$$\therefore \frac{Y(s)}{X(s)} = \frac{e^{-Ts}}{s+1}$$

04
부동작 시간(Dead time) 요소의 전달 함수는?

① Ks ② $\dfrac{K}{s}$

③ Ke^{-Ls} ④ $\dfrac{K}{Ts+1}$

해설

- 비례 요소의 전달 함수: $G(s) = K$
- 미분 요소의 전달 함수: $G(s) = Ks$
- 적분 요소의 전달 함수: $G(s) = \dfrac{K}{s}$
- 1차 지연 요소의 전달 함수: $G(s) = \dfrac{K}{1+Ts}$
- 부동작 시간 요소의 전달 함수: $G(s) = Ke^{-Ls}$

| 정답 | 01 ① 02 ③ 03 ① 04 ③

05

RC 저역 여파기 회로의 전달 함수 $G(j\omega)$에서 $\omega = \dfrac{1}{RC}$인 경우 $|G(j\omega)|$값은?

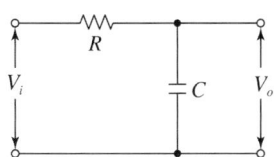

① 1
② $\dfrac{1}{\sqrt{2}}$
③ $\dfrac{1}{\sqrt{3}}$
④ $\dfrac{1}{2}$

해설

전압비 전달 함수를 전압 분배 법칙으로 구한다.

$V_o = \dfrac{\dfrac{1}{j\omega C}}{R + \dfrac{1}{j\omega C}} V_i = \dfrac{1}{j\omega RC + 1} V_i$, $\dfrac{V_o}{V_i} = \dfrac{1}{j\omega RC + 1}$

$\omega = \dfrac{1}{RC}$ 조건을 대입하여 크기(절댓값)를 구한다.

- $G(j\omega) = \dfrac{1}{j\omega RC + 1} = \dfrac{1}{j\dfrac{1}{RC} \times RC + 1} = \dfrac{1}{j + 1}$

- $|G(j\omega)| = \dfrac{1}{\sqrt{1^2 + 1^2}} = \dfrac{1}{\sqrt{2}}$

06

그림과 같은 회로의 전달 함수는?(단, e_1은 입력, e_2는 출력이다.)

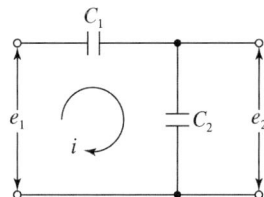

① $C_1 + C_2$
② $\dfrac{C_2}{C_1}$
③ $\dfrac{C_1}{C_1 + C_2}$
④ $\dfrac{C_2}{C_1 + C_2}$

해설

콘덴서 회로에서의 출력 전압을 전압 분배 법칙으로 구한다.

$E_2 = \dfrac{\dfrac{1}{C_2 s}}{\dfrac{1}{C_1 s} + \dfrac{1}{C_2 s}} E_1 = \dfrac{\dfrac{1}{C_2 s}}{\dfrac{1}{C_1 s} + \dfrac{1}{C_2 s}} E_1 \times \dfrac{C_1 C_2 s}{C_1 C_2 s}$

$= \dfrac{C_1}{C_1 + C_2} E_1$

따라서 전압비 전달 함수는 다음과 같다.

$\dfrac{E_2}{E_1} = \dfrac{C_1}{C_1 + C_2}$

07

그림과 같은 회로에서 입력을 $v(t)$, 출력을 $i(t)$로 했을 때 입·출력 전달 함수는?(단, 스위치 S는 $t=0$의 순간 회로에 전압이 공급된다.)

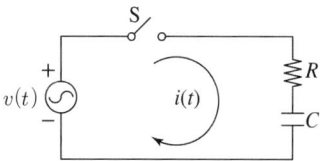

① $\dfrac{s}{R\left(s + \dfrac{1}{RC}\right)}$
② $\dfrac{s}{RCs + 1}$
③ $\dfrac{1}{RC\left(s + \dfrac{1}{RC}\right)}$
④ $\dfrac{RCs}{RCs + 1}$

해설

$\dfrac{I(s)}{V(s)} = \dfrac{1}{Z(s)} = \dfrac{1}{R + \dfrac{1}{Cs}} = \dfrac{s}{Rs + \dfrac{1}{C}} = \dfrac{s}{R\left(s + \dfrac{1}{RC}\right)}$

08

그림과 같은 회로의 전압비 전달 함수 $H(j\omega)$는?(단, 입력 $V(t)$는 정현파 교류 전압이며, V_R은 출력이다.)

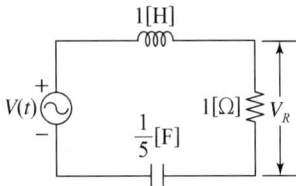

① $\dfrac{j\omega}{5-\omega^2+j\omega}$ ② $\dfrac{j\omega}{5+\omega^2+j\omega}$

③ $\dfrac{j\omega}{(5-\omega)^2+j\omega}$ ④ $\dfrac{j\omega}{(5+\omega)^2+j\omega}$

해설

저항에 걸리는 출력 전압에 대한 전압 분배 법칙을 적용하여 구해 보면 다음과 같다. ($L=1[\text{H}]$, $R=1[\Omega]$, $C=\dfrac{1}{5}[\text{F}]$)

$$V_R = \dfrac{R}{j\omega L + R + \dfrac{1}{j\omega C}} V$$

$$= \dfrac{1}{j\omega \times 1 + 1 + \dfrac{1}{j\omega \times \dfrac{1}{5}}} V = \dfrac{1}{j\omega + 1 + \dfrac{5}{j\omega}} V$$

$$= \dfrac{j\omega}{-\omega^2 + j\omega + 5} V = \dfrac{j\omega}{5-\omega^2+j\omega} V$$

따라서 전압비 전달 함수를 구해 보면 다음과 같다.

$$H(j\omega) = \dfrac{V_R}{V} = \dfrac{j\omega}{5-\omega^2+j\omega}$$

09

RLC 회로망에서 입력을 $e_i(t)$, 출력을 $i(t)$로 할 때 이 회로의 전달 함수는?

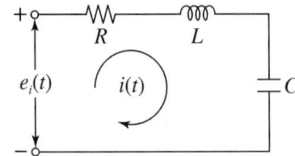

① $\dfrac{Rs}{LCs^2+RCs+1}$ ② $\dfrac{RLs}{LCs^2+RCs+1}$

③ $\dfrac{Ls}{LCs^2+RCs+1}$ ④ $\dfrac{Cs}{LCs^2+RCs+1}$

해설

$$\dfrac{I(s)}{E_i(s)} = Y(s) = \dfrac{1}{Z(s)} = \dfrac{1}{R+Ls+\dfrac{1}{Cs}}$$

$$= \dfrac{Cs}{LCs^2+RCs+1}$$

10

다음 단위 궤환 제어계의 미분 방정식은?

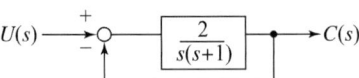

① $\dfrac{d^2c(t)}{dt^2} + 2\dfrac{dc(t)}{dt} + c(t) = 2u(t)$

② $\dfrac{d^2c(t)}{dt^2} + \dfrac{dc(t)}{dt} - 2c(t) = u(t)$

③ $\dfrac{d^2c(t)}{dt^2} - \dfrac{dc(t)}{dt} + 2c(t) = -5u(t)$

④ $\dfrac{d^2c(t)}{dt^2} + \dfrac{dc(t)}{dt} + 2c(t) = 2u(t)$

해설

전달 함수는 $\dfrac{C(s)}{U(s)} = \dfrac{\dfrac{2}{s(s+1)}}{1+\dfrac{2}{s(s+1)}} = \dfrac{2}{s^2+s+2}$ 이다.

위 식을 변형한다.

$$s^2C(s) + sC(s) + 2C(s) = 2U(s)$$

따라서 라플라스 역변환하면 다음과 같다.

$$\dfrac{d^2}{dt^2}c(t) + \dfrac{d}{dt}c(t) + 2c(t) = 2u(t)$$

| 정답 | 08 ① 09 ④ 10 ④

11
다음 블록 선도의 전달 함수는?

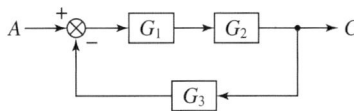

① $\dfrac{G_1 + G_2}{1 - G_1 G_2 G_3}$ ② $\dfrac{G_1 G_2}{1 + G_1 G_2 G_3}$

③ $\dfrac{G_1}{1 + G_1 G_2 G_3}$ ④ $\dfrac{G_1 + G_2}{1 + G_1 G_2 G_3}$

해설

주어진 블록 선도의 전달 함수를 구한다.

$\dfrac{C}{A} = \dfrac{\sum 경로}{1 - \sum 폐루프} = \dfrac{G_1 \times G_2}{1 - (-G_1 \times G_2 \times G_3)} = \dfrac{G_1 G_2}{1 + G_1 G_2 G_3}$

12
두 개의 그림이 등가인 경우 A는?

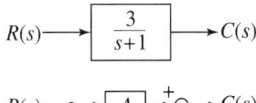

① $\dfrac{s+2}{s+1}$ ② $\dfrac{s-2}{s+1}$

③ $\dfrac{-s+2}{s+1}$ ④ $\dfrac{-s-2}{s+1}$

해설

등가 회로이므로 두 그림의 전달 함수는 같아야 한다.

$\dfrac{C(s)}{R(s)} = \dfrac{3}{s+1} = A + 1$

$\therefore A = \dfrac{3}{s+1} - 1 = \dfrac{3}{s+1} - \dfrac{s+1}{s+1} = \dfrac{3-s-1}{s+1} = \dfrac{-s+2}{s+1}$

13
다음 블록 선도의 전달 함수 $\dfrac{C}{A}$는?

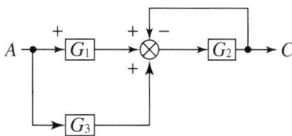

① $\dfrac{G_2(G_1 + G_3)}{1 + G_2}$ ② $\dfrac{G_2(G_1 + G_2)}{1 - G_2}$

③ $\dfrac{G_2(G_1 - G_2)}{1 + G_2}$ ④ $\dfrac{G_2(G_1 - G_3)}{1 - G_3}$

해설

주어진 블록 선도의 전달 함수를 구한다.

$\dfrac{C}{A} = \dfrac{\sum 경로}{1 - \sum 폐루프} = \dfrac{G_1 G_2 + G_3 G_2}{1 - (-G_2)} = \dfrac{G_2(G_1 + G_3)}{1 + G_2}$

14
그림과 같은 블록 선도에서 $\dfrac{C(s)}{R(s)}$의 값은?

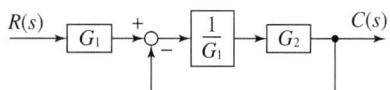

① $\dfrac{G_1}{G_1 - G_2}$ ② $\dfrac{G_2}{G_1 - G_2}$

③ $\dfrac{G_1}{G_1 + G_2}$ ④ $\dfrac{G_1 G_2}{G_1 + G_2}$

해설

주어진 블록 선도의 전달 함수를 구한다.

$\dfrac{C(s)}{R(s)} = \dfrac{\sum 경로}{1 - \sum 폐루프} = \dfrac{G_1 \times \dfrac{1}{G_1} \times G_2}{1 - \left(-\dfrac{1}{G_1} \times G_2\right)} = \dfrac{G_2}{1 + \dfrac{G_2}{G_1}}$

$= \dfrac{G_1 G_2}{G_1 + G_2}$

15
다음 블록 선도의 전달 함수는?

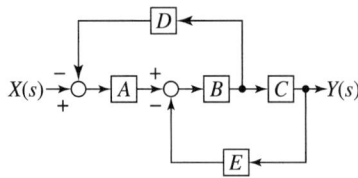

① $\dfrac{Y(s)}{X(s)} = \dfrac{A+B+C}{1+BCD+ABE}$

② $\dfrac{Y(s)}{X(s)} = \dfrac{AB+C}{1+BCD+ABD}$

③ $\dfrac{Y(s)}{X(s)} = \dfrac{ABC}{1+BCE+ABD}$

④ $\dfrac{Y(s)}{X(s)} = \dfrac{A+BC}{1+BCE+ABE}$

해설

주어진 블록 선도의 전달 함수를 구한다.

$\dfrac{Y(s)}{X(s)} = \dfrac{\sum 경로}{1-\sum 페루프} = \dfrac{ABC}{1-(-BCE)-(-ABD)}$

$= \dfrac{ABC}{1+BCE+ABD}$

16
다음과 같은 블록 선도의 등가 합성 전달 함수는?

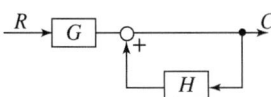

① $\dfrac{G}{1+H}$ ② $\dfrac{G}{1+GH}$

③ $\dfrac{G}{1-GH}$ ④ $\dfrac{G}{1-H}$

해설

$\dfrac{C}{R} = \dfrac{\sum 경로}{1-\sum 페루프} = \dfrac{G}{1-H}$

17
다음 블록 선도를 옳게 등가 변환한 것은?

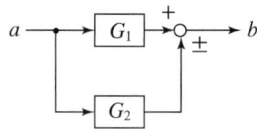

①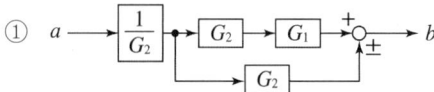

②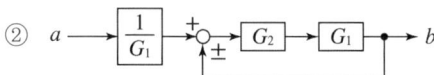

③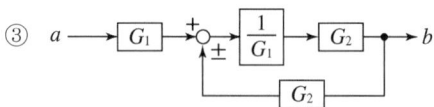

④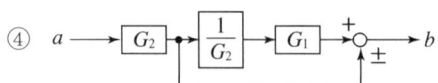

해설

주어진 블록 선도의 전달 함수를 구한다.

$\dfrac{b}{a} = \dfrac{G_1 \pm G_2}{1-0} = G_1 \pm G_2$

보기의 블록 선도에 대한 각각의 전달 함수를 차례로 구한다.

① $\dfrac{b}{a} = \dfrac{\dfrac{1}{G_2} \times G_2 \times G_1 \pm \dfrac{1}{G_2} \times G_2}{1-0} = G_1 \pm 1$

② $\dfrac{b}{a} = \dfrac{\dfrac{1}{G_1} \times G_2 \times G_1}{1-(\pm G_2 \times G_1)} = \dfrac{G_2}{1 \mp G_1 G_2}$

③ $\dfrac{b}{a} = \dfrac{G_1 \times \dfrac{1}{G_1} \times G_2}{1-(\pm \dfrac{1}{G_1} \times G_2 \times G_2)} = \dfrac{G_2}{1 \mp \dfrac{G_2^2}{G_1}} = \dfrac{G_1 G_2}{G_1 \mp G_2^2}$

④ $\dfrac{b}{a} = \dfrac{G_2 \times \dfrac{1}{G_2} \times G_1 \pm G_2}{1-0} = G_1 \pm G_2$

18
다음의 회로를 블록 선도로 그린 것 중 옳은 것은?

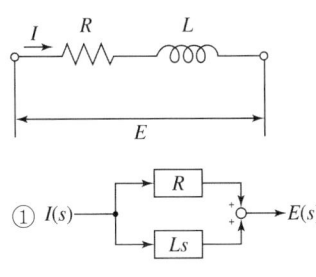

①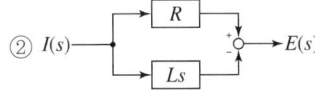

② (블록선도)

③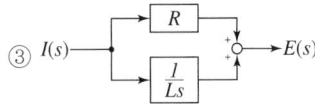

④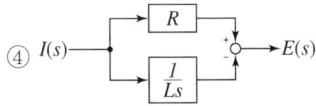

해설

문제에 주어진 $R-L$ 직렬 회로의 전달 함수를 구한다.
$RI(s) + LsI(s) = E(s)$
$\therefore \dfrac{E(s)}{I(s)} = R + Ls$

① 블록 선도의 전달 함수를 구하면 다음과 같다.
$\dfrac{E(s)}{I(s)} = \dfrac{\sum 경로}{1 - \sum 폐루프} = \dfrac{R + Ls}{1 - 0} = R + Ls$

따라서 주어진 회로와 일치한다.

19
그림과 같은 RC 회로에서 전압 $v_i(t)$를 입력으로 하고 전압 $v_o(t)$를 출력으로 할 때 이에 맞는 신호 흐름 선도는?(단, 전달 함수의 초기값은 0이다.)

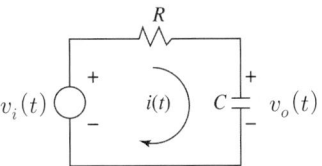

① (신호흐름선도: $-\frac{1}{R}$, $\frac{1}{Cs}$, $-\frac{1}{R}$)

② (신호흐름선도: R, $\frac{1}{Cs}$, R)

③ (신호흐름선도: $\frac{1}{R}$, $\frac{1}{Cs}$, $-\frac{1}{R}$)

④ (신호흐름선도: R, $\frac{1}{Cs}$, $-\frac{1}{R}$)

해설

주어진 회로망의 전압비 전달 함수를 구한다.
$$\dfrac{V_o(s)}{V_i(s)} = \dfrac{\dfrac{1}{Cs}}{R + \dfrac{1}{Cs}} = \dfrac{1}{RCs + 1}$$

위의 전달 함수와 같은 동작을 하는 신호 흐름 선도를 찾기 위해 보기의 신호 흐름 선도들에 대한 전달 함수를 구한다.

① $\dfrac{V_o(s)}{V_i(s)} = \dfrac{-\dfrac{1}{R} \times \dfrac{1}{Cs}}{1 - \left(-\dfrac{1}{Cs} \times \dfrac{1}{R}\right)} = -\dfrac{1}{RCs + 1}$

② $\dfrac{V_o(s)}{V_i(s)} = \dfrac{R \times \dfrac{1}{Cs}}{1 - \dfrac{1}{Cs} \times R} = \dfrac{R}{Cs - R}$

③ $\dfrac{V_o(s)}{V_i(s)} = \dfrac{\dfrac{1}{R} \times \dfrac{1}{Cs}}{1 - \left(-\dfrac{1}{Cs} \times \dfrac{1}{R}\right)} = \dfrac{1}{RCs + 1}$

④ $\dfrac{V_o(s)}{V_i(s)} = \dfrac{R \times \dfrac{1}{Cs}}{1 - \left(-\dfrac{1}{Cs} \times \dfrac{1}{R}\right)} = \dfrac{R^2}{RCs + 1}$

| 정답 | 18 ① 19 ③

20

그림의 신호 흐름 선도에서 $\dfrac{C}{R}$ 를 구하면?

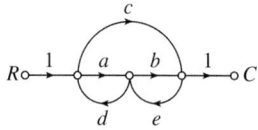

① $\dfrac{ab+c}{1-(ad+be)-cde}$
② $\dfrac{ab+c}{1+(ad+be)+cde}$
③ $\dfrac{ab+c}{1+(ad+be)}$
④ $\dfrac{ab+c}{1+(ad-be)}$

해설

주어진 신호 흐름 선도의 전달 함수를 구하면 다음과 같다.

$\dfrac{C}{R} = \dfrac{a \times b + c}{1-(a \times d)-(b \times e)-(c \times e \times d)}$
$= \dfrac{ab+c}{1-ad-be-cde}$
$= \dfrac{ab+c}{1-(ad+be)-cde}$

21

그림과 같은 신호 흐름 선도에서 $\dfrac{C(s)}{R(s)}$ 의 값은?

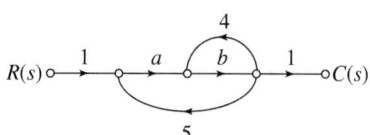

① $\dfrac{ab}{1-4b-5ab}$
② $\dfrac{ab}{1+4b+5ab}$
③ $\dfrac{a+b}{1-4b+5ab}$
④ $\dfrac{a+b}{1+4b+5ab}$

해설

주어진 신호 흐름 선도의 전달 함수를 구하면 다음과 같다.

$\dfrac{C(s)}{R(s)} = \dfrac{1 \times a \times b \times 1}{1-(b \times 4)-(a \times b \times 5)} = \dfrac{ab}{1-4b-5ab}$

22

신호 흐름 선도에서 전달 함수 $\dfrac{C}{R}$ 를 구하면?

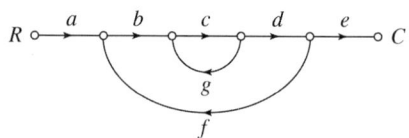

① $\dfrac{abcdg}{1-abcde}$
② $\dfrac{abcde}{1-cg-bcdf}$
③ $\dfrac{abcde}{1-cg-cgf}$
④ $\dfrac{abcde}{1+cg+cgf}$

해설

주어진 신호 흐름 선도의 전달 함수를 구하면 다음과 같다.

$\dfrac{C}{R} = \dfrac{\sum 경로}{1-\sum 폐루프} = \dfrac{a \times b \times c \times d \times e}{1-(c \times g)-(b \times c \times d \times f)}$
$= \dfrac{abcde}{1-cg-bcdf}$

23
그림과 같은 신호 흐름 선도의 전달 함수는?

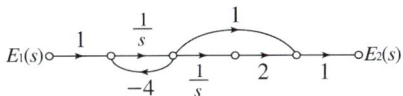

① $\dfrac{E_2(s)}{E_1(s)} = \dfrac{s+4}{s(s-2)}$

② $\dfrac{E_2(s)}{E_1(s)} = \dfrac{s-2}{s(s+4)}$

③ $\dfrac{E_2(s)}{E_1(s)} = \dfrac{s+4}{s^2(s+2)}$

④ $\dfrac{E_2(s)}{E_1(s)} = \dfrac{s+2}{s(s+4)}$

해설

주어진 신호 흐름 선도의 전달 함수를 구하면 다음과 같다.

$$\dfrac{E_2(s)}{E_1(s)} = \dfrac{1\times\dfrac{1}{s}\times\dfrac{1}{s}\times 2\times 1 + 1\times\dfrac{1}{s}\times 1\times 1}{1-\left(\dfrac{1}{s}\times(-4)\right)}$$

$$= \dfrac{\dfrac{2}{s^2}+\dfrac{1}{s}}{1+\dfrac{4}{s}} = \dfrac{\dfrac{2+s}{s^2}}{\dfrac{s+4}{s}} = \dfrac{s+2}{s(s+4)}$$

24
다음의 미분 방정식을 신호 흐름 선도에 옳게 나타낸 것은?

(단, $c(t) = X_1(t)$, $X_2(t) = \dfrac{d}{dt}X_1(t)$로 표시한다.)

$$2\dfrac{dc(t)}{dt} + 5c(t) = r(t)$$

①
②
③
④

해설

①의 신호 흐름 선도의 전달 함수는 다음과 같다.

$$\dfrac{C(s)}{R(s)} = \dfrac{\dfrac{1}{2}\times\dfrac{1}{s}\times 1}{1+\dfrac{1}{s}\times\dfrac{5}{2}}$$

$$= \dfrac{1}{2s+5}$$

$2sC(s)+5C(s)=R(s)$, $2\dfrac{d}{dt}c(t)+5c(t)=r(t)$로서
문제의 미분 방정식과 일치하게 된다.

$X_1(s) = X_2(s)\cdot\dfrac{1}{s} \rightarrow X_2(s) = s\cdot X_1(s)$

∴ $X_2(t) = \dfrac{d}{dt}X_1(t)$

25

그림과 같이 이중으로 입력된 블록 선도의 출력 C는?

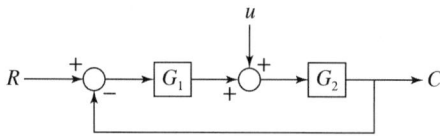

① $\left(\dfrac{G_2}{1-G_1G_2}\right)(G_1R+u)$

② $\left(\dfrac{G_2}{1+G_1G_2}\right)(G_1R+u)$

③ $\left(\dfrac{G_2}{1-G_1G_2}\right)(G_1R-u)$

④ $\left(\dfrac{G_2}{1+G_1G_2}\right)(G_1R-u)$

해설

$\dfrac{C}{R}=\dfrac{G_1\times G_2}{1-(-G_1\times G_2)}=\dfrac{G_1G_2}{1+G_1G_2}\ \rightarrow\ C=\dfrac{G_1G_2}{1+G_1G_2}R$

$\dfrac{C}{u}=\dfrac{G_2}{1-(-G_1\times G_2)}=\dfrac{G_2}{1+G_1G_2}\ \rightarrow\ C=\dfrac{G_2}{1+G_1G_2}u$

$\therefore C=\dfrac{G_1G_2}{1+G_1G_2}R+\dfrac{G_2}{1+G_1G_2}u=\dfrac{G_2}{1+G_1G_2}(G_1R+u)$

26

다음 신호 흐름 선도의 이득 $\dfrac{Y_7}{Y_1}$ 의 분자에 해당하는 값은?

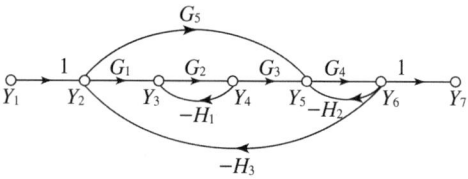

① $G_1+G_2+G_3+G_4+G_4+G_5$

② $1+G_1G_2G_3G_4+G_4G_5+G_2H_1$

③ $G_1G_2G_3G_4H_3+G_2H_1+G_4H_1$

④ $G_1G_2G_3G_4+G_4G_5+G_2G_4G_5H_1$

해설

주어진 경로에 접하지 않은 폐루프가 있는 신호 흐름 선도의 전달 함수는 다음과 같다.

$\dfrac{Y_7}{Y_1}=\dfrac{G_1G_2G_3G_4+G_4G_5(1+G_2H_1)}{1+G_2H_1+G_4H_2+G_1G_2G_3G_4H_3+G_4G_5H_3}$

$\qquad =\dfrac{G_1G_2G_3G_4+G_4G_5+G_2G_4G_5H_1}{1+G_2H_1+G_4H_2+G_1G_2G_3G_4H_3+G_4G_5H_3}$

메이슨 공식에서 분자는 경로를 말한다.

$\therefore G_1G_2G_3G_4+G_4G_5+G_2G_4G_5H_1$

27

그림과 같은 신호 흐름 선도의 전달 함수 $\dfrac{C}{R}$ 를 구하면?

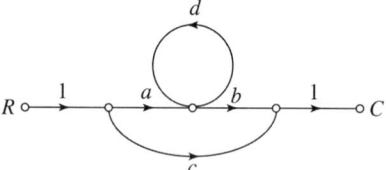

① $\dfrac{ab+c(1-d)}{1-d}$

② $\dfrac{ab+c}{1-d}$

③ $ab+c$

④ $\dfrac{ab+c(1+d)}{1+d}$

해설

주어진 선도는 c 경로에 접하지 않는 폐루프(d)가 있는 경우이다.

$\dfrac{C}{R}=\dfrac{1\times a\times b\times 1+c\times(1-d)}{1-d}=\dfrac{ab+c(1-d)}{1-d}$

| 정답 | 25 ② 26 ④ 27 ①

28

그림의 신호 흐름 선도에서 $\dfrac{y_2}{y_1}$ 는?

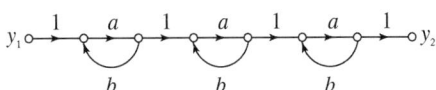

① $\dfrac{a}{1-3ab}$ ② $\dfrac{a^3}{(1-ab)^3}$

③ $\dfrac{a^3}{(1+3ab+ab)}$ ④ $\dfrac{a^3}{1-3ab-2ab}$

해설

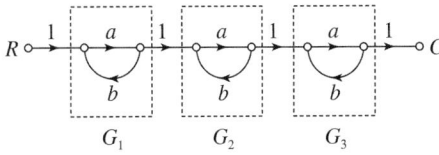

위 그림에서 G_1, G_2, G_3는 서로 직렬이며 종속적인 관계로 각 전달 함수를 구한다.

$G_1 = G_2 = G_3 = \dfrac{a}{1-ab}$

따라서 전체 전달 함수는 다음과 같다.

$G = G_1 \times G_2 \times G_3 = \dfrac{a}{1-ab} \times \dfrac{a}{1-ab} \times \dfrac{a}{1-ab}$

$= \dfrac{a^3}{(1-ab)^3}$

29

그림과 같은 신호 흐름 선도의 전달 함수 $\dfrac{C}{R}$ 를 구하면?

① $\dfrac{a^3}{(1-ab)^3}$

② $\dfrac{a^3}{1-3ab+a^2b^2}$

③ $\dfrac{3a}{1-ab}$

④ $\dfrac{a^3}{1-3ab+2a^2b^2}$

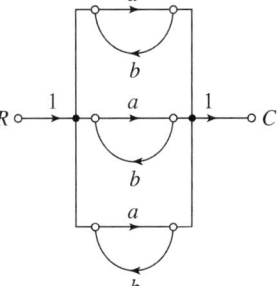

해설

병렬 종속 접속

$G_1 = G_2 = G_3 = \dfrac{a}{1-ab}$

$\therefore G = G_1 + G_2 + G_3 = \dfrac{a}{1-ab} + \dfrac{a}{1-ab} + \dfrac{a}{1-ab}$

$= \dfrac{3a}{1-ab}$

제어 시스템의 기본 구성 및 원리

1. 제어계
2. 제어 장치의 분류
3. 변환 기기

학습전략

이 챕터에서는 제어 시스템의 기본 개념을 파악하기 위해서 폐루프 제어계의 구성과 각 부분의 역할을 학습한 후 제어계의 종류를 세분화하여야 합니다. 많이 출제되는 챕터는 아니므로 가벼운 마음으로 학습해도 충분합니다.

CHAPTER 03 | **흐름 미리보기**

1. 제어계
2. 제어 장치의 분류
3. 변환 기기

NEXT **CHAPTER 04**

CHAPTER 03 제어 시스템의 기본 구성 및 원리

독학이 쉬워지는 기초개념

THEME 01 제어계

1 제어계의 종류

제어 장치는 구성 및 역할에 따라 크게 개루프 제어계와 폐루프 제어계로 나눌 수 있다.

(1) 개루프 제어계
  ① 입력이 적당한 제어량으로 변환되어 곧바로 출력으로 나타나는 제어계이다.
  ② 구조는 간단하지만 오차가 큰 단점이 있다.
  ③ 중요한 제어 장치에서는 적용하지 않는다.
  ④ 비교적 간단한 제어에만 한정되어 사용된다.

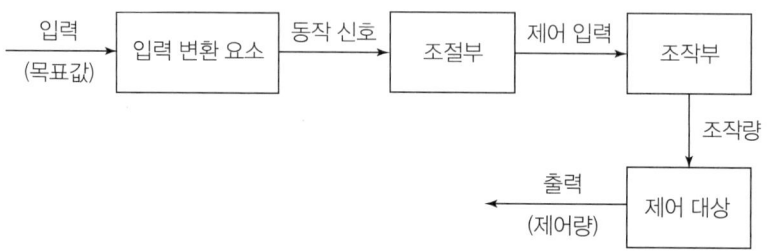

▲ 개루프 제어 시스템의 구성

(2) 폐루프 제어계
  ① 출력 신호를 다시 검출하여 부궤환시켜 입력과 비교한 후 제어 요소에서 오차를 보정한다. 그 후 출력으로 내보내는 제어계이다.
  ② 구조는 다소 복잡하지만 오차가 작아지는 장점이 있다.
  ③ 사용 목적상 정확도가 요구되고 동작 속도가 빠른 곳에 적용하는 제어 방식이다.
  ④ 폐루프 제어계에서는 입력과 출력 신호를 비교하여 오차를 검출하는 비교부가 필수적인 요소이다.

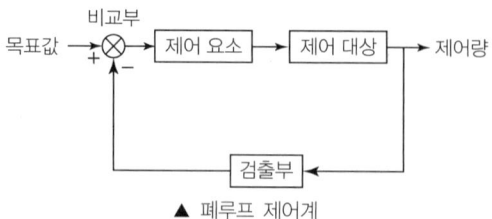

▲ 폐루프 제어계

제어 대상
실제로 제어해야 하는 장치나 기기를 의미한다.
예 전동기, 공장 자동화 기기 등

Tip 강의 꿀팁

폐루프 제어계 특징
• 정확성 증가
• 전체 이득 감소
• 대역폭 증가
• 비교부, 검출부가 반드시 필요

기출예제

폐루프 제어(궤환 제어계)에서 반드시 필요한 장치는 어느 것인가?

① 정확도를 높이는 장치
② 안정도를 향상시키는 장치
③ 제어계를 구동하는 장치
④ 입력과 출력을 비교하는 비교부 장치

| 해설 |
폐루프 제어계는 오차량이 큰 개루프 제어 장치의 단점을 보완하기 위해 반드시 입력 신호와 출력 신호를 비교할 수 있는 비교부가 있어야 한다.

답 ④

(3) 폐루프 제어계의 구성 요소
① 제어 요소
 • 조절부: 비교부에서 검출된 편차를 입력받아 필요한 제어량만큼 조정해 주는 장치이다.
 • 조작부: 조절부에서 조정된 신호를 받아 실제로 제어 대상에 가해 어떤 동작 기구 등을 조작해 주는 장치이다.
② 비교부: 입력과 출력값을 비교하여 오차량을 측정하는 부분이다.
③ 조작량: 제어 요소가 제어 대상에 주는 양이다.

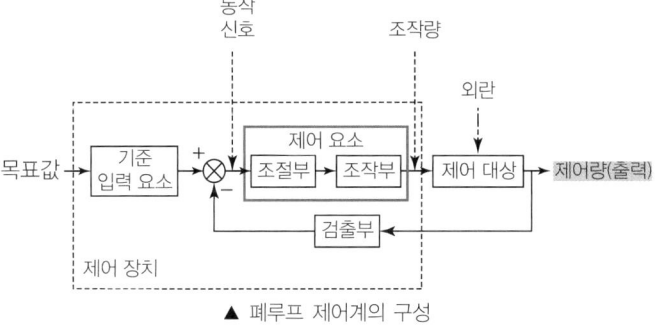

▲ 폐루프 제어계의 구성

기출예제

제어 요소는 무엇으로 구성되어 있는가?

① 조절부와 조작부
② 동작부와 조절부
③ 조작부와 검출부
④ 제어부와 조절부

| 해설 |
제어 요소는 동작 신호를 조작량으로 변환시키는 역할을 하며 조절부와 조작부로 구성된다.

답 ①

독학이 쉬워지는 기초개념

Tip 강의 꿀팁

폐루프 제어계의 구성요소를 묻는 문제가 주로 출제되니, 반드시 암기해 두어야 함

검출부
출력 상태를 파악할 수 있는 측정 장치이다.
예 온도계, 속도계, 전류계, 전압계 등

독학이 쉬워지는 기초개념

THEME 02 제어 장치의 분류

1 제어량의 종류에 의한 분류

(1) 프로세스 제어
  ① 프로세스 공업(화학·석유·가스·종이·철강 등)의 온도·유량·압력 등을 자동 제어한다.
  ② 액면 레벨, 밀도 등의 공업량인 경우의 자동 제어를 말한다.

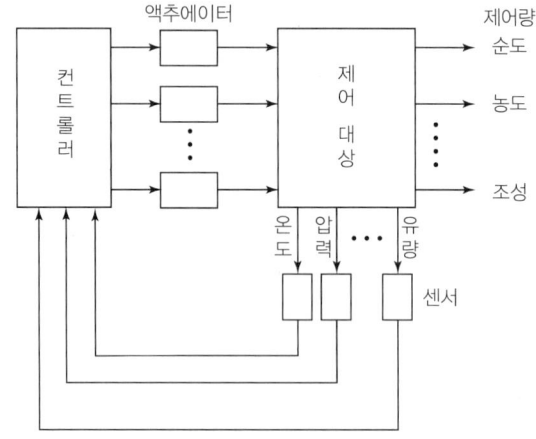

▲ 프로세스 제어 개념도

(2) 서보 기구
  ① 제어량이 기계적 위치가 되도록 되어 있는 자동 제어 기구이다.
  ② 서보 기구는 일반적으로 피드백 제어에 의해 그 기구의 운동 부분이 물체의 위치, 방위, 자세 등의 목표값의 임의 변화에 추종하도록 제어하는 기구로 기계를 명령대로 작동시키는 장치이다.

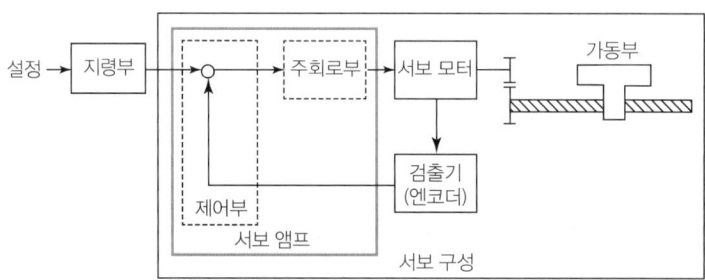

▲ 서보 기구의 구성도

(3) 자동 조정
  ① 주로 전기적 신호나 기계적 양을 제어한다.
  ② 전압, 전류, 주파수, 회전수, 힘(토크) 등을 제어한다.

> **기출예제**
>
> 온도, 유량, 압력 등 공정 제어의 제어량으로 하는 제어는?
> ① 프로세스 제어 ② 자동 조정 제어
> ③ 서보(Servo) 기구 ④ 추치 제어
>
> | 해설 |
> 프로세스 제어는 제조 공장 등에서 제조 생산품을 자동으로 제어할 목적으로 사용되는 제어법으로 온도, 유량, 압력 등의 자동 제어에 주로 사용된다.
>
> 답 ①

2 목표값의 시간적 성질에 의한 분류

(1) 정치 제어(Fixed control)
  ① 제어량을 어떤 일정한 목표치로 유지하는 제어이다.
  ② 시간이 지나도 목표값이 변하지 않고 일정한 대상을 제어한다.
  ③ 프로세스 제어, 자동 조정이 이에 해당한다.

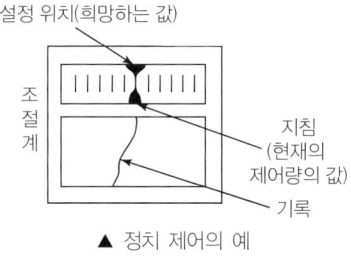

▲ 정치 제어의 예

(2) 추치 제어(Variable control)
  ① 목표치가 변화할 때 그것에 제어량을 추종시키기 위한 제어이다.
  ② 시간이 경과할 때마다 목표값이 변하는 대상을 제어한다.
  ③ 추종 제어, 프로그램 제어, 비율 제어가 이에 해당한다.

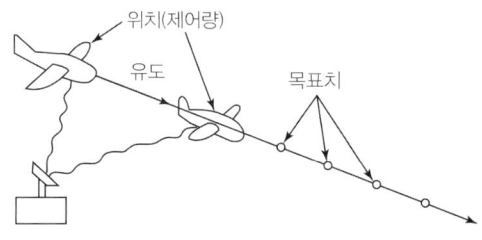

▲ 항공기 유도 추치 제어의 예

(3) 프로그램 제어(Program control)
  ① 자동 제어 중 목표값이 미리 정해져 있는 프로그램을 시간적 변화에 따라 실행하는 제어이다.
  ② 엘리베이터의 위치 제어 운전이나 열차의 무인 운전 등이 프로그램 제어의 일종이다.

독학이 쉬워지는 기초개념

장치 제어 ─┬─ 프로세스 제어
         └─ 자동 조정

추치 제어 ─┬─ 추종 제어
         ├─ 프로그램 제어
         └─ 비율 제어

Tip 강의 꿀팁

추치 제어의 예시
• 추종 제어: 대공포, 레이더
• 프로그램 제어: 무인열차, 자판기, 엘리베이터
• 비율 제어: 배터리

프로그램 제어 ─┬─ 엘리베이터 위치 제어 운전
            └─ 열차의 무인 운전

독학이 쉬워지는 기초개념

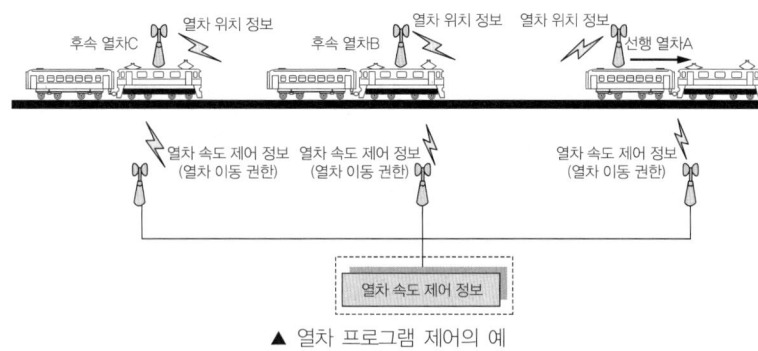

▲ 열차 프로그램 제어의 예

기출예제

중요도 자동 제어의 분류에서 엘리베이터의 자동 제어에 해당하는 제어는?
① 정량 제어 ② 프로그램 제어
③ 추종 제어 ④ 프로세스 제어

| 해설 |
프로그램 제어는 미리 정해진 프로그램에 따라 제어량을 변화시킬 목적으로 사용되는 제어이다. 프로그램 제어의 예에는 열차의 무인 운전, 엘리베이터 운전 등이 있다.

답 ②

3 조절부의 동작에 의한 분류

(1) 비례 제어(P 제어)
 ① 검출값 편차에 비례하여 조작부를 제어한다.
 ② 오차가 크고 동작 속도가 느린 단점이 있어 잔류 편차를 발생시킨다.
 ③ 전달 함수: $G(s) = K$ (단, K: 비례 감도)

(2) 미분 제어(D 제어)
 ① 오차가 검출될 때 오차가 변화하는 속도에 대응하여 미분 제어한다.
 ② 제어 장치의 입력에 대응한 출력 변화를 검출하여 정상 상태에 이르렀을 때 검출 오차가 커지는 것을 미연에 방지한다.
 ③ 전달 함수: $G(s) = T_d s$ (단, T_d: 미분 시간)

(3) 적분 제어(I 제어)
 ① 오차가 검출될 때 오차에 해당하는 면적을 계산하기 위해 적분 제어한다.
 ② 잔류 편차(오차)를 제거하여 정확도를 높일 수 있다.
 ③ 전달 함수: $G(s) = \dfrac{1}{T_i s}$ (단, T_i: 적분 시간)

(4) 비례 미분 제어(PD 제어)
 ① 비례 제어의 속도가 느린 점을 보완하기 위해 미분 동작을 부가한 제어계이다.
 ② 제어 장치의 응답 속응성을 높일 수 있다.
 ③ 전달 함수: $G(s) = K(1 + T_d s)$

(5) 비례 적분 제어(PI 제어)
 ① 비례 제어의 오차가 큰 점을 보완하기 위해 적분 동작을 부가한 제어계이다.

P, D, I의 의미
- P: Proportional(비례)
- D: Differential(미분)
- I: Integral(적분)

② 제어 장치의 정확도를 높일 수 있다.
③ 전달 함수: $G(s) = K\left(1 + \dfrac{1}{T_i s}\right)$

(6) 비례 적분 미분 제어(PID 제어)
① PI 동작에 미분 동작(D 제어)을 추가한 제어이다.
② 제어 장치의 정확도 및 응답 속응성까지 개선시킬 수 있는 최적 제어이다.
③ 전달 함수: $G(s) = K\left(1 + \dfrac{1}{T_i s} + T_d s\right)$

> **독학이 쉬워지는 기초개념**
>
> **전달 함수**
> $$G(s) = K\left(1 + \dfrac{1}{T_i s} + T_d s\right)$$
> - K: 비례 감도
> - T_i: 적분 시간
> - T_d: 미분 시간

기출예제

제어기에서 적분 제어의 영향으로 가장 적합한 것은?
① 대역폭이 증가한다.
② 응답 속응성을 개선시킨다.
③ 작동 오차의 변화율에 반응하여 동작한다.
④ 정상 상태의 오차를 줄이는 효과를 얻는다.

| 해설 |
제어계에서 적분 제어는 제어 장치에서 발생하는 정상 상태의 오차(편차)를 감소시킬 목적으로 적용한다.

답 ④

제어 오차가 검출될 때 오차가 변화하는 속도에 비례하여 조작량을 조절하는 동작으로 오차가 커지는 것을 사전에 방지하는 제어 동작은?
① 미분 – 동작 제어
② 비례 – 동작 제어
③ 적분 – 동작 제어
④ 온 – 오프(On-off) 제어

| 해설 |
미분 제어는 비례 제어의 단점인 오차가 크다는 점을 보완하기 위해 제어 장치에 미분 기능을 부가한 제어계이다. 제어계의 동작 특성을 미분 기울기로 구해 오차가 발생할 양을 방지하는 제어법이다.

답 ①

THEME 03 변환 기기

1 변환 기기의 역할과 종류

(1) 변환 기기의 역할
 제어 장치는 입력이 매우 다양하므로 제어 요소가 동작하는 데 용이하도록 입력을 변환하는 장치가 필수적이다.

(2) 변환 기기의 종류
① 압력 → 변위: 벨로우스, 다이어프램, 스프링
② 변위 → 압력: 노즐 플래퍼, 유압 분사관, 스프링
③ 변위 → 전압: 차동 변압기, 전위차계
④ 전압 → 변위: 전자석, 전자 코일

> **열전대**
> 제벡 효과를 이용하여 온도를 열 기전력으로 변환하며 주로 전자 온도계로 이용한다.

독학이 쉬워지는 기초개념

⑤ 온도 → 전압: 열전대

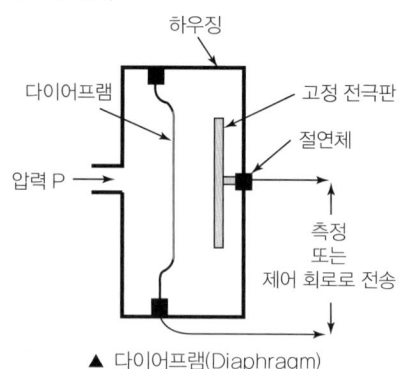

▲ 다이어프램(Diaphragm)

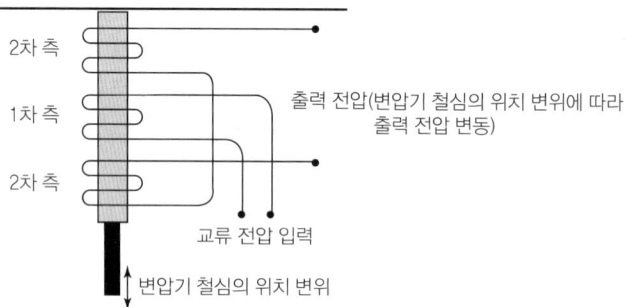

▲ 차동 변압기

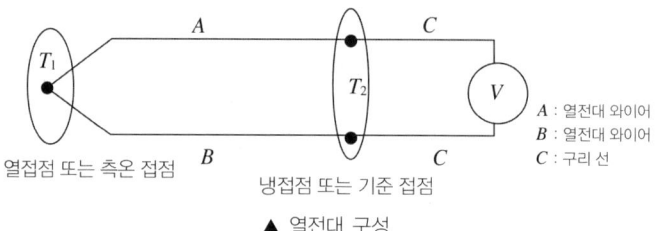

▲ 열전대 구성

기출예제

다음 중 온도를 전압으로 변환시키는 기기는?
① 광전지 ② 열전대
③ 측온 저항기 ④ 차동 변압기

| 해설 |
열전대는 제벡 효과를 이용하여 서로 다른 금속체 접합점에 온도차가 생기면 열 기전력이 발생하는 소자이다.

답 ②

CHAPTER 03 CBT 적중문제

01
궤환(Feedback) 제어계의 특징이 아닌 것은?

① 정확성이 증가한다.
② 대역폭이 증가한다.
③ 구조가 간단하고 설치비가 저렴하다.
④ 계의 특성 변화에 대한 입력 대 출력비의 감도가 감소한다.

해설 궤환 제어계(폐루프 제어계)
- 오차를 검출하는 비교부가 있으므로 정확도가 뛰어나다.
- 대역폭이 증가한다.
- 구조가 복잡하고 설치비가 비싸다.
- 계의 특성 변화에 대한 입력 대 출력비의 감도가 감소한다.

02
폐루프 시스템의 특징으로 틀린 설명은?

① 정확성이 높아진다.
② 감쇠폭이 증가한다.
③ 발진을 일으키고 불안정한 상태로 되어갈 가능성이 존재한다.
④ 제어계의 특성 변화에 대한 입력 대 출력비의 감도가 증가한다.

해설 폐루프 시스템의 특징
- 제어 장치의 정확도 향상
- 감쇠폭 증가
- 발진을 일으켜 제어 장치가 불안정하게 동작할 가능성 존재
- 제어계의 특성 변화에 대한 입력 대 출력비의 감도 감소

03
그림에서 ㉠에 알맞은 신호 이름은?

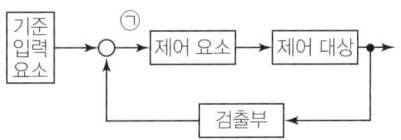

① 제어량
② 조작량
③ 기준 입력량
④ 동작 신호

해설
- 동작 신호: 기준 입력 요소가 제어 요소에 주는 신호로 기준 입력 신호와 검출부가 만나 동작 신호를 만든다.
- 조작량: 제어 요소가 제어 대상에 주는 신호이다.

04
제어 장치가 제어 대상에 가하는 제어 신호로, 제어 장치의 출력인 동시에 제어 대상의 입력인 신호는?

① 제어량
② 조작량
③ 목표값
④ 동작량

해설 조작량
제어 장치가 제어 대상에 가하는 제어 신호로서, 제어 장치의 출력인 동시에 제어 대상의 입력인 신호이다.

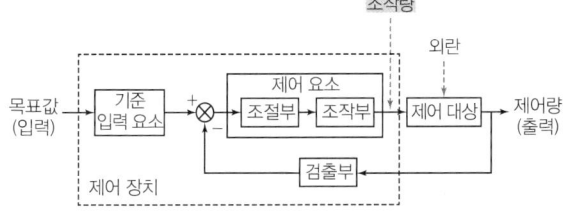

| 정답 | 01 ③ 02 ④ 03 ④ 04 ②

05

기준 입력과 주궤환량의 차로서 제어계의 동작을 일으키는 원인이 되는 신호는?

① 보조 조작 신호
② 동작 신호
③ 부궤환 신호
④ 기준 입력 요소 신호

해설

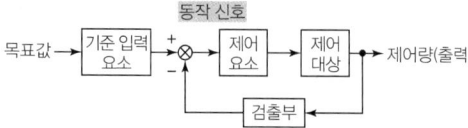

동작 신호는 기준 입력과 부궤환 신호의 편차로서 제어 요소에 주는 신호이다.

06

인가 직류 전압을 변화시켜 전동기의 회전수를 800[rpm]으로 하고자 한다. 이 경우 회전수는 어느 용어에 해당하는가?

① 목표값
② 조작량
③ 제어량
④ 제어 대상

해설

전동기 회전수 800[rpm]은 제어 장치의 출력에 해당하는 제어량이다.

07

다음 제어량 중에서 추종 제어와 관계없는 것은?

① 위치
② 방위
③ 유량
④ 자세

해설 **추종 제어**

- 미지의 임의 시간적 변화를 하는 목표값에 제어량을 추종시키는 것을 목적으로 하는 제어를 말한다.
- 서보 제어에 해당하는 값을 제어한다. (물체의 위치, 방위, 자세, 각도 등)

08

제어량의 종류에 따른 분류가 아닌 것은?

① 자동 조정
② 서보 기구
③ 적응 제어
④ 프로세스 제어

해설 **제어량의 종류에 의한 분류**

- 서보 기구
  - 기계적 변위를 제어량으로 해서 목표값의 변화에 추종하는 제어
  - 물체의 위치, 방위, 각도, 자세 등을 제어
- 프로세스 제어
  - 생산 공장에서 주로 사용하는 제어
  - 온도, 압력, 유량, 밀도 등을 제어
- 자동 조정 제어
  - 주로 전기적 신호나 기계적인 양을 제어
  - 전압, 전류, 주파수, 회전수, 힘(토크) 등을 제어

암기
프로는 서서 자!

| 정답 | 05 ② 06 ③ 07 ③ 08 ③

09
물체의 위치, 방위, 각도 등의 기계적 변위량으로 임의의 목표값에 추종하는 제어 장치는?

① 자동 조정
② 서보 기구
③ 프로그램 제어
④ 프로세스 제어

해설 제어량의 종류에 의한 분류
- 프로세스 제어
  - 생산 공장에서 주로 사용하는 제어
  - 온도, 압력, 유량, 밀도 등을 제어
- 서보 기구
  - 기계적 변위를 제어량으로 해서 목표값이 변화에 추종하는 제어
  - 물체의 위치, 방위(각도), 자세 등을 제어
- 자동 조정 제어
  - 주로 전기적 신호나 기계적인 양을 제어
  - 전압, 전류, 주파수, 회전수, 힘(토크) 등을 제어

10
연료 유량과 공기 유량의 비율을 연소에 적합한 것으로 유지하고자 하는 제어는?

① 비율 제어
② 추종 제어
③ 프로그램 제어
④ 시퀀스 제어

해설
비율 제어의 예로는 보일러의 자동 연소 제어, 암모니아 합성 등이 있다.

11
제어량을 어떤 일정한 목표값으로 유지하는 것을 목적으로 하는 제어법은?

① 추치 제어
② 비율 제어
③ 시퀀스 제어
④ 정치 제어

해설 정치 제어
제어량을 어떤 일정한 목표값으로 유지하는 제어법으로, 주파수 제어, 전압 제어 등이 이에 해당한다.

12
자동 제어의 추치 제어 3종이 아닌 것은?

① 프로세스 제어
② 추종 제어
③ 비율 제어
④ 프로그램 제어

해설 추치 제어
- 의미: 목표값이 시간 경과할 때마다 변화하는 대상을 제어
- 종류: 추종 제어, 프로그램 제어, 비율 제어

13
일정 입력에 대해 잔류 편차가 있는 제어계는?

① 비례 제어계
② 적분 제어계
③ 비례 적분 제어계
④ 비례 적분 미분 제어계

해설
비례 제어(P 제어)는 장치가 간단하지만 동작 시간이 느리고 정상 상태에서 잔류 편차가 존재한다.

14
제어기에서 미분 제어의 특성으로 가장 적합한 것은?

① 대역폭이 감소하게 된다.
② 제동을 감소시키게 된다.
③ 작동 오차의 변화율에 반응하여 동작하게 된다.
④ 정상 상태의 오차를 줄이는 효과를 갖게 된다.

해설
미분 제어(D 제어)는 비례 제어의 오차가 큰 단점을 보완하기 위해 제어 장치에 미분 기능을 부가한 제어계이다. 제어계의 동작 특성을 미분 기울기로 구해 오차가 발생할 양을 방지하는 제어법이다.

15
비례 적분 동작을 하는 PI 조절계의 전달 함수는?

① $K\left(1+\dfrac{1}{T_i s}\right)$ ② $K+\dfrac{1}{T_i s}$

③ $1+\dfrac{1}{T_i s}$ ④ $\dfrac{K}{T_i s}$

해설 PI 제어계[비례(P)+적분(I)]의 전달 함수
$$G(s) = K + \dfrac{K}{T_i s} = K\left(1+\dfrac{1}{T_i s}\right)$$

16
조작량 $y(t)$가 다음과 같이 표시되는 PID 동작에서 비례 감도, 적분 시간, 미분 시간은?

$$y(t) = 4z(t) + 1.6\dfrac{d}{dt}z(t) + \int z(t)dt$$

① 2, 0.4, 4   ② 2, 4, 0.4
③ 4, 4, 0.4   ④ 4, 0.4, 4

해설
주어진 방정식을 라플라스 변환하여 정리한다.
$$Y(s) = 4Z(s) + 1.6s\,Z(s) + \dfrac{1}{s}Z(s)$$
$$= 4Z(s)\left(1+0.4s+\dfrac{1}{4s}\right)$$

따라서 전달 함수는 다음과 같다.
$$G(s) = \dfrac{Y(s)}{Z(s)} = 4\left(1+0.4s+\dfrac{1}{4s}\right) = K_p\left(1+T_d s+\dfrac{1}{T_i s}\right)$$

비례 감도(K_p)=4, 적분 시간(T_i)=4, 미분 시간(T_d)=0.4

17
적분 시간 $4[\sec]$, 비례 감도가 4인 비례 적분 동작을 하는 제어계에 동작 신호 $z(t)=2t$를 주었을 때 이 시스템의 조작량은?

① t^2+8t ② t^2+4t
③ t^2-8t ④ t^2-4t

해설
비례 적분 제어로서 함수식은
$y(t) = K_p\left[z(t)+\dfrac{1}{T_i}\int z(t)dt\right]$이고 $z(t)=2t$이다.

$z(t)$를 라플라스 변환하게 되면
$Z(s) = \mathcal{L}[z(t)] = \mathcal{L}[2t] = \dfrac{2}{s^2}$이다.

$Y(s) = \mathcal{L}[y(t)] = K_p\left(1+\dfrac{1}{T_i s}\right)Z(s)$에서 $Z(s)$값을 대입한다.
$= 4\left(1+\dfrac{1}{4s}\right)\times\dfrac{2}{s^2} = \dfrac{2}{s^3}+\dfrac{8}{s^2}$

$\therefore y(t) = \mathcal{L}^{-1}[Y(s)] = \mathcal{L}^{-1}\left[\dfrac{2}{s^3}+\dfrac{8}{s^2}\right]$
$= t^2+8t$

18

조작량 $y = 4x + \dfrac{d}{dt}x + 2\int x\,dt$ 로 표시되는 PID 동작에서 미분 시간과 적분 시간은?

① 4, 2
② $\dfrac{1}{4}$, 2
③ $\dfrac{1}{2}$, 4
④ $\dfrac{1}{4}$, 4

해설
주어진 식을 라플라스 변환한다.
$$Y = 4X + sX + \dfrac{2}{s}X = 4X\left(1 + \dfrac{1}{4}s + \dfrac{1}{2s}\right)$$
미분 시간은 $T_d = \dfrac{1}{4}$, 적분 시간은 $T_i = 2$ 이다.

19

노내 온도를 제어하는 프로세스 제어계에서 검출부에 해당하는 것은?

① 노
② 밸브
③ 증폭기
④ 열전대

해설 열전대
열전대는 제벡효과를 이용하여 서로 다른 금속체 접합점에 온도차가 생기면 열기전력이 발생하는 소자이며 프로세스 제어계에서 검출부에 해당한다.

20

차동 변압기는 어떤 신호로 변환하는 기기인가?

① 압력을 변위로 변환
② 변위를 압력으로 변환
③ 전압을 변위로 변환
④ 변위를 전압으로 변환

해설 변환 기기의 종류
• 압력 → 변위: 벨로우즈, 다이어프램, 스프링
• 변위 → 압력: 노즐 플래퍼, 유압 분사관, 스프링
• 변위 → 전압: 차동 변압기, 전위차계
• 변위 → 임피던스: 가변 저항기
• 전압 → 변위: 전자석, 전자 코일
• 온도 → 전압: 열전대

21

다음 중 압력을 변위로 변환하는 장치 기기는?

① 다이어프램
② 노즐 플래퍼
③ 차동 변압기
④ 열전대

해설 변환 기기의 종류
• 압력 → 변위: 벨로우즈, 다이어프램, 스프링
• 변위 → 압력: 노즐 플래퍼, 유압 분사관, 스프링
• 변위 → 전압: 차동 변압기, 전위차계
• 변위 → 임피던스: 가변 저항기
• 전압 → 변위: 전자석, 전자 코일
• 온도 → 전압: 열전대

CHAPTER 04

자동 제어의 과도 응답

1. 제어계의 안정 조건
2. 자동 제어의 과도 응답 특성
3. 특성 방정식의 근의 위치에 따른 응답 특성
4. 영점 및 극점
5. 제동비에 따른 제어계의 과도 응답 특성

학습전략

이 챕터에서는 시험에 자주 출제되는 내용인 자동 제어의 과도 응답 특성 부분을 먼저 학습하는 것이 좋습니다. 그 다음에 제동비에 따른 제어계의 과도 응답 특성에 대해 학습하는 것이 효율적입니다.

CHAPTER 04 | 흐름 미리보기

1. 제어계의 안정 조건
2. 자동 제어의 과도 응답 특성
3. 특성 방정식의 근의 위치에 따른 응답 특성
5. 제동비에 따른 제어계의 과도 응답 특성
4. 영점 및 극점

NEXT **CHAPTER 05**

CHAPTER 04 자동 제어의 과도 응답

> 독학이 쉬워지는 기초개념

THEME 01 제어계의 안정 조건

1 임펄스 응답

제어 장치의 입력으로 단위 임펄스 함수 $R(s) = 1$을 가했을 때의 출력을 말한다.

$$R(s) = 1 \longrightarrow \boxed{G(s)} \longrightarrow C(s) = R(s) \cdot G(s) = G(s)$$

▲ 임펄스 응답 신호

2 인디셜 응답

> 인디셜
> 인디셜 = 단위 계단($u(t)$)

제어 장치의 입력으로 단위 계단 함수 $R(s) = \dfrac{1}{s}$을 가했을 때의 출력을 말한다.

$$R(s) = \dfrac{1}{s} \longrightarrow \boxed{G(s)} \longrightarrow C(s) = R(s) \cdot G(s) = \dfrac{1}{s} \cdot G(s)$$

▲ 인디셜 응답 신호

3 경사 응답

제어 장치의 입력으로 단위 램프 함수 $R(s) = \dfrac{1}{s^2}$을 가했을 때의 출력을 말한다.

$$R(s) = \dfrac{1}{s^2} \longrightarrow \boxed{G(s)} \longrightarrow C(s) = R(s) \cdot G(s) = \dfrac{1}{s^2} \cdot G(s)$$

▲ 경사 응답 신호

4 포물선 응답

제어 장치의 입력으로 포물선 함수 $R(s) = \dfrac{1}{s^3}$을 가했을 때의 출력을 말한다.

$$R(s) = \dfrac{1}{s^3} \longrightarrow \boxed{G(s)} \longrightarrow C(s) = R(s) \cdot G(s) = \dfrac{1}{s^3} \cdot G(s)$$

▲ 포물선 응답 신호

THEME 02 자동 제어의 과도 응답 특성

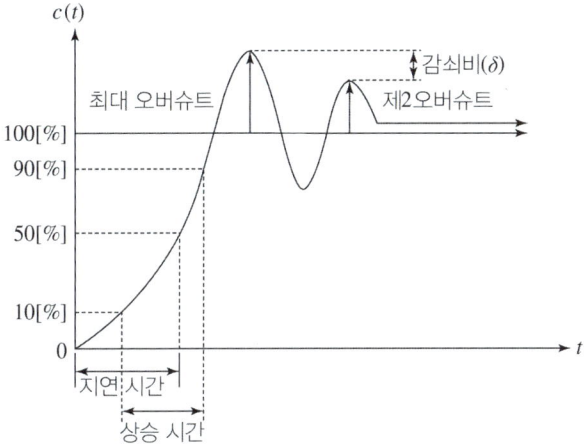

▲ 단위 계단 입력에 대한 제어 장치의 시간 응답

1 지연 시간

제어계의 출력이 입력값의 50[%]까지 도달하는 데 걸리는 시간으로, Delay time이라고 한다.

2 상승 시간

제어계의 출력이 입력값의 10[%]에서 90[%]까지의 시간으로, Rise time이라고 한다.

3 최대 오버슈트(Maximum over-shoot)

제어계의 출력이 입력값을 최대로 초과하는 과도 상태 편차로, 최대 초과량이라고도 한다.

4 제2오버슈트(2nd over-shoot)

제어계의 출력이 입력값을 2번째로 초과하는 과도 상태 편차로, 제2초과량이라고도 한다.

5 감쇠비(δ)

제어계의 최대 오버슈트가 제2오버슈트로 감소할 때의 비율로, 제동비라고도 한다.

$$\delta = \frac{\text{제2오버슈트}}{\text{최대 오버슈트}}$$

6 정정 시간(Settling time)

최종값의 특정 백분율(±5% 또는 ±2%) 이내의 오차 내에 정착하는 데 걸리는 시간을 말한다.

독학이 쉬워지는 기초개념

Tip 강의 꿀팁

지연 시간과 상승 시간의 크기가 제어 장치의 동작 속도와 정확도를 좌우해요.

독학이 쉬워지는 기초개념

기출예제

과도 응답에 관한 설명으로 틀린 것은?
① 지연 시간은 응답이 최초로 목표값의 50[%]가 되는 데 소요되는 시간이다.
② 백분율 오버슈트는 최종 목표값과 최대 오버슈트의 비를 [%]로 나타낸 것이다.
③ 감쇠비는 최종 목표값과 최대 오버슈트의 비를 나타낸 것이다.
④ 응답 시간은 응답이 요구하는 오차 이내로 정착되는 데 걸리는 시간이다.

| 해설 |

감쇠비 $\delta = \dfrac{\text{제2오버슈트}}{\text{최대 오버슈트}}$

답 ③

THEME 03 특성 방정식의 근의 위치에 따른 응답 특성

1 특성 방정식

(1) 블록 선도에서의 전달 함수
$$\frac{C(s)}{R(s)} = \frac{G(s)}{1+G(s)H(s)}$$

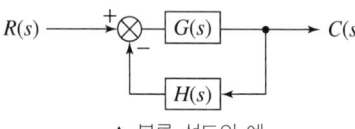

▲ 블록 선도의 예

(2) 특성 방정식
위 전달 함수식에서 분모를 영(0)으로 놓은 값을 말한다.
$1+G(s)H(s) = 0$

2 특성 방정식의 근의 위치와 응답

s 평면상의 근의 위치	과도 응답
A B C (안정) (불안정)	C, B, A
× × (안정)	감쇠 진동
× × (불안정)	발산 진동
× × (임계)	지속 진동

> **강의 꿀팁**
> 복소 평면상에서 특성 방정식의 근의 위치는 ×로 표시해요.

(1) 자동 제어계가 안정하려면 특성 방정식의 근이 s 평면의 우반 평면에 존재해서는 안 된다.
(2) 특성 방정식의 근이 j축에서 좌반 평면으로 멀리 떨어져 있을수록 빨리 안정된다.

기출예제

특성 방정식의 모든 근이 s 복소 평면의 좌반면에 있으면 이 계는 어떠한가?

① 안정하다.
② 준안정하다.
③ 불안정하다.
④ 조건부 안정이다.

| 해설 |
특성 방정식의 근이 모두 좌반 평면에 위치하면 제어계는 안정 상태가 된다.

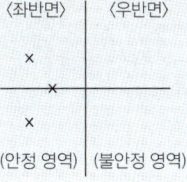

〈좌반면〉 〈우반면〉
(안정 영역) (불안정 영역)

답 ①

THEME 04 영점 및 극점

1 영점

$Z(s) = 0$이 되는 s의 값(회로 단락 상태)으로, s 평면상에서 기호 ○로 표시한다.

2 극점

(1) $Z(s) = \infty$가 되는 s의 값(회로 개방 상태)으로, s 평면상에서 기호 ×로 표시한다.
(2) $Z(s)$의 함수가 다음과 같을 때 이의 영점과 극점을 s 평면상에 표시하면 그림과 같다.

$$Z(s) = \frac{(s+1)(s+2)}{(s+3)(s+4)}$$

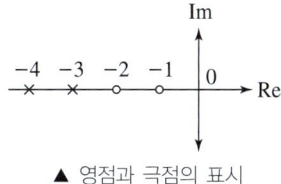

▲ 영점과 극점의 표시

영점과 극점
- 영점: 회로 단락($Z = 0$)
- 극점: 회로 개방($Z = \infty$)

일반적으로 영점을 Z로, 극점을 P로 나타낸다.

독학이 쉬워지는 기초개념

특성방정식 $s^2 + 2\delta\omega_n s + \omega_n^2 = 0$

$$s = \frac{-2\delta\omega_n \pm \sqrt{(2\delta\omega_n)^2 - 4\omega_n^2}}{2}$$

$$= \frac{-2\delta\omega_n \pm 2\omega_n\sqrt{\delta^2-1}}{2}$$

$$= -\delta\omega_n \pm \omega_n\sqrt{\delta^2-1}$$

기출예제

그림과 같은 유한 영역에서 극, 영점 분포를 가진 2단자 회로망의 구동점 임피던스는? (단, 환산 계수는 H라고 한다.)

① $\dfrac{Hs(s+b)}{s+a}$

② $\dfrac{Hs(s+a)}{s(s+b)}$

③ $\dfrac{s(s+b)}{H(s+a)}$

④ $\dfrac{s+a}{Hs(s+b)}$

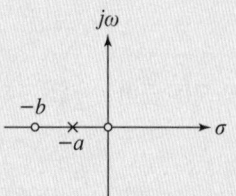

| 해설 |
주어진 s 평면에서 영점은 0, $-b$, 극점은 $-a$이므로 임피던스 함수 $Z(s)$는 다음과 같다.
$$Z(s) = \frac{s(s+b)}{s+a} \times H = \frac{Hs(s+b)}{s+a}$$

답 ①

THEME 05 제동비에 따른 제어계의 과도 응답 특성

1 2차 자동 제어계의 과도 응답

2차 지연 요소의 전달 함수는 다음과 같이 표현된다.

$$\frac{C(s)}{R(s)} = \frac{\omega_n^2}{s^2 + 2\delta\omega_n s + \omega_n^2}$$

(δ: 제동비(감쇠비), ω_n: 고유 주파수[rad/sec])

2 제동비 값에 따른 제어계의 과도 응답 특성

(1) $0 < \delta < 1$: 부족 제동(감쇠 진동)

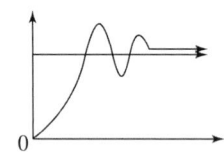

(2) $\delta > 1$: 과제동(비진동)

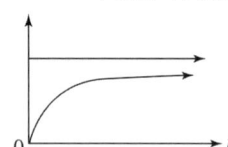

(3) $\delta = 1$: 임계 제동(임계 상태)

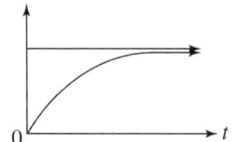

(4) $\delta = 0$: 무제동(무한 진동)

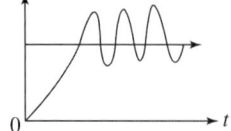

3 제어계의 공진 주파수와 고유 주파수의 관계

(1) 제어계의 이득이 최대인 공진 주파수

$\omega_p = \omega_n \sqrt{1-2\delta^2}$ [rad/sec]

(ω_p: 공진 주파수[rad/sec],
ω_n: 고유 주파수[rad/sec],
δ: 감쇠비(제동비))

(2) 제어계의 공진 정점값

$M_p = \dfrac{1}{2\delta\sqrt{1-\delta^2}}$

(3) 최대 오버슈트 발생 시간

$t_p = \dfrac{\pi}{\omega_n\sqrt{1-\delta^2}}$ [sec]

(4) 대역폭(Band Width)

공진 정점값의 70.7[%] 이상을 만족하는 주파수 영역

$B = f_2 - f_1$ [Hz]

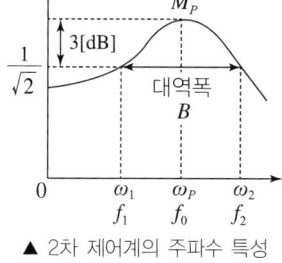

▲ 2차 제어계의 주파수 특성

독학이 쉬워지는 기초개념

선택도 Q

$Q = \dfrac{f_0}{B} = \dfrac{f_0}{f_2 - f_1} = \dfrac{\omega_p}{\omega_2 - \omega_1}$

시정수 $\tau = \dfrac{1}{\delta \cdot \omega_n}$ [sec]

과도(감쇠) 진동 주파수

$\omega = \omega_n\sqrt{1-\delta^2}$ [rad/sec]

기출예제

2차계의 감쇠비 δ가 $\delta > 1$이면 어떤 경우인가?

① 부족 제동   ② 과제동
③ 비제동   ④ 발산 상태

|해설|
• $\delta < 1$: 부족 제동(감쇠 진동)

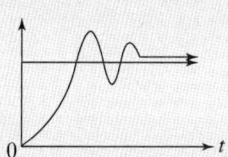

• $\delta = 1$: 임계 제동(임계 상태)

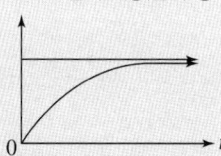

• $\delta > 1$: 과제동(비진동)

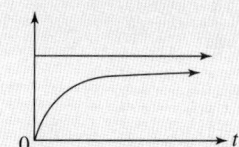

• $\delta = 0$: 무제동(무한 진동)

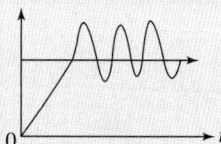

답 ②

CHAPTER 04 CBT 적중문제

01
전달 함수가 $G(s) = \dfrac{Y(s)}{X(s)} = \dfrac{1}{s^2(s+1)}$ 로 주어진 시스템의 단위 임펄스 응답은?

① $y(t) = 1 + t + e^{-t}$ ② $y(t) = 1 - t - e^{-t}$
③ $y(t) = t - 1 + e^{-t}$ ④ $y(t) = t + 1 - e^{-t}$

해설
임펄스 응답을 구해 보면 다음과 같다.
$Y(s) = X(s)G(s) = 1 \times \dfrac{1}{s^2(s+1)} = \dfrac{A}{s^2} + \dfrac{B}{s} + \dfrac{C}{s+1}$
$A = \left.\dfrac{1}{s+1}\right|_{s=0} = 1,\ B = \left.\dfrac{d}{ds}\left(\dfrac{1}{s+1}\right)\right|_{s=0} = \left.\dfrac{-1}{(s+1)^2}\right|_{s=0} = -1$
$C = \left.\dfrac{1}{s^2}\right|_{s=-1} = 1,\ Y(s) = \dfrac{1}{s^2} - \dfrac{1}{s} + \dfrac{1}{s+1}$
$\therefore y(t) = t - 1 + e^{-t}$

02
전달 함수 $G(s) = \dfrac{1}{s+a}$ 일 때 이 계의 임펄스 응답 $c(t)$를 나타내는 것은?(단, a는 상수이다.)

① 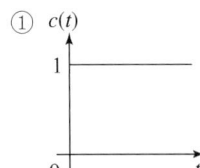   ②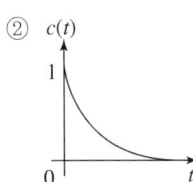

③ 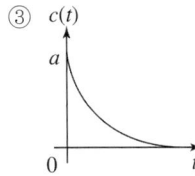   ④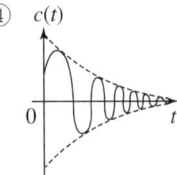

해설
주어진 전달 함수를 라플라스 역변환하여 시간 함수를 구한다.
$C(s) = R(s)G(s) = 1 \times \dfrac{1}{s+a} \rightarrow c(t) = e^{-at}$
따라서 시간이 경과할수록 지수적으로 감소하는 응답이 나오는 파형이 된다.

03
단위 계단 입력 신호에 대한 과도 응답을 무엇이라고 하는가?
① 임펄스 응답   ② 인디셜 응답
③ 노멀 응답   ④ 램프 응답

해설
- 인디셜 응답: 제어 장치의 입력에 단위 계단 함수를 가했을 때의 출력 응답이다.
- 임펄스 응답: 제어 장치의 입력에 단위 임펄스 함수를 가했을 때의 출력 응답이다.
- 경사 응답: 제어 장치의 입력에 단위 램프 함수를 가했을 때의 출력 응답이다.

04
자동 제어계의 2차계 과도 응답에서 응답이 최초로 정상값의 $50[\%]$에 도달하는 데 요하는 시간은 무엇인가?
① 상승 시간(Rise time)
② 지연 시간(Delay time)
③ 응답 시간(Response time)
④ 정정 시간(Settling time)

해설
- 지연 시간: 제어계의 출력이 입력의 $50[\%]$에 진행하는 데 걸리는 시간
- 상승 시간: 제어계의 출력이 입력의 $10 \sim 90[\%]$에 진행하는 데 걸리는 시간

05
다음과 같은 시스템의 단위 계단 입력 신호가 가해졌을 때 지연 시간에 가장 가까운 값[sec]은?

$$\frac{C(s)}{R(s)} = \frac{1}{s+1}$$

① 0.3 ② 0.7
③ 0.5 ④ 0.9

해설
지연 시간은 출력이 입력의 50[%]에 도달되는 시간이다.
$C(s) = R(s)G(s) = \frac{1}{s} \times \frac{1}{s+1} = \frac{1}{s(s+1)} = \frac{1}{s} - \frac{1}{s+1}$

$C(s)$를 역라플라스 변환한 $c(t) = 1 - e^{-t}$에 지연 시간 조건을 대입하면 $0.5 = 1 - e^{-t}$이므로 $t = 0.7$[sec]일 경우가 가장 근접하다는 것을 알 수 있다.

[참고]
$\frac{1}{AB} = \frac{1}{B-A}\left(\frac{1}{A} - \frac{1}{B}\right)$
$\therefore \frac{1}{s(s+1)} = \frac{1}{s+1-s}\left(\frac{1}{s} - \frac{1}{s+1}\right) = \frac{1}{s} - \frac{1}{s+1}$

06
자동 제어계의 과도 응답에 대한 설명으로 틀린 것은?

① 지연 시간은 최종값의 50[%]에 도달하는 시간
② 정정 시간은 응답의 최종값이 허용 범위가 ±5[%] 내에 안정되기까지 요하는 시간
③ 백분율 오버슈트 = $\frac{\text{최대 오버슈트}}{\text{최종 목표값}} \times 100$
④ 상승 시간은 최종값의 10[%]에서 100[%]까지 도달하는 데 요하는 시간

해설
- 상승 시간: 제어계의 출력이 입력의 10~90[%]에 진행하는 데 걸리는 시간
- 지연 시간: 제어계의 출력이 입력의 50[%]에 진행하는 데 걸리는 시간

07
자동 제어계에서 과도 응답 중 최종값의 10[%]에서 90[%]에 도달하는 데 걸리는 시간은?

① 정정 시간 ② 지연 시간
③ 상승 시간 ④ 응답 시간

해설
- 상승 시간: 제어계의 출력이 입력의 10~90[%]에 진행하는 데 걸리는 시간
- 지연 시간: 제어계의 출력이 입력의 50[%]에 진행하는 데 걸리는 시간

08
제어계의 과도 응답에서 감쇠비란?

① 제2오버슈트를 최대 오버슈트로 나눈 값
② 최대 오버슈트를 제2오버슈트로 나눈 값
③ 제2오버슈트와 최대 오버슈트를 곱한 값
④ 제2오버슈트와 최대 오버슈트를 더한 값

해설 감쇠비
$\delta = \frac{\text{제2오버슈트}}{\text{최대 오버슈트}}$

| 정답 | 05 ② 06 ④ 07 ③ 08 ① |

09

안정된 제어계의 특성근이 2개의 공액 복소근을 가질 때, 이 근들이 허수축 가까이에 있는 경우 허수축에서 멀리 떨어져 있는 안정된 근에 비해 과도 응답 영향은 어떻게 되는가?

① 과도 응답이 같다.
② 과도 응답은 천천히 사라진다.
③ 과도 응답이 빨리 사라진다.
④ 과도 응답에는 영향을 미치지 않는다.

해설

제어계가 안정하려면 가능한 한 허수축에서 좌반 평면(−평면)상으로 멀리 떨어져서 근이 존재해야 한다. 따라서 허수축에 가까이 있는 근은 허수축에서 멀리 있는 근에 비해 안정하기 위한 과도 응답은 천천히 사라진다.

10

그림과 같은 궤환 제어계의 감쇠 계수(제동비)는?

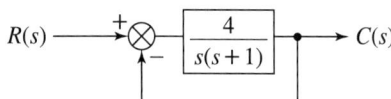

① 1
② $\frac{1}{2}$
③ $\frac{1}{3}$
④ $\frac{1}{4}$

해설

$$G(s) = \frac{C(s)}{R(s)} = \frac{\frac{4}{s(s+1)}}{1-\left(-\frac{4}{s(s+1)}\right)} = \frac{\frac{4}{s(s+1)}}{1+\frac{4}{s(s+1)}}$$

$$= \frac{4}{s^2+s+4} = \frac{\omega_n^2}{s^2+2\delta\omega_n s+\omega_n^2}$$

이때, $\omega_n^2 = 4 \rightarrow \omega_n = 2[\text{rad/sec}]$

$1 = 2\delta\omega_n \rightarrow \delta = \frac{1}{2\omega_n} = \frac{1}{2\times 2} = \frac{1}{4}$

11

어떤 제어계의 전달 함수의 극점이 그림과 같다. 이 계의 고유 주파수 ω_n 과 감쇠율 δ는?

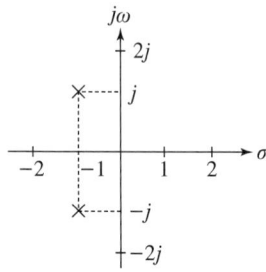

① $\omega_n = \sqrt{2},\ \delta = \sqrt{2}$
② $\omega_n = 2,\ \delta = \sqrt{2}$
③ $\omega_n = \sqrt{2},\ \delta = \frac{1}{\sqrt{2}}$
④ $\omega_n = \frac{1}{\sqrt{2}},\ \delta = \sqrt{2}$

해설

주어진 s 평면에서 특성 방정식을 구한다.
$s = -1+j,\ -1-j \rightarrow (s+1-j)(s+1+j) = 0$
$(s+1)^2 + 1 = s^2 + 2s + 2 = 0$
$s^2 + 2\delta\omega_n s + \omega_n^2 = 0$에 의해 고유 주파수와 감쇠비를 구한다.
$\omega_n^2 = 2 \rightarrow \omega_n = \sqrt{2}[\text{rad/sec}]$
$2 = 2\delta\omega_n \rightarrow \delta = \frac{2}{2\times\omega_n} = \frac{2}{2\sqrt{2}} = \frac{1}{\sqrt{2}}$

12

특성 방정식 $s^2 + 2\delta\omega_n s + \omega_n^2 = 0$ 에서 감쇠 진동을 하는 제동비 δ의 값은?

① $\delta > 1$
② $\delta = 1$
③ $\delta = 0$
④ $0 < \delta < 1$

해설 제동비 값에 따른 제어계의 과도 응답 특성

- $0 < \delta < 1$: 부족 제동(감쇠 진동)

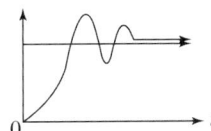

- $\delta > 1$: 과제동(비진동)

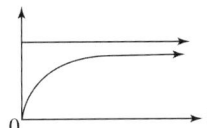

- $\delta = 1$: 임계 제동(비진동)

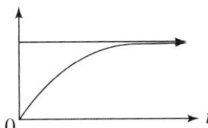

- $\delta = 0$. 무제동(무한 진동)

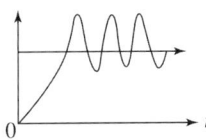

13

다음 미분 방정식으로 표시되는 2차 계통에서 감쇠율 δ와 제동의 종류는?

$$\frac{d^2 y(t)}{dt^2} + 6\frac{dy(t)}{dt} + 9y(t) = 9x(t)$$

① $\delta = 0$: 무제동
② $\delta = 1$: 임계 제동
③ $\delta = 2$: 과제동
④ $\delta = 0.5$: 감쇠 제동 또는 부족 제동

해설

주어진 미분 방정식을 라플라스 변환한다.
$s^2 Y(s) + 6s Y(s) + 9Y(s) = 9X(s)$
위 식에서 전달 함수를 구해 보면 다음과 같다.
$$G(s) = \frac{Y(s)}{X(s)} = \frac{9}{s^2 + 6s + 9} = \frac{\omega_n^2}{s^2 + 2\delta\omega_n s + \omega_n^2}$$
$\omega_n^2 = 9 \rightarrow \omega_n = 3 [\text{rad/sec}]$
$6 = 2\delta\omega_n \rightarrow \delta = \frac{6}{2\omega_n} = \frac{6}{2 \times 3} = 1$

∴ $\delta = 1$이므로 임계 제동이다.

14

폐루프 전달 함수 $\dfrac{C(s)}{R(s)}$가 다음과 같을 때 2차 제어계에 대한 설명 중 틀린 것은?

$$\dfrac{C(s)}{R(s)} = \dfrac{\omega_n^2}{s^2 + 2\delta\omega_n s + \omega_n^2}$$

① 최대 오버슈트는 $e^{-\pi\delta/\sqrt{1-\delta^2}}$이다.
② 이 폐루프계의 특성 방정식은 $s^2 + 2\delta\omega_n s + \omega_n^2 = 0$이다.
③ 이 계는 $\delta = 0.1$일 때 부족 제동된 상태에 있다.
④ δ값을 작게 할수록 제동은 많이 걸리게 되므로 비교 안정도는 좋아진다.

해설
- 2차 제어계의 역변환식에서 최대 오버슈트는 $e^{-\delta\omega_n t}$이다.
 이때 $t = \dfrac{\pi}{\omega_n\sqrt{1-\delta^2}}$[sec]를 대입하면 최대 오버슈트는 다음과 같다.
 $e^{-\delta\omega_n \dfrac{\pi}{\omega_n\sqrt{1-\delta^2}}} = e^{-\delta\pi/\sqrt{1-\delta^2}}$
- 제동 계수 δ가 작아질수록 제동이 적게 걸리게 되므로 안정도는 저하되는 특성이 있다.

15

주파수 특성의 정수 중 대역폭이 좁으면 좁을수록 이때의 응답 속도는 어떻게 되는가?

① 빨라진다.
② 늦어진다.
③ 빨라졌다 늦어진다.
④ 늦어졌다 빨라진다.

해설
보드 선도에서 대역폭이 넓으면 제어 장치의 응답 속도는 빨라지고, 대역폭이 좁으면 제어 장치의 응답 속도는 늦어진다.

16

2차계의 주파수 응답과 시간 응답 간의 관계로 틀린 것은?

① 안정된 제어계에서 높은 대역폭은 큰 공진 첨두값과 대응된다.
② 최대 오버슈트와 공진 첨두값은 δ(감쇠비)만의 함수로 나타낼 수 있다.
③ ω_n(고유 주파수) 일정 시 δ(감쇠비)가 증가하면 대역폭도 증가한다.
④ 대역폭은 영 주파수 이득보다 3[dB] 떨어지는 주파수로 정의된다.

해설
감쇠비 δ가 증가하면 제어 장치는 공진치가 줄어들게 되므로 대역폭은 감소한다.

17
전달 함수의 크기가 주파수 0에서 최댓값을 갖는 저역 통과 필터가 있다. 최댓값의 $70.7[\%]$ 또는 $-3[\text{dB}]$로 되는 크기까지의 주파수로 정의되는 것은?

① 공진 주파수 대역
② 첨두 공진점(공진 정점)
③ 대역폭
④ 분리도 크기

> **해설** 대역폭
> 공진 정점값의 $70.7[\%]$ 이상을 만족하는 주파수 영역

18
대역폭(Band width)은 과도 응답 성질의 한 척도로 사용되는데, 이의 특성으로 알맞은 것은?

① 대역폭이 적으면 비교적 높은 주파수만 통과한다.
② 대역폭이 크면 시간 응답은 보통 늦고 완만하다.
③ 대역폭이 적으면 시간 응답은 보통 늦고 완만하다.
④ 대역폭이 크면 비교적 낮은 주파수만 통과한다.

> **해설**
> 대역폭은 제어계의 공진 정점 대비 크기가 0.707 또는 $-3[\text{dB}]$에서의 주파수이다. 대역폭이 넓을수록 응답 속도가 빠르다. 반대로 적으면 시간 응답은 보통 완만하다.

19
2차 제어계에서 공진 주파수 ω_m와 고유 각 주파수 ω_n, 감쇠비 δ 사이의 관계가 바른 것은 어느 것인가?

① $\omega_m = \omega_n \sqrt{1-\delta^2}$
② $\omega_m = \omega_n \sqrt{1+\delta^2}$
③ $\omega_m = \omega_n \sqrt{1-2\delta^2}$
④ $\omega_m = \omega_n \sqrt{1+2\delta^2}$

> **해설**
> • 제어계의 이득이 최대인 공진 주파수
> $\omega_p = \omega_n \sqrt{1-2\delta^2}\,[\text{rad/sec}]$
> (ω_p: 공진 주파수[rad/sec], ω_n: 고유 주파수[rad/sec], δ: 제동비 또는 감쇠비)
> • 제어계의 공진 정점값
> $M_p = \dfrac{1}{2\delta\sqrt{1-\delta^2}}$
> • 최대 오버슈트 발생 시간
> $t_p = \dfrac{\pi}{\omega_n \sqrt{1-\delta^2}}\,[\text{sec}]$
> • 대역폭
> 공진 정점값의 $70.7[\%]$ 이상을 만족하는 주파수 영역

20
분리도가 예리(Sharp)해질수록 나타나는 현상은?

① 정상 오차가 감소한다.
② 응답 속도가 빨라진다.
③ M_p의 값이 감소한다.
④ 제어계가 불안정해진다.

> **해설**
> 2차 제어계의 주파수 특성 곡선에서 분리도가 예리해진다는 것은 공진 정점(M_p)값이 더욱 커진다는 것으로, 그만큼 제어계가 불안정한 동작을 한다는 의미이다.

| 정답 | 17 ③ 18 ③ 19 ③ 20 ④

자동 제어의 정확도

1. 자동 제어계의 정상 편차
2. 제어계의 형에 따른 편차
3. 제어 장치의 감도(Sensitivity)

학습전략

이 챕터에서는 우선 자동 제어의 편차 분류와 편차 계산 방법을 집중하여 학습하기를 바랍니다. 특히, 편차를 구할 때 필요한 계산 능력을 키우는 것이 매우 중요합니다. 또한 감도를 해석할 때 필요한 기본적인 미분법을 틈틈이 익히는 것이 좋습니다.

CHAPTER 05 | 흐름 미리보기

1. 자동 제어계의 정상 편차
2. 제어계의 형에 따른 편차
3. 제어 장치의 감도(Sensitivity)

NEXT **CHAPTER 06**

CHAPTER 05 자동 제어의 정확도

독학이 쉬워지는 기초개념

THEME 01 자동 제어계의 정상 편차

1 정상 편차의 정의

자동 제어계가 입력을 가한 뒤 시간이 오랫동안 경과($t\to\infty$)한 후의 입력과 출력의 편차로서, 오차(Error)라고도 한다.

> **Tip 강의 꿀팁**
> 편차는 보통 제어 장치가 동작한 다음 시간이 경과한 후의 정상 상태에서 다루어요.

2 정상 편차의 개념도

(1) 정상 편차의 개념

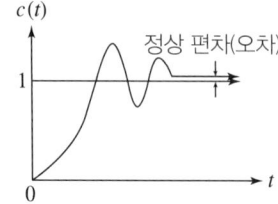

▲ 정상 편차의 개념

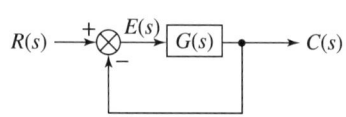

▲ 블록 선도에서의 편차

- $E(s) = R(s) - C(s) = R(s) - \dfrac{G(s)}{1+G(s)}R(s) = \dfrac{R(s)}{1+G(s)}$

- 정상 편차 $e = \lim\limits_{t\to\infty} e(t) = \lim\limits_{s\to 0} s E(s) = \lim\limits_{s\to 0} s \dfrac{R(s)}{1+G(s)}$

(2) 궤환 요소가 있을 때의 정상 편차 e

- $\dfrac{C(s)}{R(s)} = \dfrac{G(s)}{1+G(s)H(s)} \to C(s) = \dfrac{G(s)}{1+G(s)H(s)} \times R(s)$

- $E(s) = R(s) - B(s) = R(s) - C(s)H(s)$
  $= R(s) - \dfrac{G(s)H(s)}{1+G(s)H(s)} \times R(s) = \dfrac{1}{1+G(s)H(s)} \times R(s)$

- 정상 편차 $e = \lim\limits_{t\to\infty} e(t) = \lim\limits_{s\to 0} s E(s) = \lim\limits_{s\to 0} s \dfrac{R(s)}{1+G(s)H(s)}$

3 편차의 종류

(1) 위치 편차: 제어계에 단위 계단 입력 $r(t) = u(t) = 1$을 가했을 때의 편차
(2) 속도 편차: 제어계에 속도 입력 $r(t) = t$를 가했을 때의 편차
(3) 가속도 편차: 제어계에 가속도 입력 $r(t) = \dfrac{1}{2}t^2$을 가했을 때의 편차

편차의 종류	입력	편차 상수	편차
위치 편차	$r(t) = 1$	$K_p = \lim\limits_{s \to 0} G(s)$	$e_p = \dfrac{1}{1+K_p}$
속도 편차	$r(t) = t$	$K_v = \lim\limits_{s \to 0} sG(s)$	$e_v = \dfrac{1}{K_v}$
가속도 편차	$r(t) = \dfrac{1}{2}t^2$	$K_a = \lim\limits_{s \to 0} s^2 G(s)$	$e_a = \dfrac{1}{K_a}$

기출예제

단위 피드백 제어계에서 개루프 전달 함수 $G(s)$가 다음과 같이 주어지는 계의 단위 계단 입력에 대한 정상 편차는?

$$G(s) = \frac{6}{(s+1)(s+3)}$$

① 2
② $\dfrac{1}{3}$
③ $\dfrac{1}{2}$
④ $\dfrac{1}{4}$

| 해설 |
단위 계단 입력에 대한 위치 편차 상수를 구한다.
$K_p = \lim\limits_{s \to 0} G(s) = \lim\limits_{s \to 0} \dfrac{6}{(s+1)(s+3)} = 2$
따라서 위치 편차는 $e_p = \dfrac{1}{1+K_p} = \dfrac{1}{1+2} = \dfrac{1}{3}$ 이다.

답 ②

> 독학이 쉬워지는 기초개념

THEME 02 제어계의 형에 따른 편차

1 제어계의 형태 분류

제어계의 형은 주어진 제어 장치의 피드백 요소 $G(s)H(s)$ 함수에서 분모인 근의 값이 0인 s^n의 n차수와 같다.

(1) $G(s)H(s) = \dfrac{s+1}{(s+2)(s+3)}$: 분모의 괄호 밖의 차수가 $s^0=1$로 0형 제어계

(2) $G(s)H(s) = \dfrac{s+1}{s(s+2)(s+3)}$: 분모의 괄호 밖의 차수가 s^1으로 1형 제어계

(3) $G(s)H(s) = \dfrac{s+1}{s^2(s+2)(s+3)}$: 분모의 괄호 밖의 차수가 s^2으로 2형 제어계

2 제어계의 형에 따른 편차값

(1) 0형 제어계: 위치 편차 상수 = K_p, 위치 편차 = $\dfrac{1}{1+K_p}$

(2) 1형 제어계: 속도 편차 상수 = K_v, 속도 편차 = $\dfrac{1}{K_v}$

(3) 2형 제어계: 가속도 편차 상수 = K_a, 가속도 편차 = $\dfrac{1}{K_a}$

기출예제

단위 램프 입력에 대하여 속도 편차 상수가 유한한 값을 갖는 제어계는?

① 3형 ② 2형
③ 1형 ④ 0형

| 해설 |
단위 램프 입력 = 속도 입력으로서 속도 편차 상수를 의미한다.
따라서 유한한 값을 갖는 제어계는 1형 제어계이다.

- $K_v = \lim\limits_{s \to 0} sG(s) = \lim\limits_{s \to 0} s\dfrac{10}{(s+1)(s+2)} = 0$
  (0형 제어계에서는 속도 편차 상수가 0이다.)

- $K_v = \lim\limits_{s \to 0} sG(s) = \lim\limits_{s \to 0} s\dfrac{10}{s(s+1)(s+2)} = 5$
  (1형 제어계에서는 속도 편차 상수가 5이다.)

- $K_v = \lim\limits_{s \to 0} sG(s) = \lim\limits_{s \to 0} s\dfrac{10}{s^2(s+1)(s+2)} = \infty$
  (2형 제어계에서는 속도 편차 상수가 ∞이다.)

답 ③

THEME 03 제어 장치의 감도(Sensitivity)

1 제어 장치에서의 미분 감도의 정의
제어 장치가 허용 오차 범위 내에서 어느 정도의 동작 특성이 신속하고 정확한지를 판단하는 기준을 말한다.

2 제어 장치에서의 미분 감도 계산 방법
(1) 전달 함수
$$T = \frac{C(s)}{R(s)} = \frac{G(s)}{1+G(s)H(s)}$$

(2) 감도
$$S_K^T = \frac{K}{T} \times \frac{dT}{dK}$$

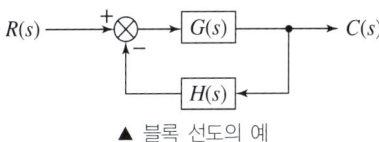

▲ 블록 선도의 예

독학이 쉬워지는 기초개념

분수 함수의 미분법

$$\frac{(분자 \, 미분 \times 분모)-(분모 \, 미분 \times 분자)}{(분모)^2}$$

기출예제

그림의 블록 선도에서 K에 대한 폐루프 전달 함수 $T = \frac{C(s)}{R(s)}$ 의 감도 S_K^T 는?

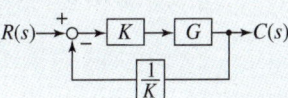

① -0.5 ② -1.0
③ 1.5 ④ 1

| 해설 |
주어진 블록 선도에서 전달 함수를 구한다.
$$T = \frac{C}{R} = \frac{K \times G}{1-\left(-K \times G \times \frac{1}{K}\right)} = \frac{KG}{1+G}$$

따라서 K에 대한 T의 감도는 다음과 같다.
$$S_K^T = \frac{K}{T} \cdot \frac{dT}{dK} = \frac{K}{\frac{KG}{1+G}} \times \frac{d}{dK}\left(\frac{KG}{1+G}\right)$$
$$= \frac{1+G}{G} \times \frac{G}{1+G} = 1$$

답 ④

CHAPTER 05 CBT 적중문제

01
그림의 블록 선도에서 $H=0.1$이면 오차는 몇 [V]인가?

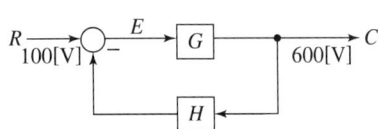

① 4
② 6
③ 20
④ 40

해설
오차에 해당하는 부분은 E의 위치이다.
이 위치에서의 전압 오차는 다음과 같다.
$E = R - C \cdot H = 100 - 600 \times 0.1 = 40[\text{V}]$

02
제어 시스템의 정상 상태 오차에서 포물선 함수 입력에 의한 정상 상태 오차는 $K_a = \lim_{s \to 0} s^2 G(s)H(s)$로 표현된다. 이때 K_a를 무엇이라고 부르는가?

① 위치 오차 상수
② 속도 오차 상수
③ 가속도 오차 상수
④ 평면 오차 상수

해설
- 위치 편차 상수 $K_p = \lim_{s \to 0} G(s)H(s)$
- 속도 편차 상수 $K_v = \lim_{s \to 0} s G(s)H(s)$
- 가속도 편차 상수 $K_a = \lim_{s \to 0} s^2 G(s)H(s)$

03
단위 피드백 제어계 개루프 전달 함수가 $G(s) = \dfrac{1}{(s+1)(s+2)}$ 일 때 단위 계단 입력에 대한 정상 편차는 얼마인가?

① $\dfrac{1}{2}$
② $\dfrac{2}{3}$
③ 2
④ $\dfrac{1}{3}$

해설
단위 계단 입력에 대한 위치 편차 상수를 구한다.
$K_p = \lim_{s \to 0} G(s) = \lim_{s \to 0} \dfrac{1}{(s+1)(s+2)} = \dfrac{1}{2}$
따라서 위치 편차는 다음과 같다.
$e_p = \dfrac{1}{1+K_p} = \dfrac{1}{1+\dfrac{1}{2}} = \dfrac{2}{3}$

04
개루프 전달 함수 $G(s)$가 다음과 같이 주어지는 단위 부궤환계가 있다. 단위 계단 입력이 주어졌을 때 정상 상태 편차가 0.05가 되기 위한 K의 값은?

$$G(s) = \dfrac{6K(s+1)}{(s+2)(s+3)}$$

① 19
② 20
③ 0.95
④ 0.05

해설
단위 계단 입력이 주어졌으므로 위치 편차 상수를 구한다.
$K_p = \lim_{s \to 0} G(s) = \lim_{s \to 0} \dfrac{6K(s+1)}{(s+2)(s+3)} = K$
따라서 위치 편차는 다음과 같다.
$e_p = \dfrac{1}{K_p+1} = \dfrac{1}{K+1} = 0.05$이므로
$\therefore K = 19$

| 정답 | 01 ④ 02 ③ 03 ② 04 ①

05

개루프 전달 함수가 다음과 같은 계에서 단위 속도 입력에 대한 정상 편차는?

$$G(s) = \frac{10}{s(s+1)(s+2)}$$

① 0.2   ② 0.25
③ 0.33   ④ 0.5

해설

속도 편차 상수

$$K_v = \lim_{s \to 0} s\,G(s) = \lim_{s \to 0} s \times \frac{10}{s(s+1)(s+2)}$$
$$= \lim_{s \to 0} \frac{10}{(s+1)(s+2)} = 5$$
$$e_v = \frac{1}{K_v} = \frac{1}{5} = 0.2$$

06

그림과 같은 제어계에서 단위 계단 외란 D가 인가되었을 때 정상 편차는?

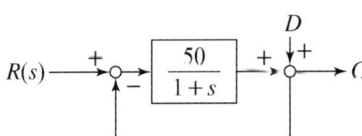

① 50   ② 51
③ $\frac{1}{50}$ ④ $\frac{1}{51}$

해설

$$K_p = \lim_{s \to 0} G(s) = \lim_{s \to 0} \frac{50}{1+s} = 50$$
$$e_p = \frac{1}{1+K_p} = \frac{1}{1+50} = \frac{1}{51}$$

07

개루프 전달 함수 $G(s) = \dfrac{1}{s(s^2+5s+6)}$ 인 단위 궤환계에서 단위 계단 입력을 가하였을 때의 잔류 편차는?

① 0   ② $\dfrac{1}{6}$
③ 6   ④ ∞

해설

$$K_p = \lim_{s \to 0} G(s) = \lim_{s \to 0} \frac{1}{s(s^2+5s+6)} = \infty$$
$$e_p = \frac{1}{1+K_p} = \frac{1}{1+\infty} = 0$$

08

$G_{c1} = K$, $G_{c2}(s) = \dfrac{1+0.1s}{1+0.2s}$, $G_p(s) = \dfrac{200}{s(s+1)(s+2)}$

인 그림과 같은 제어계에 단위 램프 입력을 가할 때 정상 편차가 0.01이라면 K의 값은?

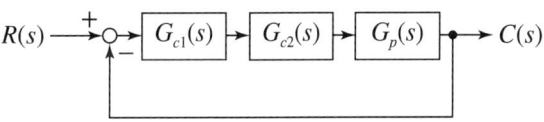

① 0.1   ② 1
③ 10   ④ 100

해설

$$K_v = \lim_{s \to 0} s \times G_{c1}(s) \times G_{c2}(s) \times G_p(s)$$
$$= \lim_{s \to 0} s \times \frac{K \times 200(1+0.1s)}{s(s+1)(s+2)(1+0.2s)} = 100K$$
$$e_v = \frac{1}{K_v} = \frac{1}{100K} = 0.01$$
$$\therefore K = \frac{1}{100 \times 0.01} = 1$$

09
계단 오차 상수를 K_p라 할 때 1형 시스템의 계단 입력 $u(t)$에 대한 정상 상태 오차 e_p는?

① 1
② $\dfrac{1}{K_p}$
③ 0
④ ∞

해설

단위 계단 입력이 제어계에 가해지고 제어계는 1형 시스템이므로 예를 들어 $G(s) = \dfrac{10}{s(s+1)(s+2)}$ 라고 했을 때,

$K_p = \lim\limits_{s \to 0} G(s) = \lim\limits_{s \to 0} \dfrac{10}{s(s+1)(s+2)} = \infty$ 이다.

$\therefore e_p = \dfrac{1}{1+K_p} = \dfrac{1}{1+\infty} = 0$

10
어떤 제어계에서 단위 계단 입력에 대한 정상 편차가 유한값이면 이 계는 무슨 형인가?

① 0형
② 1형
③ 2형
④ 3형

해설

단위 계단 입력이 제어계에 가해지면 위치 편차를 알 수 있다.

$K_p = \lim\limits_{s \to 0} G(s) = \lim\limits_{s \to 0} \dfrac{10}{(s+1)(s+2)} = 5$ 이므로

정상 편차 $e_p = \dfrac{1}{1+K_p} = \dfrac{1}{1+5} = \dfrac{1}{6}$ 로서 유한한 값을 갖는다.

따라서 단위 계단 입력에서는 0형 제어계이어야 정상 편차가 유한한 값을 가진다.

11
그림과 같은 블록 선도로 표시되는 제어계는 무슨 형인가?

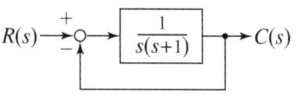

① 0형
② 1형
③ 2형
④ 3형

해설

주어진 블록 선도 요소에서 분모의 괄호 밖의 차수가 1차이므로 1형 제어계이다.

12
단위 램프 입력에 대해 속도 편차 상수가 유한한 값을 갖는 제어계는?

① 0형
② 1형
③ 2형
④ 3형

해설

단위 램프 입력 = 속도 입력으로서 속도 편차 상수를 의미한다. 따라서 1형 제어계이다.

- $K_v = \lim\limits_{s \to 0} sG(s) = \lim\limits_{s \to 0} s\dfrac{10}{(s+1)(s+2)} = 0$
  (0형 제어계에서는 속도 편차 상수가 0이다.)

- $K_v = \lim\limits_{s \to 0} sG(s) = \lim\limits_{s \to 0} s\dfrac{10}{s(s+1)(s+2)} = 5$
  (1형 제어계에서는 속도 편차 상수가 5이다.)

- $K_v = \lim\limits_{s \to 0} sG(s) = \lim\limits_{s \to 0} s\dfrac{10}{s^2(s+1)(s+2)} = \infty$
  (2형 제어계에서는 속도 편차 상수가 ∞이다.)

13

그림과 같은 블록 선도에서 폐루프 전달 함수 $T = \dfrac{C}{R}$ 에서 H에 대한 T의 감도 S_H^T는?

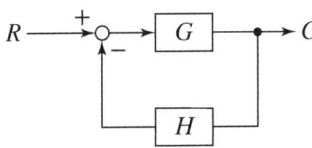

① $\dfrac{-GH}{1+GH}$　② $\dfrac{-H}{(1+GH)^2}$

③ $\dfrac{H}{1+GH}$　④ $\dfrac{-H}{1+GH}$

해설

- 전달 함수
$$T = \dfrac{C(s)}{R(s)} = \dfrac{G}{1-(-G \times H)} = \dfrac{G}{1+GH}$$

- 감도
$$S_H^T = \dfrac{H}{T} \times \dfrac{dT}{dH} = \dfrac{H}{\dfrac{G}{1+GH}} \times \dfrac{d}{dH}\left(\dfrac{G}{1+GH}\right)$$
$$= \dfrac{H(1+GH)}{G} \times \dfrac{-G \times G}{(1+GH)^2} = \dfrac{-GH}{1+GH}$$

14

그림과 같은 블록 선도의 제어계에서 K에 대한 폐루프 전달 함수 $T=\dfrac{C}{R}$ 의 감도는?

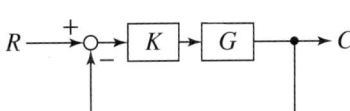

① $S_K^T = 1$　② $S_K^T = \dfrac{1}{1+KG}$

③ $S_K^T = \dfrac{G}{1+KG}$　④ $S_K^T = \dfrac{KG}{1+KG}$

해설

- 전달 함수
$$T = \dfrac{C(s)}{R(s)} = \dfrac{K \times G}{1-(-K \times G)} = \dfrac{KG}{1+KG}$$

- 감도
$$S_K^T = \dfrac{K}{T} \times \dfrac{dT}{dK} = \dfrac{K}{\dfrac{KG}{1+KG}} \times \dfrac{d}{dK}\left(\dfrac{KG}{1+KG}\right)$$
$$= \dfrac{1+KG}{G} \times \dfrac{G \times (1+KG) - G \times KG}{(1+KG)^2} = \dfrac{1}{1+KG}$$

15

그림과 같은 제어 시스템의 폐루프 전달 함수 $T(s) = \dfrac{C(s)}{R(s)}$ 에 대한 감도 S_K^T는?

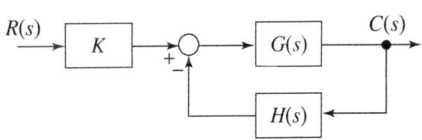

① 0.5　② 1

③ $\dfrac{G}{1+GH}$　④ $\dfrac{-GH}{1+GH}$

해설

- 전달 함수
$$T(s) = \dfrac{C(s)}{R(s)} = \dfrac{KG(s)}{1+G(s)H(s)}$$

- 감도
$$S_K^T = \dfrac{K}{T} \times \dfrac{dT}{dK}$$
$$= \dfrac{K}{\dfrac{KG(s)}{1+G(s)H(s)}} \times \dfrac{d}{dK}\left(\dfrac{KG(s)}{1+G(s)H(s)}\right)$$
$$= \dfrac{1+G(s)H(s)}{G(s)} \times \dfrac{G(s)}{1+G(s)H(s)} = 1$$

| 정답 | 13 ①　14 ②　15 ②

자동 제어의 주파수 응답 해석

1. 자동 제어계의 주파수 전달 함수
2. 보드 선도

학습전략

이 챕터에서는 제어계의 형태가 무엇인지부터 학습해야 합니다. 또한 제어계의 형태에 따른 궤적의 평면상 위치 관계 등도 반드시 파악해 두어야 합니다. 앞의 내용을 학습하고 보드 선도에 대한 기본 개념도 확실하게 파악하는 것이 좋습니다.

CHAPTER 06 | 흐름 미리보기

1. 자동 제어계의 주파수 전달 함수

2. 보드 선도

NEXT **CHAPTER 07**

CHAPTER 06 자동 제어의 주파수 응답 해석

독학이 쉬워지는 기초개념

THEME 01 자동 제어계의 주파수 전달 함수

1 진폭비 및 위상차

(1) 전달 함수가 $G(s)$인 제어계에 주파수 ω인 정현파 신호를 가했을 때 출력 신호의 정상값은 입력과 같은 주파수의 정현파가 되며, 진폭은 $|G(j\omega)|$배가 되고, 위상은 $\angle G(j\omega)$만큼 벗어나게 된다.

(2) 진폭비 $|G(j\omega)|$와 위상차 $\angle G(j\omega)$는 다음의 식으로 구할 수 있다.
  ① 진폭비
  $$|G(j\omega)| = \sqrt{a^2 + b^2}$$
  ② 위상차
  $$\angle G(j\omega) = \tan^{-1} \frac{b}{a}$$

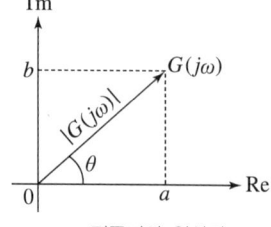

▲ 진폭비와 위상차

> **Tip 강의 꿀팁**
> 자동 제어계의 진폭비와 위상차는 $R-X$ 직렬 회로의 크기와 위상각을 구하는 방법과 동일해요.

기출예제

$G(j\omega) = \dfrac{1}{1+j2T}$ 이고 $T=2[\sec]$인 경우에 전달 함수의 크기 $|G(j\omega)|$와 위상 $\angle G(j\omega)$는 얼마인지 계산하시오.

① 0.48, $-36°$ ② 0.24, $36°$
③ 0.24, $-76°$ ④ 0.48, $76°$

| 해설 |

• 전달 함수의 크기는 $G(j\omega) = \dfrac{1}{1+j4}$, $|G(j\omega)| = \dfrac{1}{\sqrt{1^2 + 4^2}} = 0.24$

• 전달 함수의 위상은 $\angle G(j\omega) = \dfrac{\angle 0°}{\angle \tan^{-1} \frac{4}{1}} = \dfrac{\angle 0°}{\angle 76°} = \angle -76°$

답 ③

2 벡터 궤적

(1) 주파수 ω가 0에서 ∞까지 변화할 때 $G(j\omega)$의 크기와 위상각의 변화를 극좌표에 그린 것을 벡터 궤적이라고 한다.

(2) 비례 요소: $G(s) = K$(주파수와 무관)
비례 요소는 주파수의 변화와 관계없이 일정한 상수 K가 실수축상에 점의 형태로 그려진다.

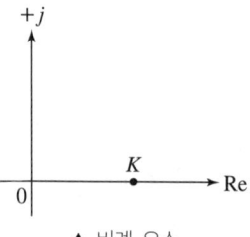

▲ 비례 요소

(3) 미분 요소: $G(s) = s$
  ① 미분 요소 $G(j\omega) = j\omega$는 ω가 0에서 ∞까지 변화할 때 허수축상의 위로 올라가는 직선이다.
  ② $G(j\omega) = j\omega|_{\omega=0} = 0$
     $G(j\omega) = j\omega|_{\omega=\infty} = j\infty$

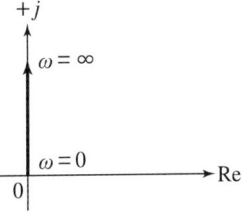
▲ 미분 요소

(4) 적분 요소: $G(s) = \dfrac{1}{s}$
  ① 적분 요소 $G(j\omega) = \dfrac{1}{j\omega}$은 ω가 0에서 ∞까지 변화할 때 허수축상 $-\infty$에서 0으로 올라가는 직선이다.
  ② $G(j\omega) = \dfrac{1}{j\omega}\big|_{\omega=0} = -j\infty$
     $G(j\omega) = \dfrac{1}{j\omega}\big|_{\omega=\infty} = 0$

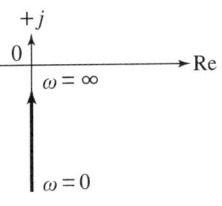
▲ 적분 요소

(5) 비례 미분 요소: $G(s) = 1 + Ts$
  ① 비례 미분 요소 $G(j\omega) = 1 + j\omega T$는 ω가 0에서 ∞까지 변화할 때 $(1, j0)$인 점에서 위로 올라가는 직선이다.
  ② $G(j\omega) = 1 + j\omega T|_{\omega=0} = 1$
     $G(j\omega) = 1 + j\omega T|_{\omega=\infty} = 1 + j\infty$

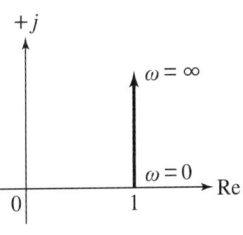
▲ 비례 미분 요소

(6) 1차 지연 요소: $G(s) = \dfrac{1}{1 + Ts}$
  ① 1차 지연 요소 $G(j\omega) = \dfrac{1}{1 + j\omega T}$은 ω가 0에서 ∞까지 변화할 때 그림과 같이 반원 형태이다.
  ② $G(j\omega) = \dfrac{1}{1 + j\omega T}\big|_{\omega=0} = 1$
     $G(j\omega) = \dfrac{1}{1 + j\omega T}\big|_{\omega=\infty} = 0$

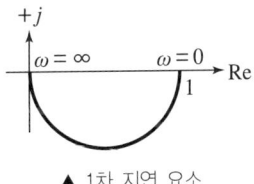
▲ 1차 지연 요소

(7) 부동작 시간 요소: $G(s) = e^{-Ts}$
  ① 부동작 시간 요소 $G(j\omega) = e^{-j\omega T}$는 ω가 0에서 ∞까지 변화할 때 원점을 중심으로 $(-)$ 방향으로 회전하는 원 형태가 된다.
  ② $|G(j\omega)| = \sqrt{(\cos\omega T)^2 + (-\sin\omega T)^2} = 1$
     $\angle G(j\omega) = \tan^{-1}\dfrac{-\sin\omega T}{\cos\omega T} = -\omega T$

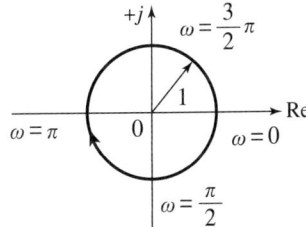
▲ 부동작 시간 요소

독학이 쉬워지는 기초개념

기출예제

중요도 벡터 궤적이 다음과 같이 표시되는 요소는 어떤 요소가 되는가?

① 비례 미분 요소
② 1차 지연 미분 요소
③ 2차 지연 미분 요소
④ 부동작 시간 요소

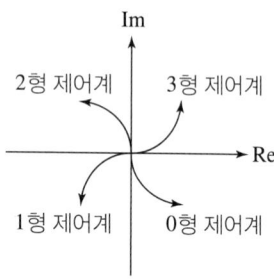

| 해설 |

$G(j\omega) = e^{-Ts} = e^{-j\omega T} = \cos\omega T - j\sin\omega T$ 이므로 크기는 다음과 같다.

- 크기: $|G(j\omega)| = \sqrt{(\cos\omega T)^2 + (\sin\omega T)^2} = 1$
- 위상각: $\angle G(j\omega) = \tan^{-1}\left(\dfrac{-\sin\omega T}{\cos\omega T}\right) = \tan^{-1}(-\tan\omega T)$
  $= -\omega T$ 가 되는 원 형태로 나오는 부동작 시간 요소

답 ④

3 제어계의 형에 따른 벡터 궤적

$$G(s) = \frac{1}{s^k(s+a)(s+b)(s+c)}$$

(1) k형 제어계: 분모의 s항의 차수 k의 값에 따라 제어계가 결정된다.
(2) 지나는 사분면의 개수: 분모 괄호항의 개수

▲ 좌표 평면과 제어계 형태 관계

Tip 강의 꿀팁

좌표 평면과 제어계 형태 관계를 반드시 암기해야 해요.

[예시]

$$\frac{s+3}{s^1(s+1)(s+2)}$$

- s의 차수 = 1
  → 1형 제어계
- 분모 괄호항의 개수 = 2
  → 지나는 사분면의 개수 2개

기출예제

중요도 $G(s) = \dfrac{K}{s(1+Ts)}$ 의 벡터 궤적은?

①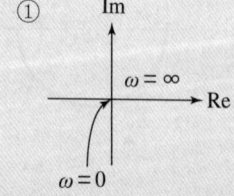

②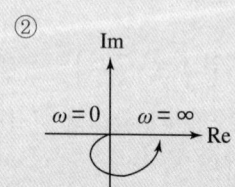

③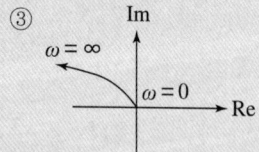

④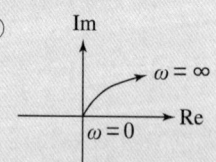

| 해설 |

$G(s) = \dfrac{K}{s(1+Ts)}$ 는 1형 제어계이고 분모의 괄호항이 1개이므로 3사분면에만 그려지는 벡터 궤적이 된다.

답 ①

THEME 02 보드 선도

1 보드 선도의 정의

(1) 주파수 전달 함수를 이용하여 주파수 변화에 따른 제어 장치의 크기와 위상각을 표현한 것이다. 가로축에는 주파수 ω를, 세로축에는 이득 $|G(j\omega)|$를 표시하여 나타낸다.

(2) 보드 선도의 이득 여유 $g_m > 0$, 위상 여유 $\phi_m > 0$의 조건에서 제어 장치의 동작이 안정하다.

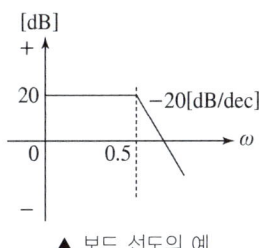

▲ 보드 선도의 예

2 보드 선도 작성 시 필요한 사항

(1) 이득: $g = 20\log_{10}|G(s)|$ [dB]

(2) 이득 여유(GM: Gain Margin): $GM = 20\log_{10}\dfrac{1}{|G(s)|}$ [dB]

(3) 절점 주파수: 보드 선도가 경사를 이루는 실수부와 허수부가 같아지는 주파수

(4) 경사: $g = K\log_{10}\omega$ [dB]에서 K값이 보드 선도의 경사를 의미한다.

독학이 쉬워지는 기초개념

Tip 강의 꿀팁

상수에 $20\log_{10}$을 취하면 단위를 [dB]로 변환할 수 있어요.

Tip 강의 꿀팁

절점 주파수
- 실수부 = 허수부가 되는 주파수
- 보드 선도의 굴곡점에서의 주파수
- 이득이 -3[dB]에서의 주파수

기출예제

단위 부궤환 제어 시스템의 루프 전달 함수 $G(s)H(s)$가 다음과 같이 주어져 있다. 이득 여유가 20[dB]이면 이때의 K의 값은?

$$G(s)H(s) = \frac{K}{(s+1)(s+3)}$$

① $\dfrac{3}{10}$ ② $\dfrac{3}{20}$ ③ $\dfrac{1}{20}$ ④ $\dfrac{1}{40}$

| 해설 |
허수부 $s = j\omega = 0$에서의 $G(s)H(s)$의 크기를 구한다.
$|G(s)H(s)| = \left|\dfrac{K}{(s+1)(s+3)}\right|_{s=0} = \dfrac{K}{3}$
이득 여유가 20[dB]이라고 주어졌으므로
$20[\text{dB}] = 20\log\dfrac{3}{K}$이 성립하려면 $K = \dfrac{3}{10}$이다.

답 ①

CHAPTER 06 CBT 적중문제

01

$G(j\omega) = \dfrac{K}{j\omega(j\omega+1)}$ 에 있어서 진폭 A 및 위상각 θ는?

$$\lim_{\omega \to \infty} G(j\omega) = A \angle \theta$$

① $A=0$, $\theta = -90°$
② $A=0$, $\theta = -180°$
③ $A=\infty$, $\theta = -90°$
④ $A=\infty$, $\theta = -180°$

해설

- 진폭 $A = \left|\dfrac{K}{j\omega(j\omega+1)}\right|_{\omega \to \infty} = 0$
- 위상각 $\theta = \dfrac{\angle 0°}{\angle 180°} = \angle(0°-180°) = \angle -180°$

02

$G(j\omega) = \dfrac{1}{j\omega T + 1}$ 의 크기와 위상각은?

① $G(j\omega) = \sqrt{\omega^2 T^2 + 1}$, $\angle \tan^{-1}\omega T$
② $G(j\omega) = \sqrt{\omega^2 T^2 + 1}$, $\angle -\tan^{-1}\omega T$
③ $G(j\omega) = \dfrac{1}{\sqrt{\omega^2 T^2 + 1}}$, $\angle \tan^{-1}\omega T$
④ $G(j\omega) = \dfrac{1}{\sqrt{\omega^2 T^2 + 1}}$, $\angle -\tan^{-1}\omega T$

해설

- 크기

$$|G(j\omega)| = \dfrac{\sqrt{1^2}}{\sqrt{(\omega T)^2 + 1^2}} = \dfrac{1}{\sqrt{\omega^2 T^2 + 1}}$$

- 위상각

$$\angle G(j\omega) = \dfrac{\angle \tan^{-1}\dfrac{0}{1}}{\angle \tan^{-1}\dfrac{\omega T}{1}} = \angle(0° - \tan^{-1}\omega T)$$
$$= \angle -\tan^{-1}\omega T$$

| 정답 | 01 ② 02 ④

03

$G(s) = \dfrac{1}{1+sT}$ 에서 $\omega T = 10$일 때 $|G(j\omega)|$의 값[dB]은?

① -30 ② -40
③ -10 ④ -20

해설

$G(j\omega) = \dfrac{1}{1+j\omega T} = \dfrac{1}{1+j10}$

$|G(j\omega)| = \dfrac{1}{\sqrt{1^2+10^2}} \fallingdotseq \dfrac{1}{10} = 10^{-1}$

$g = 20\log_{10}|G(j\omega)| = 20\log_{10}10^{-1} = -20[\text{dB}]$

04

$G(s) = \dfrac{1}{0.005s(0.1s+1)^2}$ 에서 $\omega = 10[\text{rad/s}]$일 때 이득 및 위상각은?

① $20[\text{dB}], -90°$ ② $20[\text{dB}], -180°$
③ $40[\text{dB}], -90°$ ④ $40[\text{dB}], -180°$

해설

$G(j\omega) = \dfrac{1}{0.005j\omega(0.1j\omega+1)^2}\bigg|_{\omega=10} = \dfrac{1}{j0.05(j+1)^2}$

$= \dfrac{1}{j0.05(-1+2j+1)} = -10$

$|G(j\omega)| = 10$

이득 $g = 20\log_{10}10 = 20[\text{dB}]$

$G(j\omega) = \dfrac{1}{j0.05(-1+2j+1)} = \dfrac{1}{0.1j^2}$ 이므로

위상각은 $\angle G(j\omega) = \angle(0°-180°) = \angle -180°$이다.

암기

$j = \sqrt{-1},\ j^2 = -1$

05

$G(s) = e^{-Ts}$ 에서 $\omega = 100[\text{rad/s}]$일 때 이득[dB]은?

① 0 ② 10
③ 20 ④ 30

해설

문제에 주어진 전달 함수의 크기를 구해 보면
$G(j\omega) = e^{-j\omega T} = \cos(\omega T) - j\sin(\omega T)$ 이므로
$|G(j\omega)| = 1$이다.
위의 값을 데시벨[dB] 단위로 변환한다.
$g = 20\log_{10}1 = 0[\text{dB}]$

암기

오일러 공식
$e^{-ix} = \cos x - i\sin x$

06

$G(s) = \dfrac{1}{s(s+10)}$ 인 선형 제어계에서 $\omega = 0.1$일 때 주파수 전달 함수의 이득[dB]은 얼마인가?

① 10 ② 0
③ 20 ④ 40

해설

$G(j\omega) = \dfrac{1}{j\omega(j\omega+10)}$

$G(j\omega)|_{\omega=0.1} = \dfrac{1}{j0.1(j0.1+10)} = \dfrac{1}{-0.01+j1}$

$|G(j\omega)| = \dfrac{1}{\sqrt{(-0.01)^2+1^2}} \fallingdotseq 1$

$g = 20\log_{10}|G(j\omega)| = 20\log_{10}1 = 0[\text{dB}]$

암기

$j = \sqrt{-1},\ j^2 = -1$

07

전달 함수 $G(s) = \dfrac{10}{(s+1)(s+2)}$ 으로 표시되는 제어 계통에서 직류 이득은?

① 1 ② 2
③ 3 ④ 5

해설

직류에서는 주파수 $f=0$이 되므로 $\omega = 2\pi f = 0$이다.

$G(j\omega) = \dfrac{10}{(j\omega+1)(j\omega+2)}\bigg|_{\omega=0} = 5$

08

$G(j\omega) = \dfrac{1}{1+j2T}$ 이고, $T=2$초일 때 크기 $|G(j\omega)|$ 와 위상 $\angle G(j\omega)$는 각각 얼마인가?

① 0.24, 76° ② 0.44, 36°
③ 0.24, -76° ④ 0.44, -36°

해설

$T=2$초일 때, $G(j\omega) = \dfrac{1}{1+j2\times 2} = \dfrac{1}{1+j4}$ 이므로

$|G(j\omega)| = \dfrac{1}{\sqrt{1^2+4^2}} = 0.24$

$\angle G(j\omega) = \dfrac{\angle 0°}{\angle \tan^{-1}\frac{4}{1}} = \dfrac{\angle 0°}{\angle 76°} = \angle -76°$

09

$G(s)H(s) = \dfrac{2}{(s+1)(s+2)}$ 의 이득 여유[dB]는?

① 10 ② 20
③ 0   ④ 30

해설

- $GH(s) = \dfrac{2}{(s+1)(s+2)}\bigg|_{s=0} = 1$
- $GM = 20\log_{10}\dfrac{1}{|GH(s)|} = 20\log_{10}1 = 0[\text{dB}]$

10

주파수 전달 함수 $G(s) = s$ 인 미분 요소가 있을 때 이 시스템의 벡터 궤적은?

①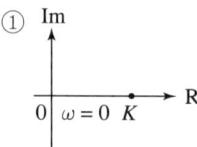
②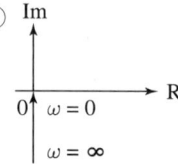
③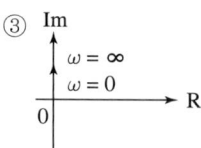
④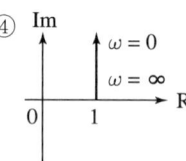

해설 미분 요소

- $G(s) = s$
- 미분 요소 $G(j\omega) = j\omega$ 는 ω가 0에서 ∞ 까지 변화할 때 허수축 상에 위로 올라가는 직선으로 그려진다.

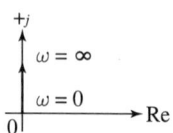

11
보드 선도에서 이득 곡선이 0[dB]인 선을 지날 때의 주파수에서 양(+)의 위상 여유가 생기고 위상 곡선이 $-180°$를 지날 때 양(+)의 이득 여유가 생긴다면 이 폐루프 시스템의 안정도는 어떻게 되겠는가?

① 항상 안정하다.
② 항상 불안정하다.
③ 조건부 안정하다.
④ 안정성 여부를 알 수 없다.

해설
보드 선도에서 이득 여유와 위상 여유가 모두 양(+)의 값을 가지면 제어 시스템은 안정하다.

12
$G(s) = \dfrac{1}{1+5s}$ 일 때 절점에서 절점 주파수 ω_0를 구하면?

① 0.1[rad/s]   ② 0.5[rad/s]
③ 0.2[rad/s]   ④ 5[rad/s]

해설
$G(j\omega) = \dfrac{1}{1+5j\omega}$ 에서 절점 주파수는 실수부와 허수부 값이 같아지는 주파수이므로 $1 = 5\omega \rightarrow \omega = \dfrac{1}{5} = 0.2[\text{rad/s}]$ 이다.

13
1차 요소 $G(s) = \dfrac{1}{1+Ts}$ 인 제어계의 절점 주파수에서의 이득[dB]은?

① -2 ② -3
③ -4 ④ -5

해설
$G(j\omega) = \dfrac{1}{1+j\omega T}$ 에서 실수부와 허수부 값이 같아지는 절점 주파수는 $1 = \omega T$이다.
$\therefore G(j\omega) = \dfrac{1}{1+j}$
$|G(j\omega)| = \dfrac{1}{\sqrt{1^2+1^2}} = \dfrac{1}{\sqrt{2}}$
이득 $g = 20\log_{10}|G(j\omega)| = 20\log_{10}\dfrac{1}{\sqrt{2}} = -3[\text{dB}]$

| 정답 | 11 ①   12 ③   13 ②

14

어떤 계통의 보드 선도 중 이득 선도가 그림과 같을 때 이에 해당하는 계통의 전달 함수는?

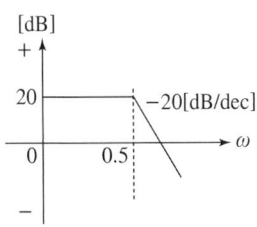

① $\dfrac{20}{1+5s}$ ② $\dfrac{10}{1+2s}$

③ $\dfrac{10}{1+5s}$ ④ $\dfrac{20}{1+2s}$

해설

$G(j\omega) = \dfrac{K}{1+j\omega T}$ 에서 실수부와 허수부 값이 같아지는 절점 주파수

는 $1 = \omega T \rightarrow 1 = 0.5T$ ∴ $T = \dfrac{1}{0.5} = 2$

$g = 20[\text{dB}] = 20\log_{10}|K|_{\omega=0} \rightarrow K = 10$

이에 알맞은 전달 함수는 다음과 같다.

$G(j\omega) = \dfrac{K}{1+j\omega T} \rightarrow G(s) = \dfrac{10}{1+2s}$

15

보드 선도의 안정 판정에 대한 설명으로 옳은 것은?

① 위상 곡선이 $-180°$점에서 이득 값은 양$(+)$이다.
② 이득 여유는 음$(-)$의 값, 위상 여유는 양$(+)$의 값이다.
③ 이득 곡선의 $0[\text{dB}]$점에서 위상차가 $180°$보다 크다.
④ 이득$(0[\text{dB}])$축과 위상$(-180°)$축을 일치시킬 때 위상 곡선이 위에 있다.

해설

보드 선도에서 제어계가 안정할 조건은 이득$(0[\text{dB}])$축과 위상$(-180°)$축 기준에서 상반부에 위치해야 한다.

16

$G(s) = \dfrac{K}{s}$인 적분 요소의 보드 선도에서 이득 곡선의 $1[\text{decade}]$당 기울기는 몇 $[\text{dB}]$인가?

① 1 ② 20
③ -1 ④ -20

해설

이득 $g = 20\log_{10}\left|\dfrac{K}{j\omega}\right| = 20\log_{10}\dfrac{K}{\omega} = 20\log_{10}K - 20\log_{10}\omega$이며,

$\omega = 10$은 $20\log_{10}K - 20\log_{10}10 = 20\log_{10}K - 20$이 된다.

따라서 기울기는 $-20[\text{dB}]$이 된다.

17

보드 선도상의 안정 조건을 옳게 나타낸 것은 다음 중 어느 것인가?(단, g_m은 이득 여유, ϕ_m은 위상 여유)

① $g_m > 0$, $\phi_m > 0$
② $g_m \leq 0$, $\phi_m < 0$
③ $g_m < 0$, $\phi_m \geq 0$
④ $g_m < 0$, $\phi_m < 0$

해설

보드 선도에서 제어계가 안정하려면 이득 여유(g_m)와 위상 여유(ϕ_m)가 모두 양(+)의 값을 가져야 한다.

18

그림과 같은 보드 선도를 갖는 계의 전달 함수는?

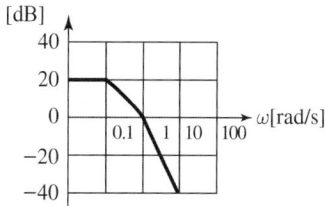

① $G(s) = \dfrac{20}{(s+1)(s+10)}$

② $G(s) = \dfrac{10}{(s+1)(5s+1)}$

③ $G(s) = \dfrac{20}{(s+10)(10s+1)}$

④ $G(s) = \dfrac{10}{(s+1)(10s+1)}$

해설

주어진 보드 선도의 절점 주파수는 0.1과 1에 위치해 있으므로 전달 함수의 형태는 다음과 같다.

$$G(s) = \dfrac{K}{(j\omega+1)(j\omega+0.1)} = \dfrac{K}{(s+1)(s+0.1)}$$

주어진 보드 선도에서 $\omega=0$인 경우의 이득 여유값에서 미정 계수 K를 구해 보면 다음과 같다.

$$G(s) = \dfrac{K}{(j\omega+1)(j\omega+0.1)}\bigg|_{\omega=0} = \dfrac{K}{0.1} = 10K$$

→ $g = 20\log_{10}10K = 20[\text{dB}]$

∴ $K = 1$

따라서 주어진 보드 선도의 전달 함수는 다음과 같다.

$$G(s) = \dfrac{1}{(s+1)(s+0.1)} = \dfrac{10}{(s+1)(10s+1)}$$

제어계의 안정도

1. 루드(Routh)표에 의한 안정도 해석
2. 나이퀴스트(Nyquist) 선도에 의한 안정도 해석

학습전략

이 챕터에서 가장 중요하게 학습해야 할 부분은 루드표를 이용하여 제어계의 안정도를 판정하는 기법입니다. 특히, 블록 선도가 주어진 상태에서 제어계가 안정하기 위한 조건 해석을 충분히 이해해야 합니다. 이후 나이퀴스트 선도에 대해서도 완벽하게 이해하는 것이 좋습니다.

CHAPTER 07 | 흐름 미리보기

1. 루드(Routh)표에 의한 안정도 해석

2. 나이퀴스트(Nyquist) 선도에 의한 안정도 해석

NEXT **CHAPTER 08**

CHAPTER 07 제어계의 안정도

> **독학이 쉬워지는 기초개념**

THEME 01 루드(Routh)표에 의한 안정도 해석

1 제어계의 안정 조건

특성 방정식에서 제어계가 안정하기 위한 필수 조건은 다음과 같다.
(1) 특성 방정식의 모든 계수의 부호가 같을 것
(2) 특성 방정식의 모든 차수가 존재할 것
(3) 루드표를 작성하여 제1열의 부호 변화가 없을 것
(루드표 제1열의 부호 변화 횟수는 s 평면의 우반 평면에 존재하는 근의 개수를 의미한다.)

> **Tip 강의 꿀팁**
> 루드표의 부호 변화는 제어계의 불안정 동작을 의미해요.

기출예제

루드표를 작성할 때 제1열 요소의 부호 변환은 무엇을 의미하는가?
① s 평면의 좌반 평면에 존재하는 근의 수
② s 평면의 우반 평면에 존재하는 근의 수
③ s 평면의 허수축에 존재하는 근의 수
④ s 평면의 원점에 존재하는 근의 수

| 해설 |
제1열의 부호 변화는 그 부호 변화 개수만큼 s 평면의 우반 평면에 존재하는 근의 수를 뜻하는 것으로 제어계는 불안정한 동작이다.

답 ②

2 루드표 작성법 및 안정도 판정

(1) 특성 방정식 $a_0 s^3 + a_1 s^2 + a_2 s + a_3 = 0$에서 루드표를 작성하면 다음과 같다.

차수	제1열 계수	제2열 계수	제3열 계수
s^3	a_0	a_2	0
s^2	a_1	a_3	0
s^1	$A = \dfrac{a_1 \times a_2 - a_0 \times a_3}{a_1}$	$B = \dfrac{a_1 \times 0 - a_0 \times 0}{a_1} = 0$	0
s^0	$C = \dfrac{A \times a_3 - a_1 \times B}{A}$	$D = \dfrac{A \times 0 - a_1 \times 0}{A} = 0$	0

(2) 루드표에서 제1열의 결과들의 부호가 모두 (+)가 되어 부호 변화가 없어야 제어계는 안정하다. (부호 변화가 1번이라도 발생하면 제어계는 불안정하다.)

기출예제

[중요도] $2s^3 + 5s^2 + 3s + 1 = 0$ 으로 주어진 계의 안정도를 판정하고 우반 평면상의 근을 구하면 어떠한가?

① 임계 상태이며 허축상에 근이 1개 존재한다.
② 안정하고 우반 평면에 근이 없다.
③ 불안정하며 우반 평면상에 근이 3개이다.
④ 불안정하며 우반 평면상에 근이 2개이다.

| 해설 |

차수	제1열 계수	제2열 계수	제3열 계수
s^3	2	3	0
s^2	5	1	0
s^1	$\dfrac{5 \times 3 - 2 \times 1}{5} = 2.6$	$\dfrac{5 \times 0 - 2 \times 0}{5} = 0$	0
s^0	$\dfrac{2.6 \times 1 - 5 \times 0}{2.6} = 1$	$\dfrac{2.6 \times 0 - 5 \times 0}{2.6} = 0$	0

루드표 제1열의 부호가 모두 (+)이므로 부호 변화가 없어 안정적인 동작 상태를 보이며, s 평면의 우반 평면에는 근이 없다.

답 ②

THEME 02 나이퀴스트(Nyquist) 선도에 의한 안정도 해석

1 나이퀴스트에 의한 안정도 판정의 특징

(1) 제어계의 안정도에 관하여 루드-훌비쯔 판정법과 같은 정보를 제공한다.
(2) 제어 시스템의 안정도를 개선할 수 있는 방법을 제시한다.
(3) 제어 시스템의 주파수 영역 응답에 대한 정보를 제공한다.

2 나이퀴스트 선도에서 안정도 판정 방법

(1) 나이퀴스트 선도의 경로가 시계 방향인 경우

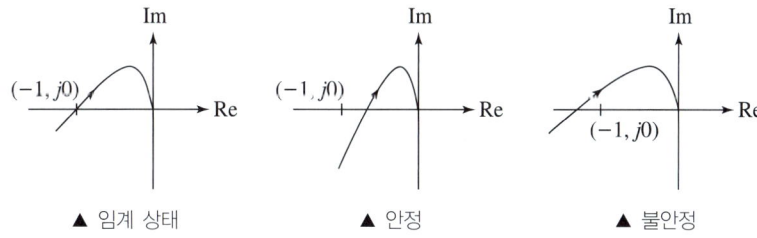

▲ 임계 상태 ▲ 안정 ▲ 불안정

> **(Tip) 강의 꿀팁**
> 나이퀴스트 경로 방향을 주의하여 학습해야 해요.

독학이 쉬워지는 기초개념

(2) 나이퀴스트 선도의 경로가 반시계 방향인 경우

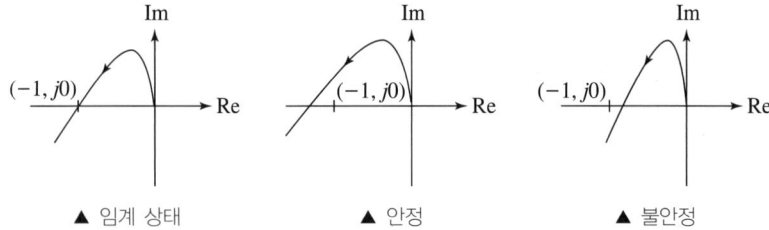

▲ 임계 상태　　　　▲ 안정　　　　▲ 불안정

기출예제

피드백 제어계의 전 주파수 응답 $G(j\omega)$의 나이퀴스트 선도에서 시스템이 안정한 궤적은 어느 것인가?

① c
② d
③ b
④ a

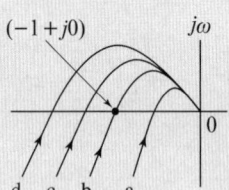

| 해설 |
- a 궤적: 안정
- b 궤적: 임계 상태
- c, d 궤적: 불안정

답 ④

단위 피드백(Feedback) 제어계의 개루프 전달 함수의 벡터 궤적이다. 이 중 안정한 궤적은?

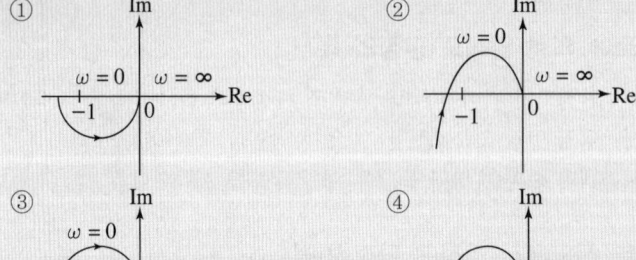

| 해설 | 벡터 궤적상 제어계가 안정할 궤적 조건
- 시계 방향으로 가는 벡터 궤적은 임계점 $(-1, j0)$을 포위하지 않아야 한다.
- 반시계 방향으로 가는 벡터 궤적은 임계점 $(-1, j0)$을 포위하여 감싸야 한다.

답 ①

3 나이퀴스트 선도의 이득 여유 및 위상 여유

(1) 이득 여유(GM): 나이퀴스트 선도에서 임계점을 기준으로 안정한 영역의 크기 여유

$$GM = 20\log_{10}\left|\frac{1}{GH}\right|_{\omega=0} [\text{dB}]$$

(2) 위상 여유(PM): 나이퀴스트 선도에서 임계각을 기준으로 안정한 영역의 위상 여유

(3) 제어계가 안정하기 위한 여유 범위
- $GM = 4 \sim 12[\text{dB}]$
- $PM = 30° \sim 60°$

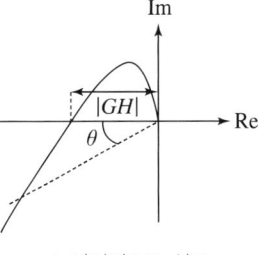

▲ 나이퀴스트 선도

독학이 쉬워지는 기초개념

GM과 PM
- GM: Gain Margin(이득 여유)
- PM: Phase Margin(위상 여유)

기출예제

[중요도] $GH(j\omega) = \dfrac{10}{(j\omega+1)(j\omega+T)}$ 에서 이득 여유를 $20[\text{dB}]$보다 크게 하기 위한 T의 범위를 구하면?

① $T > 0$ ② $T > 10$
③ $T < 0$ ④ $T > 100$

| 해설 |

$$|GH(j\omega)| = \left|\frac{10}{(j\omega+1)(j\omega+T)}\right|_{\omega=0} = \frac{10}{T}$$

$$GM[\text{dB}] = 20\log_{10}\left|\frac{1}{GH}\right| = 20\log_{10}\frac{T}{10} > 20[\text{dB}]$$에서 $\frac{T}{10} > 10$이면 된다.

$\therefore T > 100$

답 ④

[중요도] $G(s)H(s) = \dfrac{k}{(s+1)(s+2)}$ 인 제어계의 이득 여유가 $40[\text{dB}]$일 때 이때의 k 값으로 옳은 것은?

① $\dfrac{1}{100}$ ② $\dfrac{1}{50}$
③ $\dfrac{1}{20}$ ④ $\dfrac{1}{10}$

| 해설 |

$$|GH(j\omega)| = \left|\frac{k}{(j\omega+1)(j\omega+2)}\right|_{\omega=0} = \frac{k}{2}$$

$$GM[\text{dB}] = 20\log_{10}\left|\frac{1}{GH}\right| = 20\log_{10}\left|\frac{1}{\frac{k}{2}}\right| = 20\log_{10}\frac{2}{k} = 40[\text{dB}]$$

$\dfrac{2}{k} = 10^2$ 이므로 $k = \dfrac{2}{100} = \dfrac{1}{50}$ 이다.

답 ②

CHAPTER 07 CBT 적중문제

01
−1, −5에 극점을, 1과 −2에 영점을 가지는 계가 있다. 이 계의 안정 판별은?

① 불안정하다. ② 임계 상태이다.
③ 안정하다.   ④ 알 수 없다.

해설 제어계의 안정도 판정 기준
극점 −1, −5의 위치가 좌평면이면 안정하다.

02
특성 방정식의 근이 모두 복소 s 평면의 좌반 평면에 있으면 이 계의 안정 여부는?

① 조건부 안정 ② 불안정
③ 임계 안정   ④ 안정

해설
자동 제어계가 안정하려면 특성 방정식의 근이 s 평면의 우반 평면에 존재해서는 안 된다. 특성 방정식의 근이 j축에서 좌반 평면으로 멀리 떨어져 있을수록 빨리 안정된다.

03
특성 방정식이 $s^5 + 4s^4 - 3s^3 + 6s + k = 0$ 으로 주어진 제어계의 안정성은?

① $k = -2$ ② 절대 불안정
③ $k = -3$ ④ $k > 0$

해설 제어계가 안정하기 위한 필수 조건
- 특성 방정식의 모든 계수 부호가 같을 것
- 특성 방정식의 모든 차수가 존재할 것

04
다음 특성 방정식 중 안정될 필요 조건을 갖춘 것은?

① $s^4 + 3s^3 + 10s + 10 = 0$
② $s^3 + s^2 - 5s + 10 = 0$
③ $s^3 + 2s^2 + 4s - 1 = 0$
④ $s^3 + 9s^2 + 20s + 12 = 0$

해설 제어계가 안정하기 위한 필수 조건
- 특성 방정식의 모든 계수 부호가 같을 것
- 특성 방정식의 모든 차수가 존재할 것

05

특성 방정식이 $Ks^3 + 2s^2 - s + 5 = 0$인 제어계가 안정하기 위한 K의 범위는?

① $K < 0$
② $K < -\dfrac{2}{5}$
③ $K > \dfrac{2}{5}$
④ 절대 불안정

해설

제어계가 안정하기 위한 필수 조건은 특성 방정식의 모든 계수의 부호가 같아야 하고 특성 방정식의 모든 차수가 존재해야 한다. 따라서 K의 값에 상관없이 (−) 값이 포함되어 있으므로 절대 불안정이다.

06

일반적인 제어 시스템에서 안정의 조건은?

① 입력이 있는 경우 초기값에 관계없이 출력이 0으로 간다.
② 입력이 없는 경우 초기값에 관계없이 출력이 무한대로 간다.
③ 시스템이 유한한 입력에 대해서 무한한 출력을 얻는 경우이다.
④ 시스템이 유한한 입력에 대해서 유한한 출력을 얻는 경우이다.

해설

제어 시스템의 동작이 안정하기 위한 조건은 제어 시스템에 어느 일정한 입력을 가했을 때 이에 따른 일정한 출력 신호를 내는 제어 장치이다.

07

제어계의 종합 전달 함수 $G(s) = \dfrac{s}{(s-2)(s^2+4)}$ 에 대한 설명으로 옳은 것은?

① 안정하다.
② 불안정하다.
③ 알 수 없다.
④ 임계 상태이다.

해설

주어진 전달 함수의 특성 방정식은 $(s-2)(s^2+4) = s^3 - 2s^2 + 4s - 8 = 0$이고 특성 방정식 계수의 부호 중 (−)가 포함되어 있으므로 불안정하다.

08

어떤 제어계의 전달 함수 $G(s) = \dfrac{s}{(s+2)(s^2+2s+2)}$ 에서 안정성을 판정하면?

① 임계 상태이다.
② 불안정하다.
③ 안정하다.
④ 알 수 없다.

해설

주어진 전달 함수로부터 특성 방정식을 구한다.
$(s+2)(s^2+2s+2) = s^3 + 4s^2 + 6s + 4 = 0$
특성 방정식을 루드표로 작성하면 다음과 같다.

차수	제1열 계수	제2열 계수
s^3	1	6
s^2	4	4
s^1	$\dfrac{4 \times 6 - 1 \times 4}{4} = 5$	$\dfrac{4 \times 0 - 1 \times 0}{4} = 0$
s^0	$\dfrac{5 \times 4 - 4 \times 0}{5} = 4$	$\dfrac{5 \times 0 - 4 \times 0}{5} = 0$

루드표의 제1열의 부호 변화가 없으므로 안정하다.

09

다음의 특성 방정식을 Routh-Hurwitz 방법으로 안정도를 판별하고자 한다. 이때 안정도를 판별하기 위하여 가장 잘 해석한 것은 어느 것인가?

$$q(s) = s^5 + 2s^4 + 2s^3 + 4s^2 + 11s + 10 = 0$$

① s 평면의 우반면에 근은 없으나 불안정이다.
② s 평면의 우반면에 근이 1개 존재하여 불안정이다.
③ s 평면의 우반면에 근이 2개 존재하여 불안정이다.
④ s 평면의 우반면에 근이 3개 존재하여 불안정이다.

해설

주어진 특성 방정식을 루드표로 작성하면 다음과 같다.

차수	제1열 계수	제2열 계수	제3열 계수
s^5	1	2	11
s^4	2	4	10
s^3	$\frac{2 \times 2 - 1 \times 4}{2} = 0$		
s^2			

루드표 작성 중 0이 발생하였으므로 특성 방정식을 s에 대하여 한 번 미분한 후, 다시 루드표를 작성한다.

$$\frac{dq(s)}{ds} = \frac{d}{ds}(s^5 + 2s^4 + 2s^3 + 4s^2 + 11s + 10)$$
$$= 5s^4 + 8s^3 + 6s^2 + 8s + 11 = 0$$

차수	제1열 계수	제2열 계수	제3열 계수
s^4	5	6	11
s^3	8	8	0
s^2	$\frac{8 \times 6 - 5 \times 8}{8} = 1$	$\frac{8 \times 11 - 5 \times 0}{8} = 11$	0
s^1	$\frac{1 \times 8 - 8 \times 11}{1}$ $= -80$	$\frac{1 \times 0 - 8 \times 0}{1} = 0$	0
s^0	$\frac{-80 \times 11 - 1 \times 0}{-80}$ $= 11$	0	0

루드표의 제1열의 부호 변화가 2번 일어났으므로 s평면의 우반면에 근이 2개 존재하여 불안정이다.

10

특성 방정식 $s^3 + 2s^2 + (k+3)s + 10 = 0$에서 루드 안정도 판별법으로 판별 시 안정하기 위한 k의 범위는?

① $k > 2$
② $k = 2$
③ $k \geq 1$
④ $k \leq 1$

해설

주어진 특성 방정식을 루드표로 작성하면 다음과 같다.

차수	제1열 계수	제2열 계수
s^3	1	$k+3$
s^2	2	10
s^1	$\frac{2(k+3) - 1 \times 10}{2} = \frac{2k-4}{2}$	0
s^0	10	0

제어계가 안정하려면 루드표의 제1열의 부호 변화가 없어야 한다.

$$\frac{2k-4}{2} > 0 \rightarrow k > 2$$

따라서 안정하기 위한 조건은 $k > 2$이다.

별해

특성 방정식이 3차식으로 주어진 경우 다음과 같은 방법으로 보다 쉽게 안정 여부를 판단할 수 있다.
특성 방정식을 $As^3 + Bs^2 + Cs + D = 0$이라 하면 다음 조건을 만족하는 경우 안정하다.
- A, B, C, D가 모두 양수
- $BC - AD > 0$

11

Routh 안정 판별표에서 수열의 제1열이 다음과 같을 때 이 계통의 특성 방정식에 양의 실수부를 갖는 근은 몇 개인가?

1
2
-1
3
1

① 전혀 없음
② 1개
③ 2개
④ 3개

해설

루드표에서 제1열의 부호 변화는 s 평면 우측(양(+)의 값)상에 위치하는 근의 수를 말한다. 주어진 루드표의 제1열의 부호 변화가 2번 일어났으므로 양(+)의 실수부 근이 2개 존재한다.

12

특성 방정식 $s^3+11s^2+2s+40=0$에는 양(+)의 실수부를 갖는 근이 몇 개 있는가?

① 1
② 2
③ 3
④ 없다.

해설

특성 방정식을 루드표로 작성하면 다음과 같다.

차수	제1열 계수	제2열 계수
s^3	1	2
s^2	11	40
s^1	$\dfrac{11\times2-1\times40}{11}=-\dfrac{18}{11}$	$\dfrac{11\times0-1\times0}{11}=0$
s^0	$\dfrac{-\dfrac{18}{11}\times40-11\times0}{-\dfrac{18}{11}}=40$	$\dfrac{-\dfrac{18}{11}\times0-11\times0}{-\dfrac{18}{11}}=0$

루드표의 제1열의 부호 변화가 2번 일어났으므로 s 평면의 우반면에 근이 2개 존재하여 불안정하다.

13

특성 방정식이 $s^4+s^3+2s^2+3s+2=0$인 경우 불안정한 근의 수는?

① 0개
② 1개
③ 2개
④ 3개

해설

특성 방정식을 루드표로 작성하면 다음과 같다.

차수	제1열 계수	제2열 계수	제3열 계수
s^4	1	2	2
s^3	1	3	0
s^2	$\dfrac{1\times2-1\times3}{1}=-1$	$\dfrac{1\times2-1\times0}{1}=2$	0
s^1	$\dfrac{-1\times3-1\times2}{-1}=5$	$\dfrac{-1\times0-1\times0}{-1}=0$	0
s^0	$\dfrac{5\times2+1\times0}{5}=2$	$\dfrac{5\times0+1\times0}{5}=0$	0

루드표의 제1열의 부호 변화가 2번 일어났으므로 s 평면의 우반면에 근이 2개 존재하여 불안정하다.

14

다음은 시스템의 블록 선도이다. 이 시스템이 안정한 시스템이 되기 위한 K의 범위는 어느 것인가?

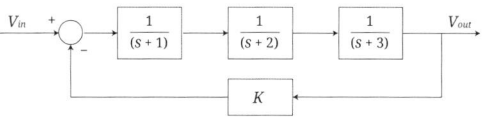

① $-6<K<60$
② $0\leq K<60$
③ $-1<K\leq3$
④ $0<K<60$

해설

주어진 블록 선도로부터 특성 방정식을 구하면 다음과 같다.
$(s+1)(s+2)(s+3)+K=s^3+6s^2+11s+6+K=0$
특성 방정식을 루드표로 작성하면 다음과 같다.

차수	제1열 계수	제2열 계수	제3열 계수
s^3	1	11	0
s^2	6	$6+K$	0
s^1	$\dfrac{6\times11-1\times(6+K)}{6}=10-\dfrac{K}{6}$	$\dfrac{6\times0-1\times0}{6}=0$	0
s^0	$\dfrac{\left(10-\dfrac{K}{6}\right)\times(6+K)-6\times0}{10-\dfrac{K}{6}}=6+K$	0	0

제어계가 안정하려면 위 루드표의 제1열의 부호 변화가 없어야 한다.
$10-\dfrac{K}{6}>0 \rightarrow K<60$
$6+K>0 \rightarrow K>-6$
따라서 안정하기 위한 위의 2가지 조건을 모두 충족하는 조건은 $-6<K<60$이다.

15
나이퀴스트 판정법에 대한 설명으로 틀린 것은 어느 것인가?

① 나이퀴스트 선도는 제어계의 오차 응답에 관한 정보를 준다.
② 계의 안정을 개선하는 방법에 대한 정보를 제시해 준다.
③ 안정성을 판정하는 동시에 안정도를 제시해 준다.
④ 루드-홀비쯔 판정법과 같이 계의 안정 여부를 직접 판정해 준다.

해설 나이퀴스트에 의한 안정도 판정의 특징
- 제어계의 안정도에 관하여 루드-홀비쯔 판정법과 같은 정보를 제공한다.
- 제어시스템의 안정도를 개선할 수 있는 방법을 제시한다.
- 제어시스템의 주파수 영역 응답에 대한 정보를 제공한다.

16
$G(s)H(s) = \dfrac{K_1}{(T_1 s+1)(T_2 s+1)}$ 의 개루프 전달 함수에 대한 나이퀴스트 안정도 판별의 설명 중 옳은 것은?

① K_1, T_1 및 T_2의 값에 관계없이 안정
② K_1, T_1 및 T_2의 모든 양의 값에 대하여 안정
③ K_1에 대하여 조건부 안정
④ T_1 및 T_2의 값에 대하여 조건부 안정

해설
문제에 주어진 전달 함수의 특성 방정식을 구한다.
$(T_1 s+1)(T_2 s+1) + K_1 = T_1 T_2 s^2 + (T_1+T_2)s + 1 + K_1 = 0$이므로 K_1, T_1 및 T_2의 모든 양의 값에 대하여 안정적이다.

17
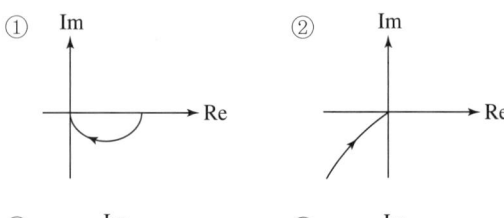 의 나이퀴스트 선도를 도시한 것은? (단, $K > 0$ 이다.)

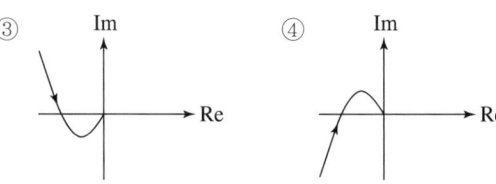

해설
주어진 전달 함수는 분모의 괄호 밖의 차수가 1차이므로 1형이면서 분모의 괄호항이 1개이다. 따라서 3사분면의 1개의 면에만 존재해야 한다.

18
단위 피드백 제어계의 개루프 전달 함수의 벡터 궤적이다. 이 중 안정한 궤적은?

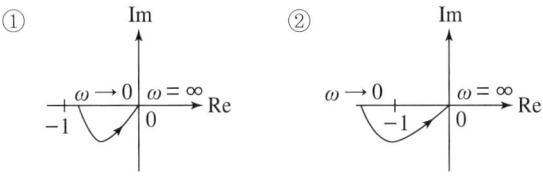

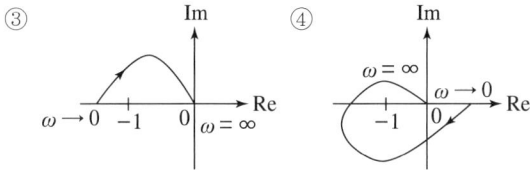

해설 제어계가 안정하기 위한 나이퀴스트 선도 조건
- 나이퀴스트 선도가 시계 방향으로 진행할 경우: 임계점(-1, $j0$)을 포위하지 않을 것
- 나이퀴스트 선도가 반시계 방향으로 진행할 경우: 임계점(-1, $j0$)을 포위할 것

19
Nyquist 선도로부터 결정된 이득 여유는 $4 \sim 12[\text{dB}]$, 위상 여유가 $30° \sim 40°$일 때 이 제어계는?

① 불안정 상태
② 임계 안정 상태
③ 인디셜 응답 시간이 지날수록 진동은 확대되는 상태
④ 안정 상태

해설 나이퀴스트 선도의 안정 조건
- 이득 여유: $GM = 4 \sim 12[\text{dB}]$
- 위상 여유: $PM = 30° \sim 60°$

CHAPTER 08
제어계의 근궤적

1. 근궤적의 특성
2. 근궤적 관련 공식
3. 근궤적의 이탈점(분지점: Breakaway Point)

학습전략

이 챕터에서는 근궤적의 성질부터 학습해야 합니다. 특히 자주 출제되는 근궤적 점근선의 교차점과 각도를 구하는 공식은 반드시 암기해야 합니다. 근궤적의 이탈점에 관한 내용은 난도가 높은 편이므로 제어공학에서 고득점을 목표로 하는 수험생, 수학적인 능력이 뛰어난 수험생이 아니라면 너무 깊이 학습하지 않는 것이 좋은 학습 전략이 될 수 있습니다.

CHAPTER 08 | 흐름 미리보기

1. 근궤적의 특성

2. 근궤적 관련 공식

3. 근궤적의 이탈점(분지점: Breakaway Point)

NEXT **CHAPTER 09**

CHAPTER 08 제어계의 근궤적

독학이 쉬워지는 기초개념

Tip 강의 꿀팁
근궤적은 근궤적의 성질, 점근선의 교차점, 점근선의 각도, 이 3가지를 집중적으로 공부해야 해요.

THEME 01 근궤적의 특성

1 근궤적의 정의
개루프 전달 함수의 이득 정수 K를 $0 \sim \infty$까지 변화시킬 때의 극점의 이동 궤적을 그린 선도이다.

2 근궤적의 성질
(1) 근궤적의 출발점($K=0$)은 $G(s)H(s)$의 극점으로부터 출발한다.
(2) 근궤적의 종착점($K=\infty$)은 $G(s)H(s)$의 영점에서 끝난다.
(3) 근궤적은 항상 실수축에 대해 대칭이다.
(4) 근궤적의 개수는 영점수(Z)와 극점수(P) 중 큰 것과 일치한다.

기출예제

근궤적에 관한 설명으로 틀린 것은?
① 근궤적은 허수축에 대해 대칭이다.
② 근궤적은 $K=0$일 때 극에서 출발하고, $K=\infty$일 때 영점에 도착한다.
③ 실수축 위의 극과 영점을 더한 수가 홀수 개가 되는 극 또는 영점에서 왼쪽의 실수축에 근궤적이 존재한다.
④ 극의 수가 영점보다 많을 경우, K가 무한에 접근하면 근궤적은 점근선을 따라 무한원점으로 간다.

| 해설 | 근궤적의 성질
- 근궤적의 출발점($K=0$)은 $G(s)H(s)$의 극점으로부터 출발한다.
- 근궤적의 종착점($K=\infty$)은 $G(s)H(s)$의 영점에서 끝난다.
- 근궤적은 항상 실수축에 대하여 대칭이다.
- 근궤적의 개수는 영점수(Z)와 극점수(P) 중 큰 것과 일치한다.

답 ①

THEME 02 근궤적 관련 공식

1 점근선의 교차점
$$\text{교차점 } A = \frac{\sum P - \sum Z}{P - Z}$$

2 점근선의 각도
$$\text{각도 } \alpha = \frac{(2k+1)\pi}{P - Z} \quad (k=0, 1, 2, 3, \cdots)$$

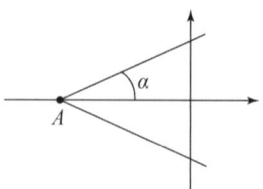

▲ 점근선의 교차점 및 각도

- $\sum P$: 극점의 합계, $\sum Z$: 영점의 합계
- P: 극점의 개수, Z: 영점의 개수

기출예제

$G(s)H(s) = \dfrac{K(s+1)}{s^2(s+2)(s+3)}$ 에서 점근선의 교차점을 구하면?

① $-\dfrac{1}{6}$ ② $-\dfrac{2}{5}$ ③ $-\dfrac{4}{3}$ ④ $-\dfrac{2}{3}$

| 해설 |

주어진 전달 함수에서 영점 $z=-1$, 극점 $p=0,\ 0,\ -2,\ -3$이고, 영점의 개수 $z=1$, 극점의 $p=4$이다.
따라서 점근선의 교차점은 다음과 같다.

$A = \dfrac{\sum P - \sum Z}{P-Z} = \dfrac{(0+0-2-3)-(-1)}{4-1} = -\dfrac{4}{3}$

답 ③

THEME 03 근궤적의 이탈점(분지점: Breakaway Point)

1 근궤적 이탈점

근궤적이 실수축에서 이탈되어 나아가기 시작하는 점이다. 극점을 기준으로 좌측의 홀수 구간에 존재한다.

2 근궤적의 이탈점 산출 방법

(1) 개루프 전달 함수를 이득 상수 K에 대해 식을 정리한 후 s에 대하여 미분한 방정식이 0을 만족하는 근을 구한다.
(2) 위에서 구한 근 중 실제 근궤적 범위 내에 들어가는 근이 이탈점이다.

기출예제

$G(s)H(s) = \dfrac{K}{s(s+4)(s+5)}$ 의 $K \geq 0$에서의 분지점은?

① -1.47 ② -4.53 ③ 1.47 ④ 4.53

| 해설 |

주어진 식을 이득 상수 K에 대하여 정리한 후 s에 대해 미분한다.
- $s(s+4)(s+5) + K = 0 \rightarrow K = -s^3 - 9s^2 - 20s$
- $\dfrac{dK}{ds} = -3s^2 - 18s - 20 = 0 \rightarrow 3s^2 + 18s + 20 = 0$

위 식을 근의 공식을 이용하여 근을 구한다.
$s = \dfrac{-18 \pm \sqrt{18^2 - 4 \times 3 \times 20}}{2 \times 3} = -1.47 \text{ or } -4.53$

극점 $=0,\ -4,\ -5$
→ 근궤적의 범위는 $(-4 \sim 0)$ 및 $(-\infty \sim -5)$이므로 분지점은 -1.47만 가능하다.

답 ①

독학이 쉬워지는 기초개념

홀수 구간 예시

$G(s)H(s) = \dfrac{s+2}{(s+1)(s+3)}$

3구간 2구간 1구간

$\rightarrow (-\infty \sim -3),\ (-2 \sim -1)$

이탈점 공식

$\dfrac{dK}{ds} = 0$

근의 공식

$ax^2 + bx + c = 0$일 때(단, $a \neq 0$)

$x = \dfrac{-b \pm \sqrt{b^2 - 4ac}}{2a}$

근궤적의 범위

CHAPTER 08 CBT 적중문제

01
근궤적에 대한 설명 중 옳은 것은?

① 점근선은 허수축에서 교차된다.
② 근궤적이 허수축을 끊는 K의 값이 일정해진다.
③ 근궤적은 절대 안정도 및 상대 안정도와 전혀 관계가 없다.
④ 근궤적의 개수는 극점의 수와 영점의 수 중 큰 것과 항상 일치한다.

해설 근궤적의 성질
- 근궤적은 극점에서 출발하여 영점에서 끝난다.
- 근궤적은 실수축에 대하여 대칭이다.
- 근궤적의 개수는 극점수와 영점수 중 큰 것과 일치한다.

02
다음과 같은 특성 방정식의 근궤적의 수는 몇 개인가?

$$s(s+1)(s+2) + K(s+3) = 0$$

① 6개 ② 5개
③ 4개 ④ 3개

해설
주어진 특성 방정식의 전달 함수를 구하면 다음과 같다.
$$G(s) = \frac{K(s+3)}{s(s+1)(s+2)}$$
위의 식에서 영점수는 1개(-3), 극점수는 3개(0, -1, -2)이므로 근궤적의 개수는 영점수와 극점수 중 큰 극점의 개수 3개와 일치한다.

03
이득이 K인 시스템의 근궤적을 그리고자 할 때 다음 중 옳지 않은 것은?

① 근궤적의 가짓수(개수)는 극(Pole)의 수와 같다.
② 근궤적은 $K = 0$인 극점에서 출발하고 $K = \infty$인 영점에 도착한다.
③ 실수축에서 이득 K가 최대가 되는 점이 이탈점이 될 수 있다.
④ 근궤적은 실수축에 대하여 항상 대칭이다.

해설 근궤적의 성질
- 근궤적은 항상 극점에서 출발하여 영점에서 끝난다.
- 근궤적의 수는 특성 방정식의 차수와 같다.
- 근궤적은 항상 실수축에 대해 대칭이다.
- 실수축에서 이득 K가 최대가 되게 하는 점이 이탈점이 될 수 있다.
- 근궤적의 개수는 극점수와 영점수 중 큰 것과 일치한다.

04
전달 함수 $G(s)H(s) = \dfrac{K(s+3)}{s(s+1)(s+2)}$ 일 때 근궤적의 수는?

① 1 ② 2
③ 3 ④ 4

해설
영점의 수는 1개($Z=-3$), 극점의 수는 3개($P=0, -1, -2$)이다. 근궤적의 개수는 영점과 극점의 개수 중 큰 것과 일치하므로 3개가 된다.

| 정답 | 01 ④ 02 ④ 03 ① 04 ③

05

$G(s)H(s) = \dfrac{K(s+1)}{s^2(s+2)(s+3)}$ 에서 근궤적의 수는 몇 개 인가?

① 1
② 2
③ 3
④ 4

해설

영점수는 1개(−1)이고 극점수는 4개(0, 0, −2, −3)이므로 근궤적은 영점수와 극점수 중 더 큰 극점수 4개와 일치한다.

06

개루프 전달 함수 $G(s)H(s)$가 다음과 같이 주어지는 부궤환 계에서 근궤적 점근선의 실수축과의 교차점은?

$$G(s)H(s) = \dfrac{K}{s(s+4)(s+5)}$$

① 0
② −1
③ −2
④ −3

해설

주어진 전달 함수에서 극점과 영점을 구한다.
Z(영점)은 없고, P(극점)=0, −4, −5이므로

점근선의 교차점 $= \dfrac{\text{극점의 합}(\Sigma P) - \text{영점의 합}(\Sigma Z)}{\text{극점수}(P) - \text{영점수}(Z)}$

$= \dfrac{0-4-5}{3-0} = -\dfrac{9}{3} = -3$

07

개루프 전달 함수 $G(s)H(s) = \dfrac{K(s-5)}{s(s-1)^2(s+2)^2}$ 일 때 주어지는 계에서 점근선의 교차점은 얼마인가?

① $-\dfrac{3}{2}$
② $-\dfrac{7}{4}$
③ $\dfrac{5}{3}$
④ $-\dfrac{1}{5}$

해설

주어진 전달 함수에서 극점과 영점을 구한다.
Z(영점)=5, P(극점) = 0, 1, 1, −2, −2이므로

점근선의 교차점 $= \dfrac{\text{극점의 합}(\Sigma P) - \text{영점의 합}(\Sigma Z)}{\text{극점수}(P) - \text{영점수}(Z)}$

$= \dfrac{(0+1+1-2-2)-5}{5-1} = -\dfrac{7}{4}$

08

$G(s)H(s) = \dfrac{K(s+1)}{s(s+4)(s^2+2s+2)}$ 로 주어질 때 특성 방정식 $1+G(s)H(s)=0$의 점근선의 각도와 교차점을 구하면?

① $\sigma_0 = -\dfrac{5}{3}$, $\beta_0 = 60°, 180°, 300°$

② $\sigma_0 = -\dfrac{7}{3}$, $\beta_0 = 60°, 180°, 300°$

③ $\sigma_0 = -\dfrac{5}{3}$, $\beta_0 = 45°, 180°, 315°$

④ $\sigma_0 = -\dfrac{7}{3}$, $\beta_0 = 45°, 180°, 315°$

해설

분자의 s^2+2s+2의 해는

$s = \dfrac{-2 \pm \sqrt{2^2-(4\times 1\times 2)}}{2} = -1 \pm j$이므로

$-1+j$와 $-1-j$이다.

주어진 전달 함수에서 영점과 극점은 다음과 같다.

$z = -1$, $p = 0, -4, -1+j, -1-j$

- 실수축상 점근선의 수 $N = P - Z = 4-1 = 3$
- 점근선의 각도 $\beta_0 = \dfrac{(2k+1)\pi}{P-Z}$

  $k=0$일 때, $\dfrac{(2k+1)\pi}{P-Z} = \dfrac{180°}{4-1} = 60°$

  $k=1$일 때, $\dfrac{(2k+1)\pi}{P-Z} = \dfrac{540°}{4-1} = 180°$

  $k=2$일 때, $\dfrac{(2k+1)\pi}{P-Z} = \dfrac{900°}{4-1} = 300°$

따라서 점근선의 교차점은 다음과 같다.

$\sigma_0 = \dfrac{\sum P - \sum Z}{P-Z}$

$= \dfrac{\{0-4+(-1+j)+(-1-j)\}-(-1)}{3} = -\dfrac{5}{3}$

$\therefore \sigma_0 = -\dfrac{5}{3}$, $\beta_0 = 60°, 180°, 300°$

암기

- 점근선의 각도

  $\beta_o = \dfrac{(2k+1)\pi}{P-Z}$

- 근의 공식

  $ax^2+bx+c=0$에서

  $x = \dfrac{-b \pm \sqrt{b^2-4ac}}{2a}$

09

개루프 전달 함수 $G(s)H(s)$가 다음과 같을 때 실수축상의 근궤적의 범위는 어떻게 되는가?

$$G(s)H(s) = \dfrac{k(s+1)}{s(s+2)}$$

① 원점과 (-2) 사이
② 원점에서 점 (-1) 사이와 $(-2) \sim (-\infty)$ 사이
③ (-2)와 $(+\infty)$ 사이
④ 원점과 $(+2)$ 사이

해설

영점은 -1, 극점은 0과 -2이므로 이를 근궤적으로 그려본다.

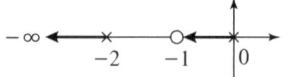

따라서 근궤적의 범위는 $(-1 \sim 0)$과 $(-\infty \sim -2)$이다.

10

$G(s)H(s) = \dfrac{K}{s(s+1)(s+4)}$ 의 $K \geq 0$ 에서의 분지점(Breakaway Point)은?

① -2.869 ② 2.869
③ -0.465 ④ 0.465

해설

주어진 전달 함수에서 특성 방정식은 다음과 같다.
$s(s+1)(s+4) + K = 0$
위 식을 K에 대해 정리하면 다음과 같다.
$K = -s(s+1)(s+4) = -s^3 - 5s^2 - 4s$
위 식을 s에 대해 미분한 식이 0이 되는 조건을 구하면 다음과 같다.
$\dfrac{dK}{ds} = -3s^2 - 10s - 4 = 0$
$3s^2 + 10s + 4 = 0$
$\therefore\ s = \dfrac{-5 \pm \sqrt{5^2 - 3 \times 4}}{3} = \dfrac{-5 \pm \sqrt{13}}{3}$
$s_1 = -0.465$
$s_2 = -2.869$
근궤적의 범위는 홀수 구간에 존재한다.

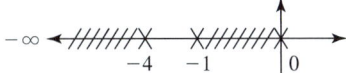

따라서 근궤적의 범위는 $(-1 \sim 0)$ 및 $(-\infty \sim -4)$이므로 분지점은 -0.465이다.

암기

• 짝수 근의 공식(일차항의 계수가 짝수일 때 사용)
$ax^2 + 2b'x + c = 0$에서
$x = \dfrac{-b' \pm \sqrt{b'^2 - ac}}{a}$

11

개루프 전달 함수 $G(s)H(s) = \dfrac{K}{s(s+3)^2}$ 의 이탈점(분지점)에 해당되는 것은?

① 1 ② -1
③ 2 ④ -2

해설

주어진 전달 함수에서 특성 방정식은 다음과 같다.
$s(s+3)^2 + K = 0$
위 식을 K에 대해 정리한다.
$K = -s(s+3)^2 = -s(s^2 + 6s + 9) = -s^3 - 6s^2 - 9s$
위 식을 s에 대해 미분한 식이 0이 되는 조건을 구한다.
$\dfrac{dK}{ds} = -3s^2 - 12s - 9 = 0$
위 2차 방정식을 근의 공식에 대입하면 다음과 같다.
$s = \dfrac{12 \pm \sqrt{(-12)^2 - 4 \times (-3) \times (-9)}}{2 \times (-3)} = -3,\ -1$
근궤적의 범위는 홀수 구간에 존재한다.

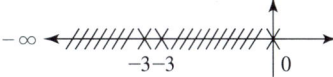

따라서 근궤적의 범위는 $(-3 \sim 0)$ 및 $(-\infty \sim -3)$이므로 이탈점(분지점)은 -1이다.

[참고]
$-3s^2 - 12s - 9 = 0,\ s^2 + 4s + 3 = 0$이므로
인수 분해하면 $(s+1)(s+3) = 0$이다.
$\therefore\ s = -1,\ -3$

진상 보상기 및 지상 보상기

1. 진상 보상기 및 지상 보상기의 회로망
2. 연산 증폭기(OP Amp)

학습전략

이 챕터에서는 회로망의 진상 동작과 지상 동작의 원리를 이해하는 데 중점을 두어 학습하는 것이 좋습니다. 또한 연산 증폭기의 특징을 파악하고 연산 증폭기의 진상 동작과 지상 동작을 이해하는 학습에 집중하는 것이 좋습니다.

CHAPTER 09 | 흐름 미리보기

1. 진상 보상기 및 지상 보상기의 회로망

2. 연산 증폭기(OP Amp)

NEXT **CHAPTER 10**

CHAPTER 09 진상 보상기 및 지상 보상기

THEME 01 진상 보상기 및 지상 보상기의 회로망

독학이 쉬워지는 기초개념

1 진상 보상 회로망(미분기)

(1) 입력에 비하여 출력의 위상이 빠른 요소, 즉 진상 요소를 보상 요소로 사용하는 회로이다.
(2) 주로 안정도와 속응성 개선을 목적으로 사용한다.

2 지상 보상 회로망(적분기)

(1) 입력에 비하여 출력의 위상이 늦은 요소, 즉 지상 요소를 보상 요소로 사용하는 회로이다.
(2) 정상 편차 개선을 목적으로 주로 사용한다.

3 진상 회로망

(1) 진상 보상 회로망

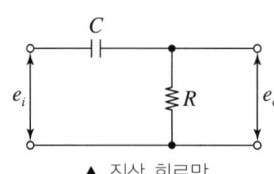

▲ 진상 회로망

$$G(s) = \frac{E_o(s)}{E_i(s)} = \frac{R}{\frac{1}{Cs}+R}$$

$$= \frac{RCs}{1+RCs} = \frac{s}{s+\frac{1}{RC}}$$

$R-C$ 회로
- C가 회로망 앞에 설치되면 진상기
- C가 회로망 뒤에 설치되면 지상기

(2) 전달 함수에 의한 위상 특성

$$G(j\omega) = \frac{j\omega}{j\omega + \frac{1}{RC}} \text{이므로}$$

$$\angle G(j\omega) = \frac{\angle 90°}{\angle \tan^{-1}\omega RC} = \angle 90° - \angle \tan^{-1}\omega RC = \angle +\theta$$

(∴ $+\theta$로 작용하는 진상 보상 회로)

4 지상 회로망

(1) 지상 보상 회로망

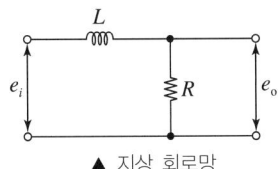
▲ 지상 회로망

$$G(s) = \frac{V_o(s)}{V_i(s)} = \frac{R}{Ls+R} = \frac{\frac{R}{L}}{s+\frac{R}{L}}$$

(2) 전달 함수에 의한 위상 특성

$$G(j\omega) = \frac{\frac{R}{L}}{j\omega + \frac{R}{L}} \text{이므로}$$

$$\angle G(j\omega) = \frac{\angle 0°}{\angle \tan^{-1}\frac{\omega L}{R}} = \angle 0° - \angle \tan^{-1}\frac{\omega L}{R} = \angle -\theta$$

(∴ $-\theta$로 작용하는 지상 보상 회로)

> **기출예제**
>
> 그림과 같은 RC 회로에서 $RC \ll 1$인 경우 어떤 요소의 회로인가?
> ① 비례 요소 회로
> ② 미분 요소 회로
> ③ 적분 요소 회로
> ④ 2차 지연 요소 회로
>
>
>
> | 해설 |
> 콘덴서에 전류가 흐르면 진상 전류로 바뀌고 이 진상 전류가 출력 쪽으로 흐르게 되므로 이 회로망은 출력이 입력보다 위상이 앞서는 진상 회로망이고 미분기이다.
>
> **답** ②

독학이 쉬워지는 기초개념

$R-L$ 회로
- L이 회로망 앞에 설치되면 지상기
- L이 회로망 뒤에 설치되면 진상기

독학이 쉬워지는 기초개념

증폭기
- C가 회로망 앞에 설치되면 진상기 (미분기)
- C가 회로망 뒤에 설치되면 지상기 (적분기)

THEME 02 연산 증폭기(OP Amp)

1 이상적인 증폭기의 특성

(1) 입력 임피던스(Z_i)가 크다.
(2) 출력 임피던스(Z_o)가 작다.
(3) 전압 이득$\left(\dfrac{V_o}{V_i}\right)$이 크다.
(4) 전력 이득$\left(\dfrac{P_o}{P_i}\right)$이 크다.
(5) 대역폭이 매우 크다.

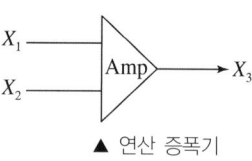

▲ 연산 증폭기

2 진상 증폭기(미분기)

(1) 입력에 비하여 출력의 위상이 빠른 요소, 즉 진상 요소를 보상 요소로 사용한다.
(2) 안정도와 속응성 개선을 목적으로 한다.
(3) 관계식: $V_o = -RC\dfrac{d}{dt}V_i[\mathrm{V}]$

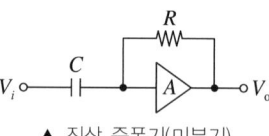

▲ 진상 증폭기(미분기)

3 지상 증폭기(적분기)

(1) 입력에 비하여 출력의 위상이 늦은 요소, 즉 지상 요소를 보상 요소로 사용한다.
(2) 정상 편차 개선을 목적으로 사용한다.
(3) 관계식: $V_o = -\dfrac{1}{RC}\int V_i\,dt[\mathrm{V}]$

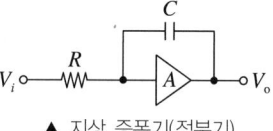

▲ 지상 증폭기(적분기)

기출예제

연산 증폭기의 성질에 관한 설명 중 옳지 않은 것은?

① 전압 이득이 매우 크다.
② 입력 임피던스가 매우 작다.
③ 전력 이득이 매우 크다.
④ 입력 임피던스가 매우 크다.

| 해설 | 연산 증폭기의 특성
- 입력 임피던스(Z_i)가 크다.
- 출력 임피던스(Z_o)가 작다.
- 전압 이득$\left(\dfrac{V_o}{V_i}\right)$이 크다.
- 전력 이득$\left(\dfrac{P_o}{P_i}\right)$이 크다.

답 ②

CHAPTER 09 CBT 적중문제

01
PD 제어기는 제어계의 과도 특성 개선에 흔히 사용된다. 이것에 대응하는 보상기는?

① 지·진상 보상기 ② 지상 보상기
③ 진상 보상기   ④ 동상 보상기

해설
- PD(비례-미분) 제어기: 진상 보상기
- PI(비례-적분) 제어기: 지상 보상기

02
보상 회로의 전달 함수가 $G_c(s) = \dfrac{1+\alpha Ts}{1+Ts}$ 일 때 진상 보상기가 되기 위한 조건은 무엇인가?

① $\alpha > 1$ ② $\alpha < 1$
③ $\alpha = 1$ ④ $\alpha = 0$

해설
$G(j\omega) = \dfrac{1+j\omega\alpha T}{1+j\omega T}$ 이므로

$\angle G(j\omega) = \dfrac{\angle \tan^{-1}\dfrac{\omega\alpha T}{1}}{\angle \tan^{-1}\dfrac{\omega T}{1}} = \dfrac{\angle \theta_1}{\angle \theta_2} = \angle \theta_1 - \angle \theta_2$

진상 보상기의 조건은 $\theta_1 > \theta_2$ 이어야 하므로
$\omega\alpha T > \omega T, \therefore \alpha > 1$

03
보상 회로의 전달 함수를 갖는 진상 보상 회로의 특성을 가질 조건을 구하면?

$$G(s) = \dfrac{s+b}{s+a}$$

① $a > b$ ② $a < b$
③ $a > 1$ ④ $b > 1$

해설
$G(j\omega) = \dfrac{j\omega+b}{j\omega+a}$ 이므로

$\angle G(j\omega) = \dfrac{\angle \tan^{-1}\dfrac{\omega}{b}}{\angle \tan^{-1}\dfrac{\omega}{a}} = \dfrac{\angle \theta_1}{\angle \theta_2} = \angle \theta_1 - \angle \theta_2$

진상 보상기의 조건은 $\theta_1 > \theta_2$ 이어야 하므로
$\dfrac{\omega}{b} > \dfrac{\omega}{a}, \therefore a > b$

04
그림과 같은 요소는 제어계의 어떤 요소인가?

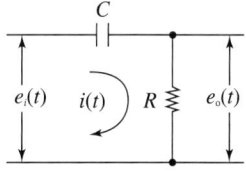

① 미분 요소
② 적분 요소
③ 2차 지연 요소
④ 1차 지연 미분 요소

해설
주어진 회로망의 전달 함수를 구한다.
$\dfrac{E_o(s)}{E_i(s)} = \dfrac{R}{\dfrac{1}{Cs}+R} = \dfrac{RCs}{1+RCs}$

분자 요소는 미분 요소이고, 분모 요소는 1차 지연 요소가 된다.

| 정답 | 01 ③ 02 ① 03 ① 04 ④

05

그림과 같은 회로망은 어떤 보상기로 사용할 수 있는가?(단, $1 \ll R_1 C$인 경우로 한다.)

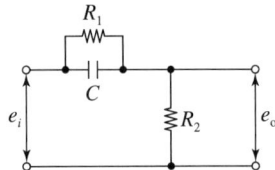

① 진상 보상기
② 지상 보상기
③ 지·진상 보상기
④ 진·지상 보상기

해설 $R-C$ 회로
- 콘덴서가 입력 측에 있으면 진상 회로망(미분기)
- 콘덴서가 출력 측에 있으면 지상 회로망(적분기)

06

그림과 같은 RC 회로에서 $RC \ll 1$인 경우 어떤 요소의 회로인가?

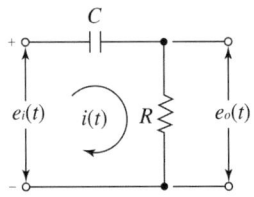

① 비례 요소 회로
② 미분 요소 회로
③ 적분 요소 회로
④ 2차 지연 요소 회로

해설
주어진 회로망의 전달 함수를 구해 보면 다음과 같다.

$$\frac{E_o(s)}{E_i(s)} = \frac{R}{\frac{1}{Cs}+R} = \frac{RCs}{1+RCs}$$

$RC \ll 1$이므로 $\frac{RCs}{1+RCs} ≒ RCs$로 표현이 가능하고, 이는 미분 요소에 해당된다.

[참고]
$RC \ll 1$은 1보다 매우 작다는 의미로 0으로 생각하면 좋습니다.

07

그림과 같은 RC 회로에 단위 계단 전압을 가하면 출력 전압은 어떻게 되는가?

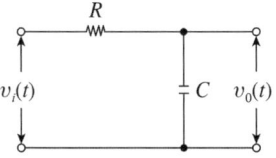

① 아무 전압도 나타나지 않게 된다.
② 처음부터 계단 전압이 나타나게 된다.
③ 계단 전압에서 지수적으로 감쇠하게 된다.
④ 0부터 상승하여 계단 전압에 이르게 된다.

해설
주어진 회로망은 적분기이다. 단위 계단 입력을 가하면 출력은 0부터 계속 적분되어 가면서 상승하여 입력값과 같은 단위 계단 전압으로 나온다.

08

그림과 같은 회로망은 어떤 보상기로 사용될 수 있는가?(단, $1 < \frac{L}{R}$인 경우로 한다.)

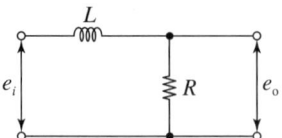

① 1차 지연 보상기
② 진·지상 보상기
③ 지상 보상기
④ 진상 보상기

해설
주어진 회로망은 전류가 인덕터(L)를 흐르면서 지상 전류가 되고 이 지상 전류가 출력 측으로 흐르므로 출력 전압이 입력 전압보다 늦게 되는 지상 보상기로 동작한다.

| 정답 | 05 ① 06 ② 07 ④ 08 ③

09

그림과 같이 연산 증폭기를 사용한 연산 회로의 출력항은 어느 것인가?

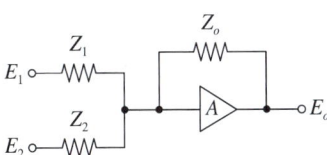

① $E_o = Z_o \left(\dfrac{E_1}{Z_1} + \dfrac{E_2}{Z_2} \right)$

② $E_o = -Z_o \left(\dfrac{E_1}{Z_1} + \dfrac{E_2}{Z_2} \right)$

③ $E_o = Z_o \left(\dfrac{E_1}{Z_2} + \dfrac{E_2}{Z_2} \right)$

④ $E_o = -Z_o \left(\dfrac{E_1}{Z_2} + \dfrac{E_2}{Z_2} \right)$

해설

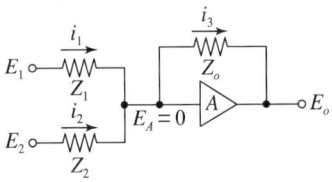

키르히호프의 법칙을 이용한다.
$i_1 + i_2 = i_3$
위의 식에 옴의 법칙을 적용한다.
$\dfrac{E_1-0}{Z_1} + \dfrac{E_2-0}{Z_2} = \dfrac{0-E_o}{Z_o} \rightarrow \dfrac{E_1}{Z_1} + \dfrac{E_2}{Z_2} = \dfrac{-E_o}{Z_o}$
$\therefore E_o = -Z_o \left(\dfrac{E_1}{Z_1} + \dfrac{E_2}{Z_2} \right)$ [V]

10

그림과 같은 연산 증폭기에서 출력 전압 V_o을 나타낸 것은?(단, V_1, V_2, V_3는 입력 신호이고, A는 연산 증폭기의 이득이다.)

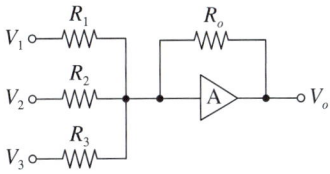

$R_1 = R_2 = R_3 = R$

① $V_o = \dfrac{R_o}{3R}(V_1 + V_2 + V_3)$

② $V_o = \dfrac{R}{R_o}(V_1 + V_2 + V_3)$

③ $V_o = \dfrac{R_o}{R}(V_1 + V_2 + V_3)$

④ $V_o = -\dfrac{R_o}{R}(V_1 + V_2 + V_3)$

해설

키르히호프의 법칙에 의해
$i_1 + i_2 + i_3 = i_o$
위의 식에 옴의 법칙을 적용하면
$\dfrac{V_1-0}{R_1} + \dfrac{V_2-0}{R_2} + \dfrac{V_3-0}{R_3} = \dfrac{0-V_o}{R_o}$
$\rightarrow \dfrac{V_1}{R_1} + \dfrac{V_2}{R_2} + \dfrac{V_3}{R_3} = \dfrac{-V_o}{R_o}$
$\therefore V_o = -R_o \left(\dfrac{V_1}{R_1} + \dfrac{V_2}{R_2} + \dfrac{V_3}{R_3} \right) = -R_o \left(\dfrac{V_1}{R} + \dfrac{V_2}{R} + \dfrac{V_3}{R} \right)$
$= -\dfrac{R_o}{R}(V_1 + V_2 + V_3)$ [V]

11

연산 증폭기의 성질에 관한 설명으로 틀린 것은?

① 전압 이득이 크다.
② 입력 임피던스가 작다.
③ 전력 이득이 크다.
④ 출력 임피던스가 작다.

해설 연산 증폭기의 특성
- 입력 임피던스가 매우 크다.
- 출력 임피던스가 매우 작다.
- 출력의 전력 이득이 매우 크다.
- 출력의 전압 이득이 매우 크다.

12

이득이 10^7 인 연산 증폭기 회로에서 출력 전압 V_o 를 나타내는 식은?(단, V_i 는 입력 신호이다.)

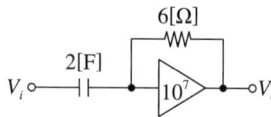

① $V_o = -12 \dfrac{d}{dt} V_i$

② $V_o = -8 \dfrac{dV_i}{dt}$

③ $V_o = -0.5 \dfrac{dV_i}{dt}$

④ $V_o = -\dfrac{1}{8} \dfrac{dV_i}{dt}$

해설
진상 증폭기(미분기)이므로
$V_o = -RC \dfrac{d}{dt} V_i = -6 \times 2 \dfrac{d}{dt} V_i = -12 \dfrac{d}{dt} V_i [\text{V}]$ 이다.

암기
- 진상 증폭기(미분기)
  $V_0 = -RC \dfrac{d}{dt} V_i [\text{V}]$
- 지상 증폭기(적분기)
  $V_0 = -\dfrac{1}{RC} \int V_i dt [\text{V}]$

| 정답 | 11 ② 12 ①

13
그림의 연산 증폭기를 사용한 회로의 기능은?

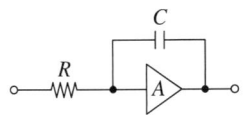

① 가산기　　　② 미분기
③ 적분기　　　④ 제한기

해설
- 진상 증폭기(미분기)

$$V_o = -RC\frac{d}{dt}V_i[\text{V}]$$

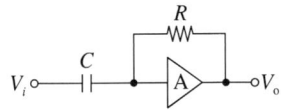

- **지상 증폭기(적분기)**

$$V_o = -\frac{1}{RC}\int V_i dt[\text{V}]$$

14
다음 연산 기구의 출력으로 바르게 표현한 것은?(단, OP 증폭기는 이상적인 것으로 생각한다.)

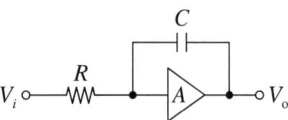

① $e_o = -\dfrac{1}{RC}\int e_i dt$

② $e_o = -\dfrac{1}{RC}\dfrac{de_i}{dt}$

③ $e_o = -RC\int e_i dt$

④ $e_o = -\dfrac{C}{R}\int e_i dt$

해설
- 진상 증폭기(미분기)

$$V_o = -RC\frac{d}{dt}V_i[\text{V}]$$

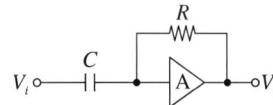

- **지상 증폭기(적분기)**

$$V_o = -\frac{1}{RC}\int V_i dt[\text{V}]$$

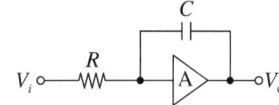

제어계의 상태 해석법

1. 제어계의 상태 방정식
2. 제어 시스템의 과도 응답(천이 행렬)
3. 제어 시스템의 제어 및 관측 가능성 판정
4. z 변환

학습전략

이 챕터는 지속적으로 출제가 되고 있는 중요한 부분이므로 철저한 학습이 이루어져야 합니다. z 변환에 대한 기본 공식은 반드시 암기해야 하고, 상태 방정식의 벡터 행렬을 구하는 문제도 자주 출제되고 있으므로 반드시 학습해야 합니다.

CHAPTER 10 | 흐름 미리보기

1. 제어계의 상태 방정식
2. 제어 시스템의 과도 응답 (천이 행렬)
3. 제어 시스템의 제어 및 관측 가능성 판정
4. z 변환

NEXT **CHAPTER 11**

CHAPTER 10 제어계의 상태 해석법

독학이 쉬워지는 기초개념

THEME 01 제어계의 상태 방정식

1 상태 방정식의 정의

제어 장치의 동작 상태를 미분 방정식을 이용하여 벡터 행렬로 표현한 것이다.
고차 미분 방정식을 1차 미분 방정식으로 표현한 식이다.

2 제어 시스템의 미분 방정식 및 상태 방정식

(1) 2차 제어 시스템

① 2차 제어 시스템이란 상태 방정식이 2차 미분 방정식으로 표현되는 제어계를 말한다.

② 상태 방정식: $\dfrac{d^2y(t)}{dt^2} + a\dfrac{dy(t)}{dt} + by(t) = cr(t)$

③ 벡터 행렬: $A = \begin{bmatrix} 0 & 1 \\ -b & -a \end{bmatrix}, B = \begin{bmatrix} 0 \\ c \end{bmatrix}$

(2) 3차 제어 시스템

① 3차 제어 시스템이란 상태 방정식이 3차 미분 방정식으로 표현되는 제어계를 말한다.

② 상태 방정식: $\dfrac{d^3y(t)}{dt^3} + a\dfrac{d^2y(t)}{dt^2} + b\dfrac{dy(t)}{dt} + cy(t) = dr(t)$

③ 벡터 행렬: $A = \begin{bmatrix} 0 & 1 & 0 \\ 0 & 0 & 1 \\ -c & -b & -a \end{bmatrix}, B = \begin{bmatrix} 0 \\ 0 \\ d \end{bmatrix}$

기출예제

다음 방정식으로 표시되는 제어계가 있다. 이 계를 상태 방정식 $\dot{x}(t) = Ax(t) + Bu(t)$로 나타내면 계수 행렬 A는?

$$\dfrac{d^3c(t)}{dt^3} + 5\dfrac{d^2c(t)}{dt^2} + \dfrac{dc(t)}{dt} + 2c(t) = r(t)$$

① $\begin{bmatrix} 0 & 1 & 0 \\ 0 & 0 & 1 \\ -2 & -1 & -5 \end{bmatrix}$
② $\begin{bmatrix} 0 & 1 & 0 \\ 1 & 0 & 0 \\ 5 & 1 & 2 \end{bmatrix}$
③ $\begin{bmatrix} 0 & 0 & 1 \\ 1 & 0 & 0 \\ 0 & 5 & 2 \end{bmatrix}$
④ $\begin{bmatrix} 0 & 1 & 0 \\ 0 & 0 & 1 \\ -2 & -1 & 0 \end{bmatrix}$

| 해설 |
상태 방정식의 계수 행렬의 특성은 3차 방정식인 경우 1행 및 2행 요소는 $\begin{bmatrix} 0 & 1 & 0 \\ 0 & 0 & 1 \end{bmatrix}$로서 불변이다. 단지 3행 요소가 $2 \to -2$로, $1 \to -1$로, $5 \to -5$로 변경된다. 따라서 계수 행렬 A는 다음과 같다.

$$A = \begin{bmatrix} 0 & 1 & 0 \\ 0 & 0 & 1 \\ -2 & -1 & -5 \end{bmatrix}$$

답 ①

THEME 02 제어 시스템의 과도 응답(천이 행렬)

1 천이 행렬 $\phi(t)$

제어 장치의 상태 방정식 $\dot{x}(t) = Ax(t) + Bu(t)$의 해를 구하여 제어계의 급격한 과도 상태에서의 제어 장치의 특성을 파악하기 위한 행렬식을 말한다.

2 천이 행렬 계산 방법

(1) $sI - A$ 행렬을 계산한다.

여기서, I: 단위 행렬 $\left(\begin{bmatrix} 1 & 0 \\ 0 & 1 \end{bmatrix}\right)$, A: 벡터 행렬

(2) $sI - A$의 역행렬 $(sI - A)^{-1}$을 계산한다.
(3) 역라플라스 변환을 이용하여 시간 함수로 표현된 천이 행렬을 계산한다.
$\phi(t) = \mathcal{L}^{-1}[(sI - A)^{-1}]$

기출예제

중요도 아래에 주어진 상태 방정식에서 제어계의 천이 행렬 $\phi(t)$는 어떻게 되는가?

$$\dot{X} = \begin{bmatrix} 0 & 1 \\ 0 & 0 \end{bmatrix} X + \begin{bmatrix} 0 \\ 1 \end{bmatrix} u$$

① $\begin{bmatrix} 0 & t \\ 1 & 1 \end{bmatrix}$
② $\begin{bmatrix} 1 & 1 \\ 0 & t \end{bmatrix}$
③ $\begin{bmatrix} 1 & t \\ 0 & 1 \end{bmatrix}$
④ $\begin{bmatrix} 0 & t \\ 1 & 0 \end{bmatrix}$

| 해설 |
• $sI - A$ 행렬

$$s\begin{bmatrix} 1 & 0 \\ 0 & 1 \end{bmatrix} - \begin{bmatrix} 0 & 1 \\ 0 & 0 \end{bmatrix} = \begin{bmatrix} s & 0 \\ 0 & s \end{bmatrix} - \begin{bmatrix} 0 & 1 \\ 0 & 0 \end{bmatrix} = \begin{bmatrix} s & -1 \\ 0 & s \end{bmatrix}$$

• 역행렬

$$(sI - A)^{-1} = \frac{1}{s^2}\begin{bmatrix} s & 1 \\ 0 & s \end{bmatrix} = \begin{bmatrix} \frac{1}{s} & \frac{1}{s^2} \\ 0 & \frac{1}{s} \end{bmatrix}$$

• 천이 행렬

$$\phi(t) = \mathcal{L}^{-1}[(sI - A)^{-1}] = \begin{bmatrix} 1 & t \\ 0 & 1 \end{bmatrix}$$

답 ③

독학이 쉬워지는 기초개념

역행렬 계산법
$A = \begin{bmatrix} a & b \\ c & d \end{bmatrix}$
$A^{-1} = \frac{1}{ad - bc}\begin{bmatrix} d & -b \\ -c & a \end{bmatrix}$
여기서 $|A| = ad - bc$

$|sI - A| = 0$을 특성 방정식이라고 한다.
또한 특정 방정식의 근을 고유값이라고 한다.

독학이 쉬워지는 기초개념

Tip 강의 꿀팁

제어 및 관측 가능성 판정 문제는 많이 출제되지 않는 내용이에요.

THEME 03   제어 시스템의 제어 및 관측 가능성 판정

1 제어 가능성 판정 방법

(1) 제어 장치의 상태 방정식을 나타내는 시스템 행렬이 $[A]$, $[B]$, $[C]$라고 주어졌을 경우 $[B\ AB]$ 행렬을 계산한다.
(2) $[B\ AB]$ 행렬의 크기(행렬식)가 0이 아니면 이 제어 장치는 제어 가능한 가제어성 제어 장치이다.
(3) $[B\ AB]$ 행렬의 크기(행렬식)가 0이면 이 제어 장치는 제어 불가능한 제어 장치이다.

2 관측 가능성 판정 방법

(1) 제어 장치의 상태 방정식을 나타내는 시스템 행렬이 $[A]$, $[B]$, $[C]$라고 주어졌을 경우 $\begin{bmatrix} C \\ CA \end{bmatrix}$ 행렬을 계산한다.
(2) 행렬의 크기(행렬식)가 0이 아니면 관측 가능한 가관측성 제어계이다.
(3) 행렬의 크기(행렬식)가 0이면 관측 불가능한 제어계이다.

기출예제

중요도 상태 방정식 $\dfrac{d}{dt}x(t) = Ax(t) + Bu(t)$, 출력 방정식 $y(t) = Cx(t)$에서
$A = \begin{bmatrix} -1 & 1 \\ 0 & -3 \end{bmatrix}$, $B = \begin{bmatrix} 0 \\ 1 \end{bmatrix}$, $C = [0\ 1]$일 때 다음 설명 중 옳은 것은?

① 이 시스템은 제어 및 관측이 가능
② 이 시스템은 제어는 가능하나 관측은 불가능
③ 이 시스템은 제어는 불가능하나 관측이 가능
④ 이 시스템은 제어 및 관측이 불가능

| 해설 |

• 가제어성 판단

$[AB] = \begin{bmatrix} -1 & 1 \\ 0 & -3 \end{bmatrix}\begin{bmatrix} 0 \\ 1 \end{bmatrix} = \begin{bmatrix} 1 \\ -3 \end{bmatrix}$, $[B\ AB] = \begin{bmatrix} 0 & 1 \\ 1 & -3 \end{bmatrix}$

→ $|B\ AB| = \{(-3)\times 0\} - (1\times 1) = -1$

0이 아니므로 이 제어계는 제어 가능하다.(가제어성)

• 가관측성 판단

$[CA] = [0\ 1]\begin{bmatrix} -1 & 1 \\ 0 & -3 \end{bmatrix} = [0\ -3]$

$\begin{bmatrix} C \\ CA \end{bmatrix} = \begin{bmatrix} 0 & 1 \\ 0 & -3 \end{bmatrix}$ → $\left|\begin{matrix} C \\ CA \end{matrix}\right| = \{0\times(-3)\} - (0\times 1) = 0$

0이므로 이 제어계는 관측 불가능하다.

답 ②

THEME 04　z 변환

1 z 변환의 정의
(1) 라플라스 변환(s 변환)은 연속적인 선형 미분 방정식을 해석하는 것에만 적용 가능한 수학 기법이다.
(2) z 변환은 라플라스 변환으로는 해석이 불가능한 불연속 시스템인 차분 방정식이나 이산 시스템을 해석하는 데 사용되는 수학 기법이다.

2 주요 z 변환 공식표

시간 함수 $f(t)$	라플라스 변환 $F(s)$	z 변환 $F(z)$
임펄스 함수 $\delta(t)$	1	1
단위 계단 함수 $u(t)=1$	$\dfrac{1}{s}$	$\dfrac{z}{z-1}$
속도 함수 t	$\dfrac{1}{s^2}$	$\dfrac{Tz}{(z-1)^2}$
지수 함수 e^{-at}	$\dfrac{1}{s+a}$	$\dfrac{z}{z-e^{-aT}}$

> **Tip 강의 꿀팁**
> z 변환은 자주 출제되는 내용이에요. 공식을 필수적으로 암기해야 해요.

기출예제

다음 중 $f(t)=e^{-at}$ 의 z 변환은?

① $\dfrac{z}{z+e^{-aT}}$　② $\dfrac{e^{-at}}{z+e^{-aT}}$　③ $\dfrac{z}{z-e^{-aT}}$　④ $\dfrac{z^2}{z+e^{-aT}}$

| 해설 |

시간 함수 $f(t)$	라플라스 변환 $F(s)$	z 변환 $F(z)$
임펄스 함수 $\delta(t)$	1	1
단위 계단 함수 $u(t)=1$	$\dfrac{1}{s}$	$\dfrac{z}{z-1}$
속도 함수 t	$\dfrac{1}{s^2}$	$\dfrac{Tz}{(z-1)^2}$
지수 함수 e^{-at}	$\dfrac{1}{s+a}$	$\dfrac{z}{z-e^{-aT}}$

답 ③

3 z 변환의 초기값 정리 및 최종값 정리
(1) 초기값 정리
$$\lim_{t\to 0} f(t) = \lim_{s\to\infty} sF(s) = \lim_{z\to\infty} F(z)$$
(2) 최종값 정리
$$\lim_{t\to\infty} f(t) = \lim_{s\to 0} sF(s) = \lim_{z\to 1}(1-z^{-1})F(z)$$

독학이 쉬워지는 기초개념

기출예제

$e(t)$의 z 변환을 $E(z)$라 했을 때 $e(t)$의 초기치는 어떤 방법으로 얻을 수 있는가?

① $\lim_{z \to 0} z E(z)$ ② $\lim_{z \to 0} E(z)$
③ $\lim_{z \to \infty} z E(z)$ ④ $\lim_{z \to \infty} E(z)$

| 해설 |
초기값 정리: $\lim_{t \to 0} f(t) = \lim_{s \to \infty} s F(s) = \lim_{z \to \infty} F(z)$

답 ④

4 z 평면상에서 제어계의 안정도 판정 방법

z 평면상에서의 안정도 판정은 반지름의 크기가 1인 단위원을 기준으로 하여 다음과 같이 안정도 여부를 결정한다.

(1) 안정 조건: 단위원 내부에 극점이 모두 존재할 것
(2) 불안정 조건: 단위원 외부에 극점이 하나라도 존재할 것
(3) 임계 상태: 단위원에 접하여 극점이 존재하는 경우

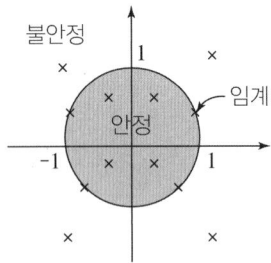

▲ z 평면에서의 안정도

기출예제

z 변환을 이용한 샘플값 제어계가 안정하려면 $1 + GH(z) = 0$의 근의 위치가 어디에 있어야 하는가?

① z 평면의 좌반면에 존재해야 한다.
② z 평면의 우반면에 존재해야 한다.
③ $z = 1$인 단위원 내에 존재해야 한다.
④ $z = 1$인 단위원 밖에 존재해야 한다.

| 해설 |
• 안정: 근의 위치가 s 평면에서 허수축 기준으로 좌반부, z 평면에서 단위원 내부에 존재할 것
• 불안정: 근의 위치가 s 평면에서 허수축 기준으로 우반부, z 평면에서 단위원 외부에 존재할 것
• 임계: 근의 위치가 s 평면에서는 허수축에, z 평면에서는 단위원 상에 존재할 것

답 ③

CHAPTER 10 CBT 적중문제

01
미분 방정식 $\ddot{x}+2\dot{x}+x=3u$로 표시되는 계의 시스템 행렬과 입력 행렬은?

① $\begin{bmatrix} 0 & 1 \\ -1 & -2 \end{bmatrix}, \begin{bmatrix} 0 \\ 3 \end{bmatrix}$ ② $\begin{bmatrix} 0 & 1 \\ -1 & 2 \end{bmatrix}, \begin{bmatrix} 0 \\ 3 \end{bmatrix}$

③ $\begin{bmatrix} 0 & 1 \\ -1 & 0 \end{bmatrix}, \begin{bmatrix} 3 \\ 0 \end{bmatrix}$ ④ $\begin{bmatrix} 0 & 1 \\ -1 & 2 \end{bmatrix}, \begin{bmatrix} 3 \\ 0 \end{bmatrix}$

해설

$\ddot{x}+2\dot{x}+x=3u$에 대한 시스템 행렬(A 행렬)과 입력 행렬(B 행렬)은 다음과 같다.
$A = \begin{bmatrix} 0 & 1 \\ -1 & -2 \end{bmatrix}, B = \begin{bmatrix} 0 \\ 3 \end{bmatrix}$

02
$\dfrac{d^2}{dt^2}c(t)+5\dfrac{d}{dt}c(t)+4c(t)=r(t)$와 같은 함수를 상태 함수로 변환하였다. 벡터 A, B의 값으로 적당한 것은?

$$\frac{d}{dt}X(t) = AX(t) + Br(t)$$

① $A = \begin{bmatrix} 0 & 1 \\ -5 & -4 \end{bmatrix}, B = \begin{bmatrix} 0 \\ 1 \end{bmatrix}$

② $A = \begin{bmatrix} 0 & 1 \\ 5 & 4 \end{bmatrix}, B = \begin{bmatrix} 0 \\ 1 \end{bmatrix}$

③ $A = \begin{bmatrix} 0 & 1 \\ -4 & -5 \end{bmatrix}, B = \begin{bmatrix} 0 \\ 1 \end{bmatrix}$

④ $A = \begin{bmatrix} 0 & 1 \\ 4 & 5 \end{bmatrix}, B = \begin{bmatrix} 0 \\ 1 \end{bmatrix}$

해설

상태 방정식의 계수 행렬의 특성은 2차 방정식인 경우 1행 요소는 $[0 \ 1]$로서 불변이다. 단지 2행 요소가 $4 \rightarrow -4$, $5 \rightarrow -5$로 변경된다. 따라서 계수 행렬 A는 다음과 같다.
$A = \begin{bmatrix} 0 & 1 \\ -4 & -5 \end{bmatrix}$
계수 행렬 B는 1행 요소는 $[0]$으로서 불변이다. 2행 요소는 $r(t)$ 앞의 계수 1이 들어가게 된다. 따라서 계수 행렬 B는 다음과 같다.
$B = \begin{bmatrix} 0 \\ 1 \end{bmatrix}$

03
$\dfrac{d^2x}{dt^2}+\dfrac{dx}{dt}+2x=2u$의 상태 변수를 $x_1=x$, $x_2=\dfrac{dx}{dt}$라고 할 때 시스템 매트릭스(System matrix)는?

① $\begin{bmatrix} 0 & 1 \\ 1 & -1 \end{bmatrix}$ ② $\begin{bmatrix} 0 & 1 \\ 2 & -1 \end{bmatrix}$

③ $\begin{bmatrix} 0 & 1 \\ -2 & -1 \end{bmatrix}$ ④ $\begin{bmatrix} 0 \\ -1 \end{bmatrix}$

해설

상태 방정식의 계수 행렬의 특성은 2차 방정식인 경우, 1행 요소는 $[0 \ 1]$로 불변이다. 단, 2행 요소가 $2 \rightarrow -2$로, $1 \rightarrow -1$로 변경된다. 따라서 계수 행렬 $A = \begin{bmatrix} 0 & 1 \\ -2 & -1 \end{bmatrix}$이다.

04
상태 방정식 $\dot{x}(t) = Ax(t) + Br(t)$인 제어계의 특성 방정식은?

① $|sI-B| = I$ ② $|sI-A| = I$

③ $|sI-B| = 0$ ④ $|sI-A| = 0$

해설

특성 방정식: $|sI-A| = 0$
(단, s: 복소 함수, I: 단위 행렬, A: 보조 행렬)

05
$A = \begin{bmatrix} 0 & 1 \\ -3 & -2 \end{bmatrix}$, $B = \begin{bmatrix} 4 \\ 5 \end{bmatrix}$인 상태 방정식 $\dfrac{d\dot{x}}{dt} = Ax + Br$에서 제어계의 특성 방정식은 어떻게 되는가?

① $s^2+4s+3=0$ ② $s^2+3s+2=0$

③ $s^2+3s+4=0$ ④ $s^2+2s+3=0$

해설

$sI-A = s\begin{bmatrix} 1 & 0 \\ 0 & 1 \end{bmatrix} - \begin{bmatrix} 0 & 1 \\ -3 & -2 \end{bmatrix} = \begin{bmatrix} s & -1 \\ 3 & s+2 \end{bmatrix}$이 되고, 특성 방정식은 다음과 같다. $|sI-A| = s(s+2)-(-1\times 3) = s^2+2s+3=0$

| 정답 | 01 ① 02 ③ 03 ③ 04 ④ 05 ④

06

$\dfrac{d^3}{dt^3}c(t) + 8\dfrac{d^2}{dt^2}c(t) + 19\dfrac{d}{dt}c(t) + 12c(t) = 6u(t)$ 의 미분 방정식을 상태 방정식 $\dfrac{dx(t)}{dt} = A \cdot x(t) + B \cdot u(t)$ 로 표현할 때 옳은 것은?

① $A = \begin{bmatrix} 0 & 1 & 0 \\ 0 & 0 & 1 \\ -12 & -19 & -8 \end{bmatrix}$, $B = \begin{bmatrix} 0 \\ 0 \\ 6 \end{bmatrix}$

② $A = \begin{bmatrix} 0 & 1 & 0 \\ 0 & 0 & 1 \\ 8 & 19 & 12 \end{bmatrix}$, $B = \begin{bmatrix} 0 \\ 0 \\ 6 \end{bmatrix}$

③ $A = \begin{bmatrix} 0 & 1 & 0 \\ 0 & 0 & 1 \\ 12 & -19 & -8 \end{bmatrix}$, $B = \begin{bmatrix} 6 \\ 0 \\ 0 \end{bmatrix}$

④ $A = \begin{bmatrix} 0 & 1 & 0 \\ 0 & 0 & 1 \\ -8 & 19 & 12 \end{bmatrix}$, $B = \begin{bmatrix} 6 \\ 0 \\ 0 \end{bmatrix}$

해설 3차 제어 시스템의 벡터 행렬

• 상태 방정식

$\dfrac{d^3y(t)}{dt^3} + a\dfrac{d^2y(t)}{dt^2} + b\dfrac{dy(t)}{dt} + cy(t) = du(t)$

• 벡터 행렬

$A = \begin{bmatrix} 0 & 1 & 0 \\ 0 & 0 & 1 \\ -c & -b & -a \end{bmatrix}$, $B = \begin{bmatrix} 0 \\ 0 \\ d \end{bmatrix}$

따라서 주어진 식의 벡터 행렬은

$A = \begin{bmatrix} 0 & 1 & 0 \\ 0 & 0 & 1 \\ -12 & -19 & -8 \end{bmatrix}$, $B = \begin{bmatrix} 0 \\ 0 \\ 6 \end{bmatrix}$

07

다음과 같은 상태 방정식의 고유값은?

$$\begin{bmatrix} \dot{X_1} \\ \dot{X_2} \end{bmatrix} = \begin{bmatrix} 1 & -2 \\ -3 & 2 \end{bmatrix}\begin{bmatrix} X_1 \\ X_2 \end{bmatrix} + \begin{bmatrix} 2 & -3 \\ -4 & 3 \end{bmatrix}\begin{bmatrix} t_1 \\ t_2 \end{bmatrix}$$

① 4, −1　　② −4, 1
③ 8, −1　　④ −8, 1

해설

$sI - A = s\begin{bmatrix} 1 & 0 \\ 0 & 1 \end{bmatrix} - \begin{bmatrix} 1 & -2 \\ -3 & 2 \end{bmatrix} = \begin{bmatrix} s-1 & 2 \\ 3 & s-2 \end{bmatrix}$

∴ $|sI - A| = (s-1)(s-2) - 2 \times 3 = s^2 - 3s - 4$
$= (s-4)(s+1) = 0$

따라서 근은 $s = 4$와 -1이 된다.

[참고]
고유값은 특성 방정식의 근을 의미한다.

08

$\dfrac{1}{s-\alpha}$ 을 z 변환하면?

① $\dfrac{1}{1 - ze^{\alpha T}}$　　② $\dfrac{1}{1 + ze^{\alpha T}}$

③ $\dfrac{1}{1 - z^{-1}e^{\alpha T}}$　　④ $\dfrac{1}{1 - z^{-1}e^{-\alpha T}}$

해설 시간 함수의 변환

시간 함수 $f(t)$	라플라스 변환 $F(s)$	z 변환 $F(z)$
임펄스 함수 $\delta(t)$	1	1
단위 계단 함수 $u(t) = 1$	$\dfrac{1}{s}$	$\dfrac{z}{z-1}$
속도 함수 t	$\dfrac{1}{s^2}$	$\dfrac{Tz}{(z-1)^2}$
지수 함수 e^{-at}	$\dfrac{1}{s+a}$	$\dfrac{z}{z-e^{-aT}}$
지수 함수 e^{at}	$\dfrac{1}{s-a}$	$\dfrac{z}{z-e^{aT}}$

주어진 함수에 대한 z 변환은 다음과 같다.

$F(s) = \dfrac{1}{s-\alpha} \rightarrow f(t) = e^{\alpha t}$

∴ $F(z) = \dfrac{z}{z - e^{\alpha T}} = \dfrac{1}{\dfrac{z}{z} - \dfrac{e^{\alpha T}}{z}} = \dfrac{1}{1 - z^{-1}e^{\alpha T}}$

| 정답 | 06 ①　07 ①　08 ③

09
단위 계단 함수의 라플라스 변환과 z 변환 함수를 구하면?

① $\dfrac{1}{s^2}, \dfrac{1}{z-1}$ ② $s, \dfrac{z}{z+1}$

③ $\dfrac{1}{s}, \dfrac{z+1}{z}$ ④ $\dfrac{1}{s}, \dfrac{z}{z-1}$

해설 시간 함수의 변환

시간 함수 $f(t)$	라플라스 변환 $F(s)$	z 변환 $F(z)$
임펄스 함수 $\delta(t)$	1	1
단위 계단 함수 $u(t)=1$	$\dfrac{1}{s}$	$\dfrac{z}{z-1}$
속도 함수 t	$\dfrac{1}{s^2}$	$\dfrac{Tz}{(z-1)^2}$
지수 함수 e^{-at}	$\dfrac{1}{s+a}$	$\dfrac{z}{z-e^{-aT}}$

10
다음 중 z 변환 함수 $\dfrac{3z}{z-e^{-3t}}$ 에 대응되는 라플라스 변환 함수는?

① $\dfrac{3}{(s+3)^2}$ ② $\dfrac{3}{s-3}$

③ $\dfrac{3}{s^2+3^2}$ ④ $\dfrac{3}{s+3}$

해설

$F(z) = \dfrac{3z}{z-e^{-3t}} = 3 \times \dfrac{z}{z-e^{-3t}} \Rightarrow f(t) = 3e^{-3t}$

$\therefore F(s) = 3 \times \dfrac{1}{s+3} = \dfrac{3}{s+3}$

11
단위 임펄스 함수 $\delta(t)$의 z 변환은?

① 1 ② $\dfrac{z}{1+z^{-1}}$

③ $\dfrac{z}{1-z^{-1}}$ ④ $\dfrac{1}{z+1}$

해설 시간 함수의 변환

시간 함수 $f(t)$	라플라스 변환 $F(s)$	z 변환 $F(z)$
임펄스 함수 $\delta(t)$	1	**1**
단위 계단 함수 $u(t)=1$	$\dfrac{1}{s}$	$\dfrac{z}{z-1}$
속도 함수 t	$\dfrac{1}{s^2}$	$\dfrac{Tz}{(z-1)^2}$
지수 함수 e^{-at}	$\dfrac{1}{s+a}$	$\dfrac{z}{z-e^{-aT}}$

12
단위 계단 함수 $u(t)$의 z 변환은?

① 0 ② 1

③ $\dfrac{1}{z+1}$ ④ $\dfrac{z}{z-1}$

해설 시간 함수의 변환

시간 함수 $f(t)$	라플라스 변환 $F(s)$	z 변환 $F(z)$
임펄스 함수 $\delta(t)$	1	1
단위 계단 함수 $u(t)=1$	$\dfrac{1}{s}$	$\dfrac{z}{z-1}$
속도 함수 t	$\dfrac{1}{s^2}$	$\dfrac{Tz}{(z-1)^2}$
지수 함수 e^{-at}	$\dfrac{1}{s+a}$	$\dfrac{z}{z-e^{-aT}}$

13

다음 그림의 전달 함수 $\dfrac{Y(z)}{R(z)}$는 다음 중 어느 것인가?

$r(t)$ → 시간 지연 T → $G(s)$ → $y(t)$

① $G(z)z$
② $G(z)z^{-1}$
③ $G(z)Tz^{-1}$
④ $G(z)Tz$

해설

$$\dfrac{Y(z)}{R(z)} = \dfrac{1}{z} \times G(z) = G(z)z^{-1}$$

14

$R(z) = \dfrac{(1-e^{-aT})z}{(z-1)(z-e^{-aT})}$를 역변환하면?

① $1 - e^{-at}$
② $1 + e^{-at}$
③ te^{-at}
④ te^{at}

해설

주어진 식을 부분분수로 전개한다.

$$\dfrac{R(z)}{z} = \dfrac{1-e^{-aT}}{(z-1)(z-e^{-aT})} = \dfrac{A}{z-1} + \dfrac{B}{z-e^{-aT}}$$

$$= \dfrac{1}{z-1} - \dfrac{1}{z-e^{-aT}}$$

단, $A = \left.\dfrac{1-e^{-aT}}{z-e^{-aT}}\right|_{z=1} = 1$

$B = \left.\dfrac{1-e^{-aT}}{z-1}\right|_{z=e^{-aT}} = -1$

위의 식에서 좌변 분모의 z를 원래의 우변 분자에 이항하여 식을 정리한다.

$$R(z) = \dfrac{z}{z-1} - \dfrac{z}{z-e^{-aT}}$$

따라서 위의 식을 z 역변환하여 시간 함수로 바꾸면 다음과 같다.

$$R(z) = \dfrac{z}{z-1} - \dfrac{z}{z-e^{-aT}} \rightarrow r(t) = 1 - e^{-at}$$

15

$e(t)$의 z 변환을 $E(z)$라 했을 때 $e(t)$의 초기값은?

① $\lim\limits_{z \to \infty} zE(z)$
② $\lim\limits_{z \to 0} sE(z)$
③ $\lim\limits_{z \to \infty} z^2 E(z)$
④ $\lim\limits_{z \to \infty} E(z)$

해설 초기값 정리

$$\lim_{t \to 0} e(t) = \lim_{s \to \infty} sE(s) = \lim_{z \to \infty} E(z)$$

16

$E(z) = \dfrac{0.792z}{(z-1)(z^2 - 0.416z + 0.208)}$일 때 $e(t)$의 최종값은?

① 0
② 1
③ 25
④ ∞

해설

$$\lim_{t \to \infty} e(t) = \lim_{z \to 1}(1 - z^{-1})E(z)$$

$$= \lim_{z \to 1}\left(1 - \dfrac{1}{z}\right) \times \dfrac{0.792z}{(z-1)(z^2 - 0.416z + 0.208)}$$

$$= \lim_{z \to 1}\left(\dfrac{z-1}{z}\right) \times \dfrac{0.792z}{(z-1)(z^2 - 0.416z + 0.208)}$$

$$= \lim_{z \to 1}\dfrac{0.792}{z^2 - 0.416z + 0.208} = 1$$

| 정답 | 13 ② 14 ① 15 ④ 16 ②

17

이산 시스템(Discrete data system)에서의 안정도 해석에 대한 설명으로 옳은 것은?

① 특성 방정식의 모든 근이 z 평면의 음(-)의 반평면에 있으면 안정하다.
② 특성 방정식의 모든 근이 z 평면의 양(+)의 반평면에 있으면 안정하다.
③ 특성 방정식의 모든 근이 z 평면의 단위원 내부에 있으면 안정하다.
④ 특성 방정식의 모든 근이 z 평면의 단위원 외부에 있으면 안정하다.

해설 자동 제어계가 안정하기 위한 근의 위치 조건
- s 평면(라플라스 변환법): 좌반 평면에 모든 근이 위치하면 안정한 제어계
- z 평면(z 변환법): 단위원의 내부에 모든 근이 위치하면 안정한 제어계

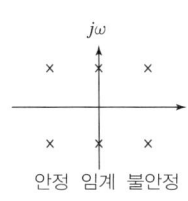
[s 평면에서의 안정도]

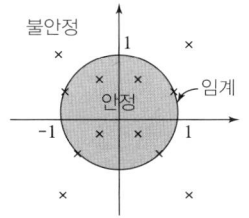
[z 평면에서의 안정도]

18

3차인 이산치 시스템의 특성 방정식 근이 -0.3, -0.2, $+0.5$로 주어져 있다. 이 시스템의 안정도는?

① 이 시스템은 안정한 시스템이다.
② 이 시스템은 임계 안정한 시스템이다.
③ 이 시스템은 불안정한 시스템이다.
④ 위 정보로는 이 시스템의 안정도를 알 수 없다.

해설
z 평면상에서 근의 위치가 -0.3, -0.2, $+0.5$로 모두 크기가 1보다 작은 단위원 내에 존재하므로 이 제어계는 안정하다.

CHAPTER 11

시퀀스 제어계

1. 기본 논리 회로
2. 조합 논리 회로
3. 논리 대수 및 드 모르간 정리

학습전략

이 챕터는 2차 실기 시험에서도 필요한 중요 내용이므로 철저한 학습이 필요합니다. 특히, 드모르간 정리는 필수적으로 암기해야 하고, 유접점 회로의 원리, 무접점 심벌 기호 및 진리표 등은 꼼꼼하게 학습해야 합니다.

CHAPTER 11 | 흐름 미리보기

1. 기본 논리 회로

2. 조합 논리 회로

3. 논리 대수 및 드 모르간 정리

합격!

CHAPTER 11 시퀀스 제어계

독학이 쉬워지는 기초개념

Tip 강의 꿀팁
시퀀스 제어계는 실기 시험에서도 매우 중요한 내용이므로 꼼꼼하게 학습하세요.

THEME 01 기본 논리 회로

1 AND 회로(직렬)

(1) AND 회로: 2개의 입력 A, B가 모두 '1'일 경우에만 출력이 '1'이 되는 회로를 말하며, 논리식은 $X = A \cdot B$라고 표시한다.

(2) AND 유접점 회로, 무접점 회로 및 진리표

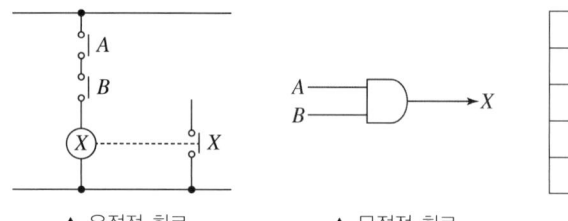

▲ 유접점 회로　　▲ 무접점 회로　　▲ 진리표

2 OR 회로(병렬)

(1) OR 회로: 2개의 입력 A, B 중 어느 한 입력이라도 '1'일 경우에 출력이 '1'이 되는 회로를 말하며, 논리식은 $X = A + B$라고 표시한다.

(2) OR 유접점 회로, 무접점 회로 및 진리표

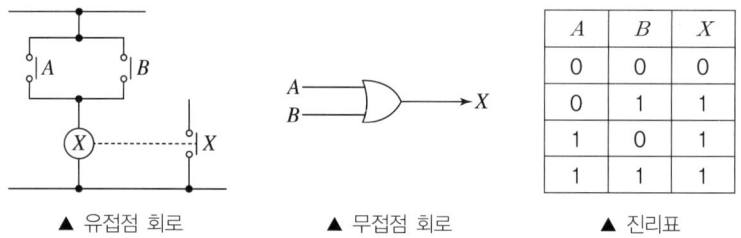

▲ 유접점 회로　　▲ 무접점 회로　　▲ 진리표

3 NOT 회로

(1) NOT 회로: 입력 신호에 대해 출력 신호가 항상 반대가 나오는 부정 회로를 말하며, 논리식은 $X = \overline{A}$ 라고 표시한다.

(2) NOT 유접점 회로, 무접점 회로 및 진리표

A	X
0	1
1	0

▲ 유접점 회로   ▲ 무접점 회로   ▲ 진리표

기출예제

다음 그림은 어떤 동작을 하는 논리 회로인가?

① AND 회로
② OR 회로
③ NOT 회로
④ NOR 회로

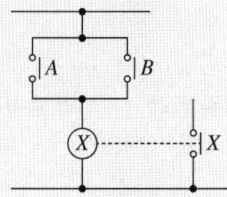

| 해설 |
주어진 유접점 논리 회로는 어느 하나의 입력이라도 '1'일 경우에 출력이 '1'이 되는 OR 회로로 동작한다.

답 ②

THEME 02 조합 논리 회로

1 NAND 회로

(1) NAND 회로: AND 회로와 NOT 회로를 접속한 회로를 말하며, 논리식은 $X = \overline{A \cdot B}$ 라고 표시한다.

(2) NAND 유접점 회로, 무접점 회로 및 진리표

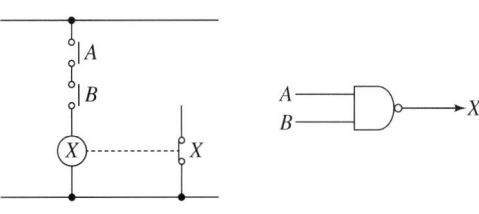

A	B	X
0	0	1
0	1	1
1	0	1
1	1	0

▲ 유접점 회로   ▲ 무접점 회로   ▲ 진리표

독학이 쉬워지는 기초개념

2 NOR 회로

(1) NOR 회로: OR 회로와 NOT 회로를 접속한 회로를 말하며, 논리식은 $X = \overline{A+B}$ 라고 표시한다.

(2) NOR 유접점 회로, 무접점 회로 및 진리표

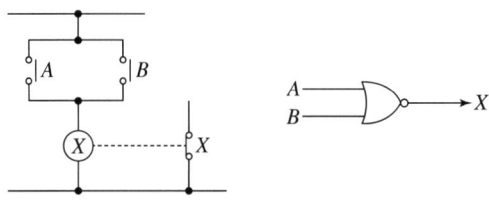

A	B	X
0	0	1
0	1	0
1	0	0
1	1	0

▲ 유접점 회로   ▲ 무접점 회로   ▲ 진리표

기출예제

논리 회로에서 두 입력 X, Y와 출력 Z 사이의 관계를 나타낸 진리표에서 출력 A, B, C, D를 구하면?

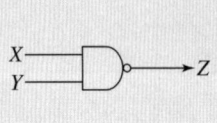

X	Y	Z
1	1	A
1	0	B
0	1	C
0	0	D

① $A, B, C, D = 0, 1, 1, 1$
② $A, B, C, D = 0, 0, 1, 1$
③ $A, B, C, D = 1, 0, 1, 0$
④ $A, B, C, D = 0, 1, 0, 1$

| 해설 |
문제의 심벌 기호는 AND와 NOT의 조합인 NAND 회로이다.

답 ①

THEME 03 논리 대수 및 드 모르간 정리

교환 법칙	$A+B=B+A$, $A\cdot B=B\cdot A$
결합 법칙	$(A+B)+C=A+(B+C)$, $(A\cdot B)\cdot C=A\cdot(B\cdot C)$
분배 법칙	$A\cdot(B+C)=A\cdot B+A\cdot C$, $A+(B\cdot C)=(A+B)\cdot(A+C)$
동일 법칙	$A+A=A$, $A\cdot A=A$
공리 법칙	$A+0=A$, $A\cdot 1=A$, $A+1=1$, $A\cdot 0=0$, $A\cdot \overline{A}=0$
드 모르간 정리	$\overline{A+B}=\overline{A}\cdot\overline{B}$, $\overline{A\cdot B}=\overline{A}+\overline{B}$

기출예제

논리식 $\overline{\overline{A}+\overline{B}\cdot C}$와 같은 논리식은?

① $\overline{A\cdot B}+C$　　　　② $\overline{A+B\cdot C}$
③ $\overline{A\cdot B+C}$　　　　④ $A\cdot(B+\overline{C})$

| 해설 | 드 모르간 정리
• $\overline{A\cdot B}=\overline{A}+\overline{B}$
• $\overline{A+B}=\overline{A}\cdot\overline{B}$
주어진 논리식에 드 모르간 정리를 적용하면
$\overline{\overline{A}+\overline{B}\cdot C}=\overline{\overline{A}}+\overline{\overline{B}+\overline{C}}=A\cdot(B+\overline{C})$

답 ④

독학이 쉬워지는 기초개념

CHAPTER 11 CBT 적중문제

01
시퀀스 제어에 관한 설명으로 틀린 것은 다음 중 어느 것인가?

① 시스템이 저가이고 간단하다.
② 제어 동작이 출력과 관계없이 오차가 많이 나올 수 있다.
③ 입력과 출력 간의 오차를 시스템 내부에서 스스로 조절할 수 있다.
④ 미리 정해진 순서에 따라 제어가 순차적으로 진행된다.

해설 시퀀스 제어의 특징
- 제어 장치가 가장 간단하고 가격이 싸다.
- 오차가 많이 생길 수 있다.
- 오차 발생 시 오차를 교정할 수 없다.

02
시퀀스 제어에 대한 설명 중 옳지 않은 것은?

① 조합 논리 회로도 사용된다.
② 기계적 계전기도 사용된다.
③ 전체 계통에 연결된 스위치가 일시에 동작할 수도 있다.
④ 시간 지연 요소도 사용된다.

해설
시퀀스 제어는 순차적인 동작에 의해 제어를 실행하므로 일시에 동작할 수 없다.

03
전자 계전기를 사용할 때의 장점이 아닌 것은 어느 것인가?

① 온도 특성이 우수하다.
② 접점의 동작 속도가 매우 빠르다.
③ 과부하에 견디는 내량이 크다.
④ 동작 상태의 확인이 용이한 편이다.

해설 전자 계전기의 특성
- 온도 특성이 양호하다.
- 과부하에 잘 견딘다.
- 동작 상태 확인이 쉽다.
- 전자 흡인력으로 접점을 개폐하는 가장 일반적인 릴레이를 말한다.

04
그림과 같은 계전기 접점 회로의 논리식은?

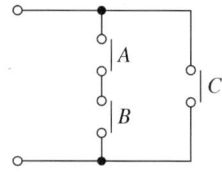

① $A+B+C$
② $A \cdot B + C$
③ $A \cdot B \cdot C$
④ $(A+B) \cdot (A+C)$

해설
A 및 B 접점은 AND 회로(직렬 연결)이고 C는 $A \cdot B$에 OR 회로(병렬 연결)가 되므로 이에 대한 논리식은 $A \cdot B + C$ 가 된다.

| 정답 | 01 ③ 02 ③ 03 ② 04 ②

05

다음 논리 회로가 나타내는 식은 어떤 식인가?

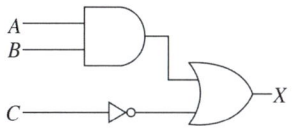

① $X = (A \cdot B) + \overline{C}$
② $X = \overline{(A \cdot B)} \cdot C$
③ $X = (\overline{A + B}) + C$
④ $X = (A + B) + \overline{C}$

해설

AND 회로와 OR 회로의 결합이므로 논리식을 구하면 다음과 같다.
$X = (A \cdot B) + \overline{C}$

암기

• AND

• OR

06

그림의 회로는 어느 게이트(Gate)에 해당되는가?

① OR ② NOT
③ AND ④ NOR

해설

A, B 두 입력 신호 중 하나 이상이 1이 되면 출력 신호가 1인 회로이므로 OR 회로이다.

07

그림과 같은 논리 회로는 어느 것인가?

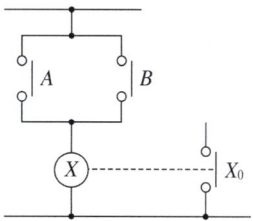

① OR 회로 ② AND 회로
③ NOT 회로 ④ NOR 회로

해설

문제에 주어진 논리 회로의 동작 진리표를 작성한다.

A	B	X
0	0	0
0	1	1
1	0	1
1	1	1

입력 중 적어도 1개 이상이 '1'이면 '1'이 출력되므로 주어진 회로는 OR 회로이다.

| 정답 | 05 ① 06 ① 07 ①

08

다음 진리표의 논리 소자는 어느 소자인가?

입력		출력
A	B	C
0	0	0
0	1	0
1	0	0
1	1	1

① NOT
② NOR
③ OR
④ AND

해설 AND 회로의 출력

입력		출력
A	B	C
0	0	0
0	1	0
1	0	0
1	1	1

09

다음 논리 회로의 출력 X는 어느 식인가?

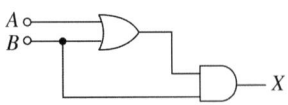

① $\overline{A}$
② B
③ $A + A \cdot B$
④ $A + B$

해설
$X = (A+B) \cdot B = A \cdot B + B \cdot B$
$\quad = A \cdot B + B = B \cdot (A+1) = B$

암기
$B \cdot B = B$, $(A+1) = 1$

10

다음 진리표의 논리 소자는?

입력		출력
A	B	C
0	0	1
0	1	0
1	0	0
1	1	0

① OR 회로
② NOR 회로
③ NOT 회로
④ NAND 회로

해설 NOR 회로의 출력

입력		출력
A	B	C
0	0	1
0	1	0
1	0	0
1	1	0

따라서 제시된 진리표는 OR의 부정인 NOR 회로(OR회로와 NOT회로의 결합)이다.

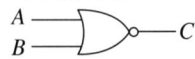

11
그림의 회로와 동일한 논리 소자는?

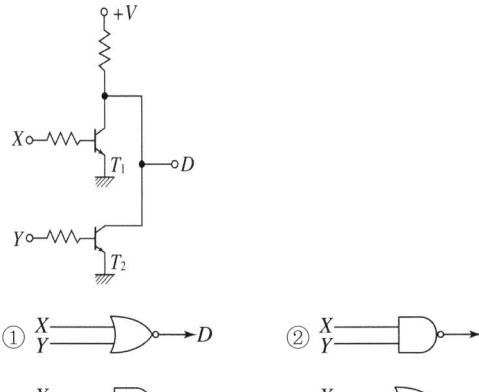

① $\begin{smallmatrix}X\\Y\end{smallmatrix}$⟩→D ② $\begin{smallmatrix}X\\Y\end{smallmatrix}$⟩→D
③ $\begin{smallmatrix}X\\Y\end{smallmatrix}$⟩→D ④ $\begin{smallmatrix}X\\Y\end{smallmatrix}$⟩→D

해설
주어진 트랜지스터 회로는 트랜지스터 2개가 병렬 구조로 이루어진 것이다. 이 회로의 동작은 베이스 입력인 X, Y가 0인 경우에만 출력되는 NOR 회로가 된다.

12
다음과 같은 진리표를 갖는 회로의 종류는?

입력		출력
A	B	
0	0	0
0	1	1
1	0	1
1	1	0

① AND ② NAND
③ NOR ④ EX-OR

해설
문제에 주어진 진리표는 두 입력이 같을 때는 출력이 0이고 두 입력이 반드시 다를 때만 출력이 1이 나오는 배타적 논리합 회로(Exclusive OR)이다. 논리식으로 표현하면 다음과 같다.
$X = \overline{A} \cdot B + A \cdot \overline{B} = A \oplus B$이다.

13
다음의 논리 회로를 간단히 하면 어느 식으로 되겠는가?

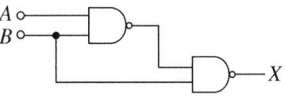

① $\overline{A} + B$ ② $A + \overline{B}$
③ $\overline{A} + \overline{B}$ ④ $A + B$

해설
$X = \overline{\overline{A \cdot B} \cdot B} = \overline{\overline{A \cdot B}} + \overline{B} = A \cdot B + \overline{B}$
$= (A + \overline{B}) \cdot (B + \overline{B}) = A + \overline{B}$

14
다음의 논리 회로를 간단히 한 식은?

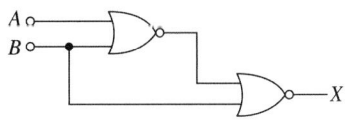

① $X = A + B$ ② $X = A \cdot \overline{B}$
③ $X = \overline{A} + B$ ④ $X = \overline{A + B}$

해설
$X = \overline{\overline{A + B} + B} = \overline{\overline{A + B}} \cdot \overline{B} = (A + B) \cdot \overline{B}$
$= A \cdot \overline{B} + B \cdot \overline{B} = A \cdot \overline{B}$

15
다음 논리 대수 계산 중 옳지 않은 것은?

① $\overline{A \cdot B} = \overline{A} + \overline{B}$
② $\overline{A+B} = \overline{A} \cdot \overline{B}$
③ $A + A = A$
④ $A + A \cdot \overline{B} = 1$

해설
$A + A \cdot \overline{B} = A \cdot (1 + \overline{B}) = A$

16
논리식 $L = X + \overline{X} \cdot Y$를 간단히 한 식은 어느 것인가?

① X
② $\overline{X}$
③ $X + Y$
④ $\overline{X} + Y$

해설
$L = X + \overline{X} \cdot Y = (X + \overline{X}) \cdot (X + Y) = X + Y$

17
논리식 $A + A \cdot B$를 간단히 계산한 결과는?

① A
② $\overline{A} + B$
③ $A + \overline{B}$
④ $A + B$

해설
$A + A \cdot B = A \cdot (1 + B) = A$

18

논리식 $\overline{A} + \overline{B} \cdot \overline{C}$ 와 동일한 것은 어느 것인가?

① $\overline{A+BC}$
② $\overline{A \cdot (B+C)}$
③ $\overline{A \cdot B + C}$
④ $\overline{A \cdot B} + C$

해설

드 모르간 정리에 의하여 다음과 같다.
$\overline{A} + \overline{B} \cdot \overline{C} = \overline{A} + \overline{(B+C)} = \overline{A \cdot (B+C)}$

19

논리식 $L = \overline{x} \cdot \overline{y} \cdot z + \overline{x} \cdot y \cdot z + x \cdot \overline{y} \cdot z + x \cdot y \cdot z$ 를 간략화한 식은?

① z
② xz
③ yz
④ $x\overline{z}$

해설

$L = \overline{x} \cdot \overline{y} \cdot z + \overline{x} \cdot y \cdot z + x \cdot \overline{y} \cdot z + x \cdot y \cdot z$
$= \overline{x} \cdot z \cdot (\overline{y}+y) + x \cdot z \cdot (\overline{y}+y)$
$= \overline{x} \cdot z + x \cdot z = z \cdot (\overline{x}+x)$
$= z$

암기

$\overline{y}+y = 1$, $\overline{x}+x = 1$

20

다음과 같은 계전기 회로는 어떤 회로인가?

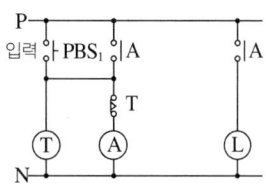

① 반안정 회로
② 단안정 회로
③ 인터록(Inter-lock) 회로
④ 불안정 회로

해설

정해진 시간 동안만 동작하는 회로를 단안정 회로라고 한다. 기동 입력을 주면 설정된 시간 동안만 회로가 동작하고 정지 입력 없이 자동으로 정지하는 회로이다.

PART 2

유형별 N제

유형별 N제 학습전략

유형별 N제는 기본서와 동일하게 챕터별, 테마별로 구성되어 있습니다. 따라서 테마별로 문제를 풀다가 막히면, 해당 이론으로 가서 개념을 재학습하시면 됩니다. 이러한 구성은 개념을 더욱 확실하게 확립할 수 있도록 도움을 줍니다. 챕터별 학습이 끝나면, 회독 체크표에 날짜를 기입합니다. 해당 주기는 짧을수록 좋습니다. 3회독이 완료되면, 별의 개수가 3개(★★★)인 것 위주로 복습하시면 됩니다.

PART 2 구성

CHAPTER 01	라플라스 변환
CHAPTER 02	전달 함수
CHAPTER 03	제어 시스템의 기본 구성 및 원리
CHAPTER 04	자동 제어의 과도 응답
CHAPTER 05	자동 제어의 정확도
CHAPTER 06	자동 제어의 주파수 응답 해석
CHAPTER 07	제어계의 안정도
CHAPTER 08	제어계의 근궤적
CHAPTER 09	진상 보상기 및 지상 보상기
CHAPTER 10	제어계의 상태 해석법
CHAPTER 11	시퀀스 제어계

CHAPTER 01

라플라스 변환

1. 라플라스 기본 변환
2. 라플라스 변환의 기본 정리
3. 라플라스 역변환

CBT 완벽대비 가능한 유형마스터 학습!

THEME	유형분석	관련 번호
THEME 01 라플라스 기본 변환	라플라스 변환 공식을 암기하여 푸는 문제가 주로 출제됩니다. 임펄스 함수, 단위 계단 함수, 지수 함수 등을 필수로 암기하도록 합니다.	001~003
THEME 02 라플라스 변환의 기본 정리	복소 추이 정리, 미·적분 정리, 시간 추이(지연) 정리 공식을 활용하여 푸는 문제가 주로 출제됩니다.	004~008
THEME 03 라플라스 역변환	부분분수 전개를 이용하여 푸는 문제가 주로 출제되며, 이 문제를 풀이하실 때 시간이 많이 소요되실 수 있습니다. 따라서 한번에 꼼꼼하고 정확하게 푸는 것이 중요합니다.	009~011

학습 효과를 높이는 N제 3회독 시스템

챕터별 전체 1회독이 끝났다면 회독 체크표에 날짜를 기입하고 체크표시를 해주세요.

회독 체크표	☐ 1회독	월 일	☐ 2회독	월 일	☐ 3회독	월 일

CHAPTER 01 라플라스 변환

THEME 01 라플라스 기본 변환

001 ★☆☆
함수 $f(t)$의 라플라스 변환은 어떤 식으로 정의되는가?

① $\int_{-\infty}^{\infty} f(t)e^{-st}dt$ ② $\int_{0}^{\infty} f(-t)e^{st}dt$

③ $\int_{0}^{\infty} f(t)e^{-st}dt$ ④ $\int_{0}^{\infty} f(t)e^{st}dt$

해설
라플라스 변환은 시간함수가 0[초]에서 ∞[초]까지 경과하였을 경우의 주파수 변화에 대한 함수이다. 라플라스 변환식은 아래와 같다.
$$\mathcal{L}[f(t)] = F(s) = \int_{0}^{\infty} f(t)e^{-st}dt$$

002 ★★☆
$\cos\omega t$의 라플라스 변환은?

① $\dfrac{s}{s^2 - \omega^2}$ ② $\dfrac{s}{s^2 + \omega^2}$

③ $\dfrac{\omega}{s^2 - \omega^2}$ ④ $\dfrac{\omega}{s^2 + \omega^2}$

해설
$$\mathcal{L}[f(t)] = \mathcal{L}[\cos\omega t] = \int_{0}^{\infty} \cos\omega t \, e^{-st}dt \left(\because \cos\omega t = \frac{e^{j\omega t} + e^{-j\omega t}}{2}\right)$$

$$\mathcal{L}[\cos\omega t] = \int_{0}^{\infty} \cos\omega t \, e^{-st}dt = \frac{1}{2}\int_{0}^{\infty}(e^{j\omega t} + e^{-j\omega t})e^{-st}dt$$

$$= \frac{1}{2}\int_{0}^{\infty}(e^{-(s-j\omega)t} + e^{-(s+j\omega)t})dt$$

$$= \frac{1}{2}\left(\frac{1}{s-j\omega} + \frac{1}{s+j\omega}\right) = \frac{s}{s^2 + \omega^2}$$

$$\therefore \mathcal{L}[\cos\omega t] = \frac{s}{s^2 + \omega^2}$$

암기 라플라스 기본 변환 공식
$$\cos\omega t = \frac{s}{s^2 + \omega^2}, \quad \sin\omega t = \frac{\omega}{s^2 + \omega^2}$$

003 ★★☆
$f(t) = \sin t \cdot \cos t$를 라플라스 변환하면 올바른 것은?

① $\dfrac{1}{s^2 + 1^2}$ ② $\dfrac{1}{s^2 + 2^2}$

③ $\dfrac{1}{(s+2)^2}$ ④ $\dfrac{1}{(s+4)^2}$

해설
문제에 주어진 삼각함수 식을 라플라스 변환이 가능하도록 삼각함수의 가법 정리를 이용하여 변형시키면
$$f(t) = \sin t \cos t = \frac{1}{2}\sin 2t \; (\because \sin 2\alpha = 2\sin\alpha\cos\alpha)$$
따라서 위의 식을 라플라스 변환하면
$$f(t) = \frac{1}{2}\sin 2t \rightarrow \therefore F(s) = \frac{1}{2} \times \frac{2}{s^2 + 2^2} = \frac{1}{s^2 + 2^2}$$

THEME 02 라플라스 변환의 기본 정리

004 ★★☆
$e^{-2t}\cos 3t$의 라플라스 변환은?

① $\dfrac{s+2}{(s+2)^2 + 3^2}$ ② $\dfrac{s-2}{(s-2)^2 + 3^2}$

③ $\dfrac{s}{(s+2)^2 + 3^2}$ ④ $\dfrac{s}{(s-2)^2 + 3^2}$

해설
복소 추이 정리에 의하여 아래와 같다.
$$f(t) = e^{-2t}\cos 3t \rightarrow F(s) = \frac{s+2}{(s+2)^2 + 3^2}$$

암기
$$e^{-2t} = \frac{1}{(s+2)}, \quad \cos 3t = \frac{s}{s^2 + 3^2}$$

| 정답 | 001 ③   002 ②   003 ②   004 ①

005 ★☆☆

$\mathcal{L}\left[\dfrac{d}{dt}\cos\omega t\right]$ 의 값은?

① $\dfrac{s^2}{s^2+\omega^2}$ ② $\dfrac{-s^2}{s^2+\omega^2}$

③ $\dfrac{\omega^2}{s^2+\omega^2}$ ④ $\dfrac{-\omega^2}{s^2+\omega^2}$

해설

실미분의 정리에 의하여 아래와 같다.
$\mathcal{L}[f'(t)] = sF(s) - f(0)$
$\mathcal{L}\left[\dfrac{d}{dt}\cos\omega t\right] = s \times \dfrac{s}{s^2+\omega^2} - 1 = \dfrac{s^2-(s^2+\omega^2)}{s^2+\omega^2} = \dfrac{-\omega^2}{s^2+\omega^2}$

006 ★★★

$F(s) = \dfrac{3s+10}{s^3+2s^2+5s}$ 일 때 $f(t)$의 최종값은?

① 0 ② 1
③ 2 ④ 8

해설 최종값 정리

$\lim_{t\to\infty} f(t) = \lim_{s\to 0} sF(s)$
$= \lim_{s\to 0} s \times \dfrac{3s+10}{s(s^2+2s+5)} = \lim_{s\to 0} \dfrac{3s+10}{s^2+2s+5} = \dfrac{10}{5} = 2$

007 ★★★

다음과 같은 $I(s)$의 초기값 $i(0_+)$가 바르게 구해진 것은?

$I(s) = \dfrac{2(s+1)}{s^2+2s+5}$

① $\dfrac{2}{5}$ ② $\dfrac{1}{5}$
③ 2 ④ -2

해설 초기값 정리

$\lim_{t\to 0} i(t) = \lim_{s\to\infty} sI(s) = \lim_{s\to\infty} s \cdot \dfrac{2(s+1)}{s^2+2s+5}$

$= \lim_{s\to\infty} \dfrac{2+\dfrac{2}{s}}{1+\dfrac{2}{s}+\dfrac{5}{s^2}} = 2$

008 ★☆☆

그림과 같은 구형파의 라플라스 변환은?

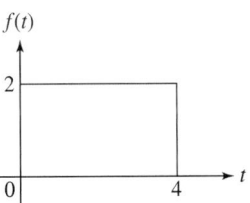

① $\dfrac{2}{s}(1-e^{4s})$ ② $\dfrac{2}{s}(1-e^{-4s})$
③ $\dfrac{4}{s}(1-e^{4s})$ ④ $\dfrac{4}{s}(1-e^{-4s})$

해설

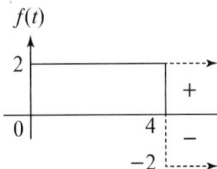

$f(t) = 2u(t) - 2u(t-4)$
$F(s) = \dfrac{2}{s} - \dfrac{2}{s}e^{-4s} = \dfrac{2}{s}(1-e^{-4s})$

THEME 03 라플라스 역변환

009 ★★★

$F(s) = \dfrac{1}{s(s+a)}$ 의 라플라스 역변환은?

① e^{-at}
② $1 - e^{-at}$
③ $a(1 - e^{-at})$
④ $\dfrac{1}{a}(1 - e^{-at})$

해설

문제에 주어진 함수를 부분 분수 전개한다.

$F(s) = \dfrac{1}{s(s+a)} = \dfrac{A}{s} + \dfrac{B}{s+a}$

계수 A, B를 구하는 과정은 다음과 같다.

$A = \dfrac{1}{s(s+a)} \times s \bigg|_{s=0} = \dfrac{1}{a}$

$B = \dfrac{1}{s(s+a)} \times (s+a) \bigg|_{s=-a} = -\dfrac{1}{a}$

각 값을 대입하여 라플라스 역변환하면 아래와 같다.

$f(t) = \dfrac{1}{a} - \dfrac{1}{a}e^{-at} = \dfrac{1}{a}(1 - e^{-at})$

[참고]

$\dfrac{1}{A \times B} = \dfrac{1}{B-A}\left(\dfrac{1}{A} - \dfrac{1}{B}\right)$

010 ★★☆

라플라스 변환 함수 $F(s) = \dfrac{s+2}{s^2+4s+13}$ 에 대한 역변환 함수 $f(t)$는?

① $e^{-3t}\cos 2t$
② $e^{3t}\cos 2t$
③ $e^{-2t}\cos 3t$
④ $e^{2t}\cos 3t$

해설

문제에 주어진 식을 라플라스 변환표에 맞게 변형시킨다.

$F(s) = \dfrac{s+2}{s^2+4s+13} = \dfrac{s+2}{(s+2)^2+9} = \dfrac{s+2}{(s+2)^2+3^2}$

따라서 위 식을 라플라스 역변환하면 아래와 같다.

$f(t) = e^{-2t}\cos 3t$

011 ★★☆

$\mathcal{L}^{-1}\left[\dfrac{s}{(s+1)^2}\right]$ 는?

① $e^t - te^{-t}$
② $e^{-t} - te^{-t}$
③ $e^{-t} + te^{-t}$
④ $e^{-t} + 2te^{-t}$

해설

문제에 주어진 함수를 부분 분수 전개한다.

$F(s) = \dfrac{s}{(s+1)^2} = \dfrac{A}{(s+1)^2} + \dfrac{B}{s+1}$

계수 A, B를 구하는 과정은 다음과 같다.

$A = \dfrac{s}{(s+1)^2} \times (s+1)^2 \bigg|_{s=-1} = -1$

$B = \dfrac{d}{ds}\left\{\dfrac{s}{(s+1)^2} \times (s+1)^2\right\}\bigg|_{s=-1}$

$= \dfrac{d}{ds}\{s\}\bigg|_{s=-1} = 1$

각 값을 대입하여 라플라스 역변환하면 아래와 같다.

$f(t) = -te^{-t} + e^{-t} = e^{-t} - te^{-t}$

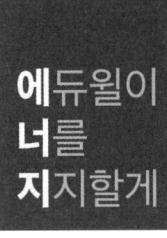

자신의 능력을 믿어야 한다.
그리고 끝까지 굳세게 밀고 나가라.

– 엘리너 로잘린 스미스 카터(Eleanor Rosalynn Smith Carter)

전달 함수

1. 제어 시스템에서의 전달 함수
2. 회로망에서의 전달 함수
3. 블록 선도 및 신호 흐름 선도에서의 전달 함수
4. 블록 선도 및 신호 흐름 선도의 특수 경우

CBT 완벽대비 가능한 유형마스터 학습!

THEME	유형분석	관련 번호
THEME 01 제어 시스템에서의 전달 함수	전달 함수의 정의를 이해하고, 비례 요소, 미분 요소, 적분 요소 등 각각의 요소를 암기하는 것이 중요합니다.	012~014
THEME 02 회로망에서의 전달 함수	회로에서 전달 함수를 구하는 과정을 이해하는 것이 중요합니다. 회로를 이해하며 전달 함수를 구하는 과정을 연습하여야 합니다.	015~017
THEME 03 블록 선도 및 신호 흐름 선도에서의 전달 함수	블록 선도와 신호 흐름 선도에서 경로와 페루프를 구하는 연습을 많이 하여야 합니다. 시험에서 출제가 많이 되므로, 철저하게 학습하시길 바랍니다.	018~052
THEME 04 블록 선도 및 신호 흐름 선도의 특수 경우	입력이 2개인 블록 선도, 경로에 접하지 않는 페루프가 있는 신호 흐름 선도에서 전달 함수를 구하는 것이 주로 출제됩니다.	053~060

학습 효과를 높이는 N제 3회독 시스템

챕터별 전체 1회독이 끝났다면 회독 체크표에 날짜를 기입하고 체크표시를 해주세요.

회독 체크표	☐ 1회독	월 일	☐ 2회독	월 일	☐ 3회독	월 일

CHAPTER 02 전달 함수

THEME 01 제어 시스템에서의 전달 함수

012 ★★★

어떤 제어계에 단위 계단 입력을 가하였더니 출력이 $1 - e^{-2t}$ 로 나타났다. 이 계의 전달 함수를 구하면?

① $\dfrac{1}{s+2}$ ② $\dfrac{2}{s+2}$

③ $\dfrac{1}{s(s+2)}$ ④ $\dfrac{2}{s(s+2)}$

해설

문제에 주어진 시간 함수를 라플라스 변환하면
$c(t) = 1 - e^{-2t}$
$\rightarrow \therefore C(s) = \dfrac{1}{s} - \dfrac{1}{s+2} = \dfrac{s+2-s}{s(s+2)} = \dfrac{2}{s(s+2)}$
단위 계단 입력 $r(t) = u(t) = 1$ 에 대한 전달 함수는

$\dfrac{C(s)}{R(s)} = \dfrac{\frac{2}{s(s+2)}}{\frac{1}{s}} = \dfrac{2}{s+2}$

013 ★★★

기본 제어요소인 비례 요소의 전달 함수는?(단, K는 상수이다.)

① $G(s) = K$ ② $G(s) = Ks$

③ $G(s) = \dfrac{K}{s}$ ④ $G(s) = \dfrac{K}{s+K}$

해설

- 비례 요소: $G(s) = K$
- 미분 요소: $G(s) = Ks$
- 적분 요소: $G(s) = \dfrac{K}{s}$
- 1차 지연 요소: $G(s) = \dfrac{K}{1+Ts}$

014 ★★☆

단위 계단 입력에 대한 응답 특성이 $c(t) = 1 - e^{-\frac{1}{T}t}$ 로 나타나는 제어계는?

① 비례 제어계 ② 적분 제어계
③ 1차 지연 제어계 ④ 2차 지연 제어계

해설

출력을 라플라스 변환하면 다음과 같다.
$C(s) = \dfrac{1}{s} - \dfrac{1}{s + \frac{1}{T}} = \dfrac{1}{s} - \dfrac{T}{Ts+1}$

$= \dfrac{Ts+1-Ts}{s(Ts+1)} = \dfrac{1}{s(Ts+1)}$

단위 계단 입력에 대한 전달 함수

$\dfrac{C(s)}{R(s)} = \dfrac{\frac{1}{s(Ts+1)}}{\frac{1}{s}} = \dfrac{1}{Ts+1}$

따라서, 제어계는 1차 지연 요소로 동작한다.

암기

- 비례 요소: $G(s) = K$
- 미분 요소: $G(s) = Ks$
- 적분 요소: $G(s) = \dfrac{K}{s}$
- 1차 지연 요소: $G(s) = \dfrac{K}{1+Ts}$

| 정답 | 012 ② 013 ① 014 ③

THEME 02 회로망에서의 전달 함수

015 ★★☆

다음 회로에서의 전압비 전달 함수 $\dfrac{V_2(s)}{V_1(s)}$ 는?

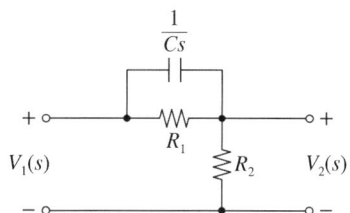

① $\dfrac{R_1 R_2 Cs + R_2}{R_1 R_2 Cs + R_1 + R_2}$ ② $\dfrac{R_1 + R_2 + R_1 R_2 Cs}{R_2 + R_1 R_2 Cs}$

③ $\dfrac{R_1 Cs + R_2}{R_2 + R_1 R_2 Cs}$ ④ $\dfrac{R_1 R_2 Cs}{R_1 R_2 Cs + R_1 + R_2}$

해설

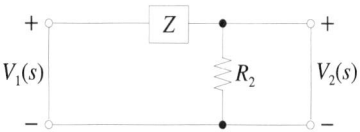

콘덴서와 저항 병렬 접속 부분을 그림과 같이 Z로 하여 합성 임피던스를 구한다.

$$Z = \dfrac{\dfrac{1}{Cs} \times R_1}{\dfrac{1}{Cs} + R_1} = \dfrac{R_1}{1 + R_1 Cs}$$

전압비 전달 함수는 아래와 같다.

$$V_2(s) = \dfrac{R_2}{\dfrac{R_1}{1+R_1 Cs} + R_2} V_1(s)$$

$$= \dfrac{R_2 + R_1 R_2 Cs}{R_1 + R_2 + R_1 R_2 Cs} V_1(s)$$

$$\therefore \dfrac{V_2(s)}{V_1(s)} = \dfrac{R_2 + R_1 R_2 Cs}{R_1 + R_2 + R_1 R_2 Cs}$$

016 ★★☆

다음 회로에서 입력 전압 $v_1(t)$에 대한 출력 전압 $v_2(t)$의 전달 함수 $G(s)$는?

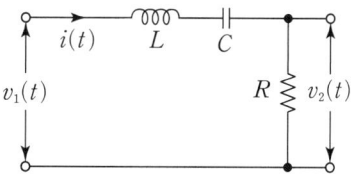

① $\dfrac{RCs}{LCs^2 + RCs + 1}$ ② $\dfrac{RCs}{LCs^2 - RCs - 1}$

③ $\dfrac{Cs}{LCs^2 + RCs + 1}$ ④ $\dfrac{Cs}{LCs^2 - RCs - 1}$

해설

전압 분배 법칙에 의해

$$V_2(s) = \dfrac{R}{Ls + \dfrac{1}{Cs} + R} V_1(s) \text{ 이므로}$$

$$G(s) = \dfrac{V_2(s)}{V_1(s)} = \dfrac{R}{Ls + \dfrac{1}{Cs} + R} \times \dfrac{Cs}{Cs} = \dfrac{RCs}{LCs^2 + RCs + 1}$$

017 ★★★

그림과 같은 RLC 회로에서 입력 전압 $e_i(t)$, 출력 전류가 $i(t)$인 경우 이 회로의 전달 함수 $I(s)/E_i(s)$는?(단, 모든 초기 조건은 0이다.)

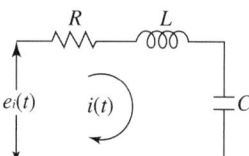

① $\dfrac{C\varepsilon}{RCs^2 + LCs + 1}$ ② $\dfrac{1}{RCs^2 + LCs + 1}$

③ $\dfrac{Cs}{LCs^2 + RCs + 1}$ ④ $\dfrac{1}{LCs^2 + RCs + 1}$

해설

$$\dfrac{I(s)}{E_i(s)} = Y(s) = \dfrac{1}{Z(s)} = \dfrac{1}{R + Ls + \dfrac{1}{Cs}}$$

$$= \dfrac{Cs}{LCs^2 + RCs + 1}$$

THEME 03 블록 선도 및 신호 흐름 선도에서의 전달 함수

018 ★★★

그림과 같은 블록 선도의 전달 함수 $\dfrac{C(s)}{R(s)}$ 는?

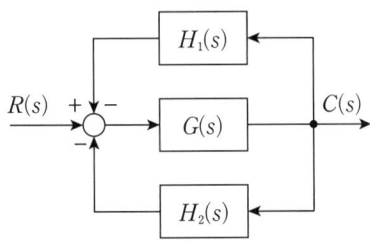

① $\dfrac{G(s)H_1(s)H_2(s)}{1+G(s)H_1(s)H_2(s)}$

② $\dfrac{G(s)}{1+G(s)H_1(s)H_2(s)}$

③ $\dfrac{G(s)}{1-G(s)(H_1(s)+H_2(s))}$

④ $\dfrac{G(s)}{1+G(s)(H_1(s)+H_2(s))}$

해설

주어진 블록 선도의 전달 함수를 구하면 다음과 같다.

$$\dfrac{C(s)}{R(s)} = \dfrac{\sum 경로}{1-\sum 폐루프}$$

$$= \dfrac{G(s)}{1-(-H_1(s)G(s)-H_2(s)G(s))}$$

$$= \dfrac{G(s)}{1+H_1(s)G(s)+H_2(s)G(s)}$$

$$= \dfrac{G(s)}{1+G(s)(H_1(s)+H_2(s))}$$

019 ★★★

다음 블록 선도의 전달 함수 $\left(\dfrac{C(s)}{R(s)}\right)$ 는?

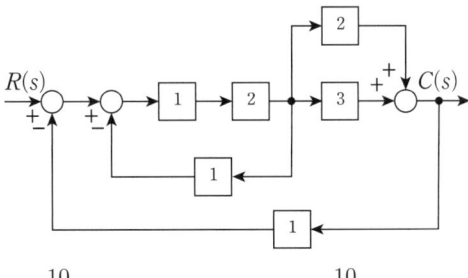

① $\dfrac{10}{9}$ ② $\dfrac{10}{13}$

③ $\dfrac{12}{9}$ ④ $\dfrac{12}{13}$

해설

주어진 블록 선도의 전달 함수를 구하면 다음과 같다.

$$\dfrac{C(s)}{R(s)} = \dfrac{\sum 경로}{1-\sum 폐루프}$$

• 경로
 $1 \times 2 \times 2 = 4$, $1 \times 2 \times 3 = 6$

• 폐루프
 $1 \times 2 \times (-1) = -2$, $1 \times 2 \times 3 \times (-1) = -6$,
 $1 \times 2 \times 2 \times (-1) = -4$

따라서 전달 함수 $\dfrac{C(s)}{R(s)} = \dfrac{4+6}{1-(-2-6-4)} = \dfrac{10}{13}$

020 ★★★

블록 선도의 전달 함수 $\dfrac{C(s)}{R(s)}$ 는?

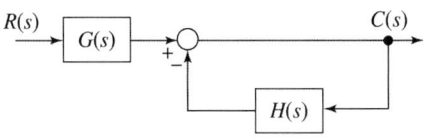

① $\dfrac{G(s)}{1+H(s)}$ ② $\dfrac{G(s)}{1+G(s)H(s)}$

③ $\dfrac{1}{1+H(s)}$ ④ $\dfrac{1}{1+G(s)H(s)}$

해설

주어진 블록 선도의 전달 함수를 구하면 다음과 같다.

$$\dfrac{C(s)}{R(s)} = \dfrac{\sum 경로}{1-\sum 페루프} = \dfrac{G(s)}{1-(-H(s))} = \dfrac{G(s)}{1+H(s)}$$

021 ★★★

블록 선도의 전달 함수가 $\dfrac{C(s)}{R(s)}=10$ 과 같이 되기 위한 조건은?

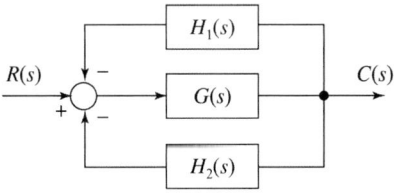

① $G(s) = \dfrac{1}{1-H_1(s)-H_2(s)}$

② $G(s) = \dfrac{10}{1-H_1(s)-H_2(s)}$

③ $G(s) = \dfrac{1}{1-10H_1(s)-10H_2(s)}$

④ $G(s) = \dfrac{10}{1-10H_1(s)-10H_2(s)}$

해설

주어진 블록 선도의 전달 함수를 구하면 다음과 같다.

$$\dfrac{C(s)}{R(s)} = \dfrac{\sum 경로}{1-\sum 페루프}$$
$$= \dfrac{G(s)}{1-\{-(G(s)H_1(s))-(G(s)H_2(s))\}}$$
$$= \dfrac{G(s)}{1+G(s)H_1(s)+G(s)H_2(s)} = 10$$

위 식을 $G(s)$에 관하여 정리한다.

$G(s) = 10 + 10G(s)H_1(s) + 10G(s)H_2(s)$
$G(s) - 10G(s)H_1(s) - 10G(s)H_2(s) = 10$
$G(s)(1-10H_1(s)-10H_2(s)) = 10$
$\therefore G(s) = \dfrac{10}{1-10H_1(s)-10H_2(s)}$

022 ★★★

그림과 같은 제어 시스템의 전달 함수 $\dfrac{C(s)}{R(s)}$ 는?

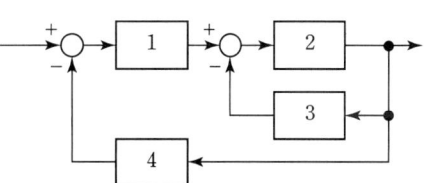

① $\dfrac{1}{15}$ ② $\dfrac{2}{15}$

③ $\dfrac{3}{15}$ ④ $\dfrac{4}{15}$

해설

주어진 블록 선도의 전달 함수를 구하면 다음과 같다.

$$\dfrac{C(s)}{R(s)} = \dfrac{\sum 경로}{1-\sum 페루프} = \dfrac{1\times 2}{1-\{(2\times(-3))+(1\times 2\times(-4))\}}$$
$$= \dfrac{2}{1+14} = \dfrac{2}{15}$$

023 ★★★

블록 선도 변환이 틀린 것은?

①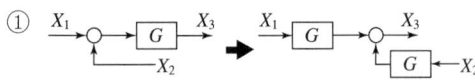

②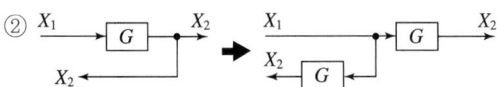

③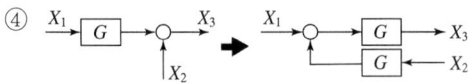

④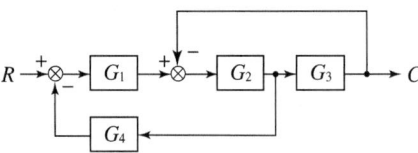

해설
보기 ④의 블록 선도 출력을 나타내면 다음과 같다.
왼쪽 그림: $X_3 = GX_1 + X_2$
오른쪽 그림: $X_3 = GX_1 + G \times G \times X_2 = GX_1 + G^2 X_2$
따라서 등가 회로 성립이 안 된다.

024 ★★★

그림의 블록 선도에 대한 전달 함수 $\dfrac{C}{R}$ 는?

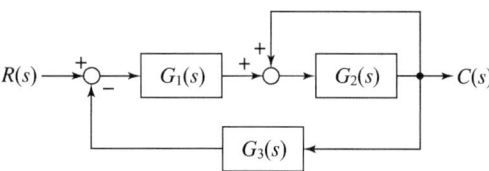

① $\dfrac{G_1 G_2 G_3}{1 + G_1 G_2 + G_1 G_2 G_4}$

② $\dfrac{G_1 G_2 G_4}{1 + G_1 G_2 + G_1 G_2 G_3}$

③ $\dfrac{G_1 G_2 G_3}{1 + G_2 G_3 + G_1 G_2 G_4}$

④ $\dfrac{G_1 G_2 G_4}{1 + G_2 G_3 + G_1 G_2 G_3}$

해설
주어진 블록 선도의 전달 함수를 구하면 다음과 같다.
$$\frac{C}{R} = \frac{\sum 경로}{1 - \sum 폐루프}$$
$$= \frac{G_1 \times G_2 \times G_3}{1 - (-G_2 \times G_3) - (-G_1 \times G_2 \times G_4)}$$
$$= \frac{G_1 G_2 G_3}{1 + G_2 G_3 + G_1 G_2 G_4}$$

025 ★★★

그림과 같은 블록 선도의 등가 전달 함수는?

① $\dfrac{G_1(s) G_2(s)}{1 + G_2(s) + G_1(s) G_2(s) G_3(s)}$

② $\dfrac{G_1(s) G_2(s)}{1 - G_2(s) + G_1(s) G_2(s) G_3(s)}$

③ $\dfrac{G_1(s) G_3(s)}{1 - G_2(s) + G_1(s) G_2(s) G_3(s)}$

④ $\dfrac{G_1(s) G_3(s)}{1 + G_2(s) + G_1(s) G_2(s) G_3(s)}$

해설
주어진 블록 선도의 전달 함수를 구하면 다음과 같다.
$$\frac{C(s)}{R(s)} = \frac{\sum 경로}{1 - \sum 폐루프}$$
$$= \frac{G_1(s) \times G_2(s)}{1 - G_2(s) - (-G_1(s) \times G_2(s) \times G_3(s))}$$
$$= \frac{G_1(s) G_2(s)}{1 - G_2(s) + G_1(s) G_2(s) G_3(s)}$$

026 ★★★

그림과 같은 블록 선도에서 $\dfrac{C(s)}{R(s)}$ 의 값은?

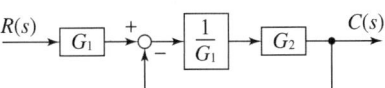

① $\dfrac{G_1}{G_1 - G_2}$
② $\dfrac{G_2}{G_1 - G_2}$
③ $\dfrac{G_2}{G_1 + G_2}$
④ $\dfrac{G_1 G_2}{G_1 + G_2}$

해설

주어진 블록 선도의 전달 함수를 구하면 다음과 같다.

$$\dfrac{C(s)}{R(s)} = \dfrac{\sum 경로}{1 - \sum 페루프} = \dfrac{G_1 \times \dfrac{1}{G_1} \times G_2}{1 - \left(-\dfrac{1}{G_1} \times G_2\right)} = \dfrac{G_2}{1 + \dfrac{G_2}{G_1}}$$

$$= \dfrac{G_1 G_2}{G_1 + G_2}$$

027 ★★★

그림과 같은 블록 선도에서 전달 함수 $\dfrac{C(s)}{R(s)}$ 를 구하면?

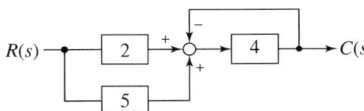

① $\dfrac{1}{8}$
② $\dfrac{5}{28}$
③ $\dfrac{28}{5}$
④ 8

해설

주어진 블록 선도의 전달 함수를 구하면 다음과 같다.

$$\dfrac{C(s)}{R(s)} = \dfrac{\sum 경로}{1 - \sum 페루프} = \dfrac{2 \times 4 + 5 \times 4}{1 - (-4)} = \dfrac{28}{5}$$

028 ★★☆

다음의 회로를 블록 선도로 그린 것 중 옳은 것은?

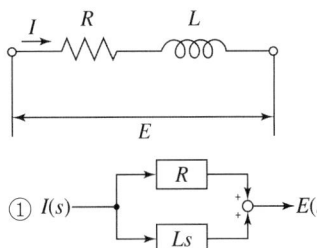

①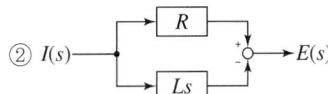

②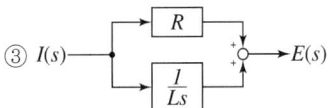

③ (회로도)

④ (회로도)

해설

주어진 $R-L$ 직렬 회로의 전달 함수를 구한다.
$RI(s) + Ls\,I(s) = E(s)$
$\rightarrow \dfrac{E(s)}{I(s)} = R + Ls$

①의 블록 선도의 전달 함수를 구하면 다음과 같다.

$$\dfrac{E(s)}{I(s)} = \dfrac{\sum 경로}{1 - \sum 페루프} = \dfrac{R + Ls}{1 - 0} = R + Ls$$

문제의 회로와 일치하는 것을 알 수 있다.

029 ★★★

그림과 같은 피드백 제어의 전달 함수를 구하면?

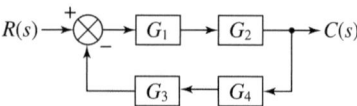

① $\dfrac{G_1 G_2}{1 - G_1 G_2 G_3 G_4}$ ② $\dfrac{G_1 G_2}{1 + G_1 G_2 G_3 G_4}$

③ $\dfrac{G_1 G_2}{1 - G_1 G_2} \cdot \dfrac{G_3 G_4}{1 - G_3 G_4}$ ④ $\dfrac{G_1 G_2}{1 + G_1 G_2} \cdot \dfrac{G_3 G_4}{1 + G_3 G_4}$

해설

주어진 블록 선도의 전달 함수를 구하면 다음과 같다.

$\dfrac{C(s)}{R(s)} = \dfrac{\sum 경로}{1 - \sum 폐루프} = \dfrac{G_1 \times G_2}{1 - (-G_1 \times G_2 \times G_4 \times G_3)}$

$= \dfrac{G_1 G_2}{1 + G_1 G_2 G_3 G_4}$

030 ★★☆

두 개의 그림이 등가인 경우 A는?

① $\dfrac{s+2}{s+1}$ ② $\dfrac{s-2}{s+1}$

③ $\dfrac{-s+2}{s+1}$ ④ $\dfrac{-s-2}{s+1}$

해설

등가 회로이므로 두 그림의 전달 함수는 같아야 한다.

$\dfrac{C(s)}{R(s)} = \dfrac{3}{s+1} = A + 1$

$\therefore A = \dfrac{3}{s+1} - 1 = \dfrac{3 - s - 1}{s+1} = \dfrac{-s+2}{s+1}$

031 ★★☆

다음 단위 궤환 제어계의 미분 방정식은?

① $\dfrac{d^2 c(t)}{dt^2} + 2\dfrac{dc(t)}{dt} + c(t) = 2u(t)$

② $\dfrac{d^2 c(t)}{dt^2} + \dfrac{dc(t)}{dt} + 2c(t) = u(t)$

③ $\dfrac{d^2 c(t)}{dt^2} - \dfrac{dc(t)}{dt} + 2c(t) = 5u(t)$

④ $\dfrac{d^2 c(t)}{dt^2} + \dfrac{dc(t)}{dt} + 2c(t) = 2u(t)$

해설

주어진 블록 선도의 전달 함수를 구하면 다음과 같다.

$\dfrac{C(s)}{U(s)} = \dfrac{\dfrac{2}{s(s+1)}}{1 + \dfrac{2}{s(s+1)}} = \dfrac{2}{s^2 + s + 2}$

$s^2 C(s) + s C(s) + 2 C(s) = 2 U(s)$

위 식을 라플라스 역변환하면 다음과 같다.

$\dfrac{d^2 c(t)}{dt^2} + \dfrac{dc(t)}{dt} + 2c(t) = 2u(t)$

032 ★★★

다음 블록 선도의 전달 함수는?

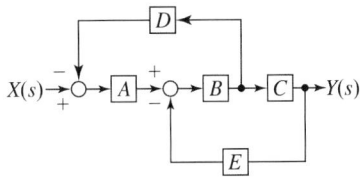

① $\dfrac{Y(s)}{X(s)} = \dfrac{ABC}{1+BCD+ABE}$

② $\dfrac{Y(s)}{X(s)} = \dfrac{ABC}{1+BCD+ABD}$

③ $\dfrac{Y(s)}{X(s)} = \dfrac{ABC}{1+BCE+ABD}$

④ $\dfrac{Y(s)}{X(s)} = \dfrac{ABC}{1+BCE+ABE}$

해설

주어진 블록 선도의 전달 함수를 구하면 다음과 같다.

$$\dfrac{Y(s)}{X(s)} = \dfrac{\sum 경로}{1-\sum 폐루프}$$

$$= \dfrac{A\times B\times C}{1-(-B\times C\times E)-(-A\times B\times D)}$$

$$= \dfrac{ABC}{1+BCE+ABD}$$

033 ★☆☆

다음의 블록 선도와 같은 것은 어느 블록 선도인가?

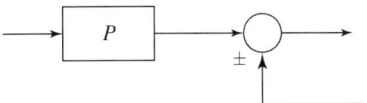

①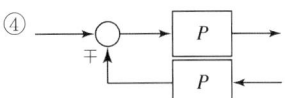

② (블록 선도)

③ (블록 선도)

④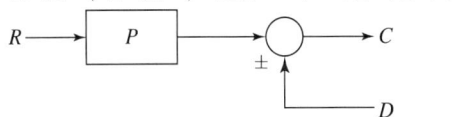

해설

입력을 R, 출력을 C, 외란을 D라고 하면 다음과 같다.

$RP \pm D = C$

각 보기의 전달 함수를 구하면 다음과 같다.

① $\left(R \pm \dfrac{1}{P}D\right) \times P = RP \pm D = C$

② $(R \pm PD) \times P = RP \pm P^2 D = C$

③ $\left(R \mp \dfrac{1}{P}D\right) \times P = RP \mp D = C$

④ $(R \mp PD) \times P = RP \mp P^2 D = C$

034 ★★☆
다음 블록 선도의 전달 함수는?

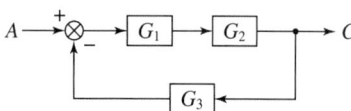

① $\dfrac{G_1 G_2}{1 - G_1 G_2 G_3}$ ② $\dfrac{G_1 G_2}{1 + G_1 G_2 G_3}$

③ $\dfrac{G_1}{1 - G_1 G_2 G_3}$ ④ $\dfrac{G_2}{1 + G_1 G_2 G_3}$

해설

주어진 블록 선도의 전달 함수를 구하면 다음과 같다.

$\dfrac{C}{A} = \dfrac{\sum 경로}{1 - \sum 폐루프} = \dfrac{G_1 \times G_2}{1 - (-G_1 \times G_2 \times G_3)} = \dfrac{G_1 G_2}{1 + G_1 G_2 G_3}$

035 ★★☆
그림과 같은 블록 선도에서 $C(s)/R(s)$의 값은 어떻게 되는가?

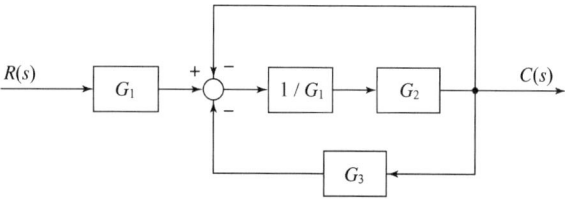

① $\dfrac{G_2}{G_1 - G_2 - G_3}$ ② $\dfrac{G_2}{G_1 - G_2 - G_2 G_3}$

③ $\dfrac{G_1}{G_1 + G_2 + G_2 G_3}$ ④ $\dfrac{G_1 G_2}{G_1 + G_2 + G_2 G_3}$

해설

주어진 블록 선도의 전달 함수를 구하면 다음과 같다.

$\dfrac{C}{R} = \dfrac{\sum 경로}{1 - \sum 폐루프} = \dfrac{G_1 \times \dfrac{1}{G_1} \times G_2}{1 - \left(-\dfrac{1}{G_1} \times G_2\right) - \left(-\dfrac{1}{G_1} \times G_2 \times G_3\right)}$

$= \dfrac{G_2}{1 + \dfrac{G_2}{G_1} + \dfrac{G_2 G_3}{G_1}} = \dfrac{G_1 G_2}{G_1 + G_2 + G_2 G_3}$

036 ★★★
다음과 같은 블록 선도의 등가 합성 전달 함수는?

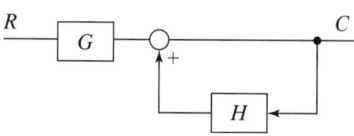

① $\dfrac{G}{1 + H}$ ② $\dfrac{G}{1 + GH}$

③ $\dfrac{G}{1 - GH}$ ④ $\dfrac{G}{1 - H}$

해설

주어진 블록 선도의 전달 함수를 구하면 다음과 같다.

$\dfrac{C}{R} = \dfrac{\sum 경로}{1 - \sum 폐루프} = \dfrac{G}{1 - H}$

037 ★★★
그림과 같은 피드백 회로의 전달 함수를 구하면?

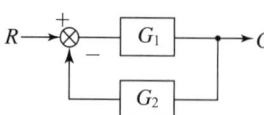

① $1 - G_1 G_2$ ② $\dfrac{G_1}{1 - G_1 G_2}$

③ $\dfrac{G_1}{1 + G_1 G_2}$ ④ $\dfrac{G_1 G_2}{1 - G_1 G_2}$

해설

주어진 블록 선도의 전달 함수를 구하면 다음과 같다.

$\dfrac{C}{R} = \dfrac{\sum 경로}{1 - \sum 폐루프} = \dfrac{G_1}{1 - (-G_1 \times G_2)} = \dfrac{G_1}{1 + G_1 G_2}$

038

다음 블록 선도의 전체 전달 함수가 1이 되기 위한 조건은?

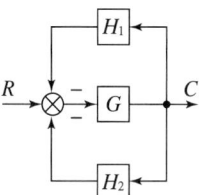

① $G = \dfrac{1}{1 - H_1 - H_2}$ ② $G = \dfrac{-1}{1 + H_1 + H_2}$

③ $G = \dfrac{-1}{1 - H_1 - H_2}$ ④ $G = \dfrac{1}{1 + H_1 + H_2}$

해설

주어진 블록 선도의 전달 함수를 구하면 다음과 같다.

$\dfrac{C}{R} = \dfrac{G}{1 + GH_1 + GH_2}$

$\dfrac{G}{1 + GH_1 + GH_2} = 1$

$G = 1 + GH_1 + GH_2$, $G - GH_1 - GH_2 = 1$,

$G(1 - H_1 - H_2) = 1$

$\therefore G = \dfrac{1}{1 - H_1 - H_2}$

039

그림과 같은 RC 회로에서 전압 $v_i(t)$를 입력으로 하고 전압 $v_0(t)$를 출력으로 할 때 이에 맞는 신호 흐름 선도는?(단, 전달 함수의 초기값은 0이다.)

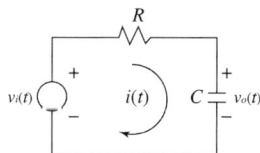

① $v_i(s) \xrightarrow{-\frac{1}{R}} I(s) \xrightarrow{\frac{1}{Cs}} v_o(s) \xrightarrow{1} v_o(s)$ (feedback $-\frac{1}{R}$)

② $v_i(s) \xrightarrow{R} I(s) \xrightarrow{\frac{1}{Cs}} v_o(s) \xrightarrow{1} v_o(s)$ (feedback R)

③ $v_i(s) \xrightarrow{\frac{1}{R}} I(s) \xrightarrow{\frac{1}{Cs}} v_o(s) \xrightarrow{1} v_o(s)$ (feedback $-\frac{1}{R}$)

④ $v_i(s) \xrightarrow{R} I(s) \xrightarrow{\frac{1}{Cs}} v_o(s) \xrightarrow{1} v_o(s)$ (feedback $-\frac{1}{R}$)

해설

문제에 주어진 회로망의 전압비 전달 함수를 구하면 다음과 같다.

$\dfrac{V_0(s)}{V_i(s)} = \dfrac{\frac{1}{Cs}}{R + \frac{1}{Cs}} = \dfrac{1}{RCs + 1}$

위의 전달 함수와 같은 동작을 하는 신호 흐름 선도를 찾기 위해서 보기의 신호 흐름 선도들에 대한 전달 함수를 차례로 구하면 다음과 같다.

① $\dfrac{V_0(s)}{V_i(s)} = \dfrac{-\frac{1}{R} \times \frac{1}{Cs}}{1 - \left(-\frac{1}{Cs} \times \frac{1}{R}\right)} = \dfrac{-\frac{1}{RCs}}{1 + \frac{1}{RCs}}$

$= -\dfrac{1}{RCs + 1}$

② $\dfrac{V_0(s)}{V_i(s)} = \dfrac{R \times \frac{1}{Cs}}{1 - \frac{1}{Cs} \times R} = \dfrac{R}{Cs - R}$

③ $\dfrac{V_0(s)}{V_i(s)} = \dfrac{\frac{1}{R} \times \frac{1}{Cs}}{1 - \left(-\frac{1}{Cs} \times \frac{1}{R}\right)} = \dfrac{\frac{1}{RCs}}{1 + \frac{1}{RCs}}$

$= \dfrac{1}{RCs + 1}$

④ $\dfrac{V_0(s)}{V_i(s)} = \dfrac{R \times \frac{1}{Cs}}{1 - \left(-\frac{1}{Cs} \times \frac{1}{R}\right)} = \dfrac{\frac{R}{Cs}}{1 + \frac{1}{RCs}} = \dfrac{R^2}{RCs + 1}$

040 ★★★

그림의 신호 흐름 선도를 미분 방정식으로 표현한 것으로 옳은 것은?(단, 모든 초기값은 0이다.)

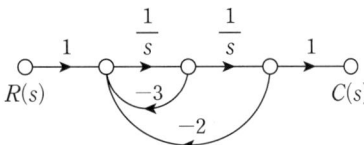

① $\dfrac{d^2c(t)}{dt^2}+3\dfrac{dc(t)}{dt}+2c(t)=r(t)$

② $\dfrac{d^2c(t)}{dt^2}+2\dfrac{dc(t)}{dt}+3c(t)=r(t)$

③ $\dfrac{d^2c(t)}{dt^2}-3\dfrac{dc(t)}{dt}-2c(t)=r(t)$

④ $\dfrac{d^2c(t)}{dt^2}-2\dfrac{dc(t)}{dt}-3c(t)=r(t)$

해설

주어진 신호 흐름 선도의 전달 함수를 구하면 다음과 같다.

$$\dfrac{C(s)}{R(s)}=\dfrac{\dfrac{1}{s}\times\dfrac{1}{s}}{1-\left(-\dfrac{3}{s}-\dfrac{2}{s^2}\right)}=\dfrac{\dfrac{1}{s^2}}{1+\dfrac{3}{s}+\dfrac{2}{s^2}}=\dfrac{1}{s^2+3s+2}$$

이 식을 시간 함수(미분 방정식)로 표현하면 다음과 같다.

$C(s)(s^2+3s+2)=R(s)$

$s^2C(s)+3sC(s)+2C(s)=R(s)$

∴ $\dfrac{d^2c(t)}{dt^2}+3\dfrac{dc(t)}{dt}+2c(t)=r(t)$

041 ★★★

신호 흐름 선도에서 전달 함수 $\dfrac{C(s)}{R(s)}$ 는?

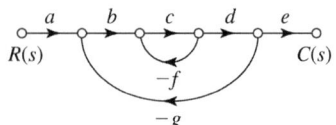

① $\dfrac{abcde}{1-cg-bcdg}$ ② $\dfrac{abcde}{1-cf+bcdg}$

③ $\dfrac{abcde}{1+cf-bcdg}$ ④ $\dfrac{abcde}{1+cf+bcdg}$

해설

주어진 신호 흐름 선도의 전달 함수를 구하면 다음과 같다.

$\dfrac{C(s)}{R(s)}=\dfrac{\sum 경로}{1-\sum 폐루프}=\dfrac{a\times b\times c\times d\times e}{1-\{c\times(-f)+b\times c\times d\times(-g)\}}$

$=\dfrac{abcde}{1+cf+bcdg}$

042 ★★★

그림과 같은 신호 흐름 선도에서 $\dfrac{C(s)}{R(s)}$ 는?

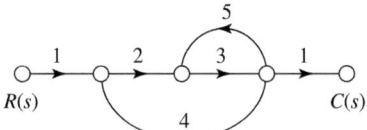

① $-\dfrac{6}{38}$ ② $\dfrac{6}{38}$

③ $-\dfrac{6}{41}$ ④ $\dfrac{6}{41}$

해설

주어진 신호 흐름 선도의 전달 함수를 구하면 다음과 같다.

$\dfrac{C(s)}{R(s)}=\dfrac{\sum 경로}{1-\sum 폐루프}=\dfrac{1\times 2\times 3\times 1}{1-(2\times 3\times 4)-(3\times 5)}$

$=-\dfrac{6}{38}$

043 ★★★

신호 흐름 선도의 전달 함수 $\left(\dfrac{C(s)}{R(s)}\right)$는?

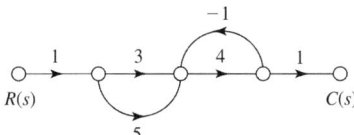

① $\dfrac{24}{5}$ ② $\dfrac{28}{5}$

③ $\dfrac{32}{5}$ ④ $\dfrac{36}{5}$

해설

주어진 신호 흐름 선도의 전달 함수를 구하면 다음과 같다.

$\dfrac{C(s)}{R(s)} = \dfrac{\sum 경로}{1 - \sum 폐루프} = \dfrac{1 \times 3 \times 4 \times 1 + 1 \times 5 \times 4 \times 1}{1 - (-1 \times 4)}$

$= \dfrac{32}{5}$

044 ★★★

그림의 신호 흐름 선도에서 $\dfrac{C(s)}{R(s)}$는?

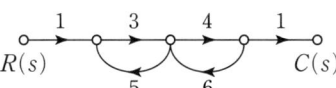

① $-\dfrac{2}{5}$ ② $-\dfrac{6}{19}$

③ $-\dfrac{12}{29}$ ④ $-\dfrac{12}{37}$

해설

주어진 신호 흐름 선도의 전달 함수를 구하면 다음과 같다.

$\dfrac{C(s)}{R(s)} = \dfrac{\sum 경로}{1 - \sum 폐루프} = \dfrac{1 \times 3 \times 4 \times 1}{1 - (3 \times 5 + 4 \times 6)} = -\dfrac{12}{38}$

$= -\dfrac{6}{19}$

045 ★☆☆

다음의 신호 흐름 선도를 메이슨의 공식을 이용하여 전달 함수를 구하고자 한다. 이 신호 흐름 선도에서 루프(Loop)는 몇 개인가?

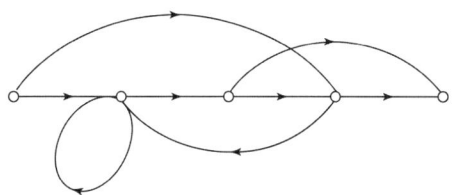

① 0 ② 1
③ 2 ④ 3

해설

다음 그림과 같이 폐루프는 2개이다.

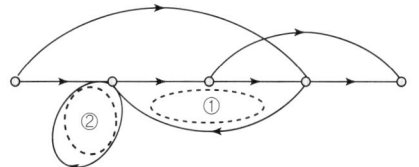

| 정답 | 043 ③ 044 ② 045 ③

046 ★★★

다음의 신호 흐름 선도에서 $\dfrac{C}{R}$ 는?

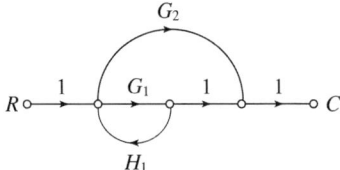

① $\dfrac{G_1+G_2}{1-G_1H_1}$ ② $\dfrac{G_1G_2}{1-G_1H_1}$

③ $\dfrac{G_1+G_2}{1+G_1H_1}$ ④ $\dfrac{G_1G_2}{1+G_1H_1}$

해설

주어진 신호 흐름 선도의 전달 함수를 구하면 다음과 같다.

$\dfrac{C}{R} = \dfrac{\Sigma \text{경로}}{1-\Sigma \text{폐루프}} = \dfrac{G_1+G_2}{1-(G_1 \times H_1)} = \dfrac{G_1+G_2}{1-G_1H_1}$

048 ★★★

신호 흐름 선도의 전달 함수 $T(s) = \dfrac{C(s)}{R(s)}$ 로 옳은 것은?

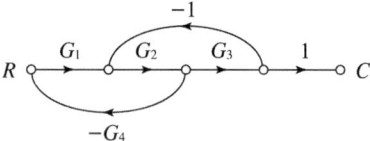

① $\dfrac{G_1G_2G_3}{1-G_2G_3+G_1G_2G_4}$

② $\dfrac{G_1G_2G_3}{1+G_1G_2G_4+G_2G_3}$

③ $\dfrac{G_1G_2G_3}{1+G_2G_3-G_1G_2G_4}$

④ $\dfrac{G_1G_2G_3}{1-G_2G_3-G_1G_2G_4}$

해설

주어진 신호 흐름 선도의 전달 함수를 구하면 다음과 같다.

$T(s) = \dfrac{C(s)}{R(s)} = \dfrac{\Sigma \text{경로}}{1-\Sigma \text{폐루프}}$

$= \dfrac{G_1 \times G_2 \times G_3 \times 1}{1-(G_1 \times G_2 \times (-G_4))-(G_2 \times G_3 \times (-1))}$

$= \dfrac{G_1G_2G_3}{1+G_1G_2G_4+G_2G_3}$

047 ★★★

다음 신호 흐름 선도의 일반식은?

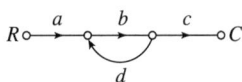

① $G = \dfrac{1-bd}{abc}$ ② $G = \dfrac{1+bd}{abc}$

③ $G = \dfrac{abc}{1+bd}$ ④ $G = \dfrac{abc}{1-bd}$

해설

주어진 신호 흐름 선도의 전달 함수를 구하면 다음과 같다.

$\dfrac{C}{R} = \dfrac{\Sigma \text{경로}}{1-\Sigma \text{폐루프}} = G = \dfrac{a \times b \times c}{1-b \times d} = \dfrac{abc}{1-bd}$

049 ★☆☆

다음의 미분 방정식을 신호 흐름 선도에 옳게 나타낸 것은?

(단, $c(t) = x_1(t)$, $x_2(t) = \dfrac{d}{dt}x_1(t)$로 표시한다.)

$$2\frac{dc(t)}{dt} + 5c(t) = r(t)$$

① $R(s) \to^{1/2} X_2(s) \to^{s^{-1}} \to^{s^{-1}} X_1(s) \to^{1} C(s)$, 피드백 $-5/2$, $x_1(t_0)$

② 피드백 $5/2$

③ 피드백 $-5/2$

④ 피드백 $5/2$

해설
①의 신호 흐름 선도의 전달 함수는 다음과 같다.

$$\frac{C(s)}{R(s)} = \frac{\frac{1}{2} \times \frac{1}{s} \times 1}{1 + \frac{1}{s} \times \frac{5}{2}} = \frac{1}{2s+5}$$

$2sC(s) + 5C(s) = R(s)$

이 식을 라플라스 역변환하면 다음과 같다.

$2\dfrac{d}{dt}c(t) + 5c(t) = r(t)$

050 ★★★

그림과 같은 신호 흐름 선도의 전달 함수는?

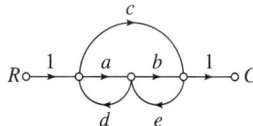

① $\dfrac{E_2(s)}{E_1(s)} = \dfrac{s-4}{s(s-2)}$
② $\dfrac{E_2(s)}{E_1(s)} = \dfrac{s-2}{s(s-4)}$
③ $\dfrac{E_2(s)}{E_1(s)} = \dfrac{s+4}{s(s+2)}$
④ $\dfrac{E_2(s)}{E_1(s)} = \dfrac{s+2}{s(s+4)}$

해설
주어진 신호 흐름 선도의 전달 함수를 구하면 다음과 같다.

$$\frac{E_2}{E_1} = \frac{\sum 경로}{1 - \sum 폐루프} = \frac{1 \times \frac{1}{s} \times \frac{1}{s} \times 2 \times 1 + 1 \times \frac{1}{s} \times 1 \times 1}{1 - \frac{1}{s} \times (-4)}$$

$$= \frac{\frac{2}{s^2} + \frac{1}{s}}{1 + \frac{4}{s}} = \frac{\frac{2+s}{s^2}}{\frac{s+4}{s}} = \frac{s+2}{s(s+4)}$$

051 ★★★

그림의 신호 흐름 선도에서 $\dfrac{C}{R}$를 구하면?

① $\dfrac{ab+c}{1-(ad+be)-cde}$

② $\dfrac{ab+c}{1+(ad+be)+cde}$

③ $\dfrac{ab+c}{1+(ad+be)}$

④ $\dfrac{ab+c}{1+(ad-be)}$

해설
주어진 신호 흐름 선도의 전달 함수를 구하면 다음과 같다.

$$\frac{C}{R} = \frac{\sum 경로}{1 - \sum 폐루프} = \frac{a \times b + c}{1 - (a \times d) - (b \times e) - (c \times e \times d)}$$

$$= \frac{ab+c}{1 - ad - be - cde}$$

$$= \frac{ab+c}{1 - (ad+be) - cde}$$

052 ★★☆

$\dfrac{k}{s+a}$ 인 전달 함수를 신호 흐름 선도로 표시하면?

① R ○—→○—k—○—s—→○—-1—○ C
             a

② R ○—→○—s—○—k—○—1—○ C
             $-a$

③ R ○—→○—k—○—$-1/s$—○—-1—○ C
             a

④ R ○—→○—s—○—$-k$—○—1—○ C
             $-a$

해설

문제에 주어진 전달 함수와 똑같은 신호 흐름 선도를 찾기 위해 보기에 대한 전달 함수를 차례로 구하면 다음과 같다.

① $\dfrac{C}{R} = \dfrac{k \times s \times (-1)}{1 - s \times a} = -\dfrac{ks}{1-as}$

② $\dfrac{C}{R} = \dfrac{s \times k \times 1}{1 - (-k \times a)} = \dfrac{ks}{1+ak}$

③ $\dfrac{C}{R} = \dfrac{k \times \left(-\dfrac{1}{s}\right) \times (-1)}{1 - \left(-\dfrac{1}{s} \times a\right)} = \dfrac{\dfrac{k}{s}}{1 + \dfrac{a}{s}} = \dfrac{k}{s+a}$

④ $\dfrac{C}{R} = \dfrac{s \times (-k) \times 1}{1 - (-k \times (-a))} = -\dfrac{ks}{1-ak}$

THEME 04 블록 선도 및 신호 흐름 선도의 특수 경우

053 ★★☆

그림의 블록 선도와 같이 표현되는 제어 시스템에서 $A=1$, $B=1$일 때, 블록 선도의 출력 C는 약 얼마인가?

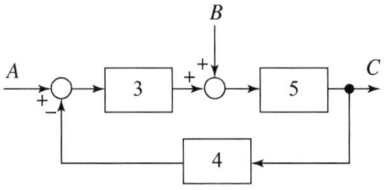

① 0.22   ② 0.33
③ 1.22   ④ 3.1

해설

주어진 블록 선도를 메이슨 공식에 적용하여 전달 함수를 구하면 다음과 같다.

$\dfrac{C}{A} = \dfrac{3 \times 5}{1 - (3 \times 5 \times (-4))} = \dfrac{15}{61}$

$\dfrac{C}{B} = \dfrac{5}{1 - (5 \times (-4) \times 3)} = \dfrac{5}{61}$

$\therefore C = \dfrac{15}{61} \times A + \dfrac{5}{61} \times B = \dfrac{15}{61} \times 1 + \dfrac{5}{61} \times 1$

$= \dfrac{20}{61} \fallingdotseq 0.33$

054 ★★☆

그림의 블록 선도에서 출력 $C(s)$는?

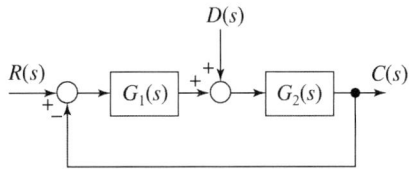

① $\left(\dfrac{G_2(s)}{1-G_1(s)G_2(s)}\right)(G_1(s)R(s)+D(s))$

② $\left(\dfrac{G_2(s)}{1+G_1(s)G_2(s)}\right)(G_1(s)R(s)+D(s))$

③ $\left(\dfrac{G_1(s)}{1-G_1(s)G_2(s)}\right)(G_1(s)R(s)+D(s))$

④ $\left(\dfrac{G_1(s)}{1+G_1(s)G_2(s)}\right)(G_1(s)R(s)+D(s))$

해설

주어진 블록 선도를 메이슨 공식에 적용하여 전달 함수를 구하면 다음과 같다.

$\dfrac{C(s)}{R(s)} = \dfrac{G_1(s)G_2(s)}{1+G_1(s)G_2(s)}$

$\dfrac{C(s)}{D(s)} = \dfrac{G_2(s)}{1+G_1(s)G_2(s)}$

$\therefore\ C(s) = \dfrac{G_1(s)G_2(s)}{1+G_1(s)G_2(s)}R(s) + \dfrac{G_2(s)}{1+G_1(s)G_2(s)}D(s)$

$= \dfrac{G_2(s)}{1+G_1(s)G_2(s)}(G_1(s)R(s)+D(s))$

055 🆕

다음 블록 선도의 전달 함수 $\dfrac{C}{A}$는?

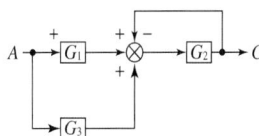

① $\dfrac{G_2(G_1+G_3)}{1+G_2}$ ② $\dfrac{G_2(G_1+G_3)}{1-G_2}$

③ $\dfrac{G_2(G_1-G_3)}{1+G_2}$ ④ $\dfrac{G_2(G_1+G_3)}{1+G_3}$

해설

주어진 블록 선도의 전달 함수를 메이슨 공식에 적용하여 구하면 다음과 같다.

$\dfrac{C}{A} = \dfrac{\sum 경로}{1-\sum 폐루프}$

$= \dfrac{G_1G_2+G_3G_2}{1-(-G_2)} = \dfrac{G_2(G_1+G_3)}{1+G_2}$

056 ★☆☆

그림과 같은 신호 흐름 선도에서 전달 함수 $\dfrac{Y(s)}{X(s)}$는 무엇인가?

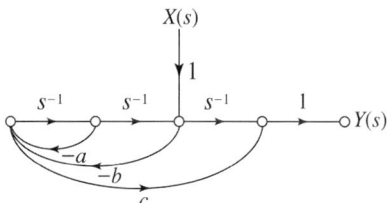

① $\dfrac{s+a}{s^2+as-b^2}$ ② $\dfrac{-bcs^2+s}{s^2+as+b}$

③ $\dfrac{-bcs^2+s+a}{s^2+as}$ ④ $\dfrac{-bcs^2+s+a}{s^2+as+b}$

해설

비접촉 개로(s^{-1})와 독립 폐로($-as^{-1}$)가 있는 선도(제3유형)

- 개로(2개) : s^{-1}, $-bc$
  ($\sum 개로 = s^{-1}-bc$)
- 폐로(2개) : $-as^{-1}$, $-bs^{-2}$
  ($\sum 폐로 = -as^{-1}-bs^{-2}$)
- (비접촉 개로×독립 폐로)
  $= s^{-1} \cdot -as^{-1} = -as^{-2}$

$G(s) = \dfrac{\sum 개로-(비접촉\ 개로\times 독립\ 폐로)}{1-\sum 폐로}$

$= \dfrac{(s^{-1}-bc)-s^{-1}\cdot(-as^{-1})}{1-(-as^{-1}-bs^{-2})}$

$\therefore\ \dfrac{Y(s)}{X(s)} = \dfrac{s^{-1}-bc+as^{-2}}{1+as^{-1}+bs^{-2}} \times \dfrac{s^2}{s^2} = \dfrac{-bcs^2+s+a}{s^2+as+b}$

057 ★★☆

그림의 신호 흐름 선도에서 전달 함수 $\dfrac{C(s)}{R(s)}$ 는?

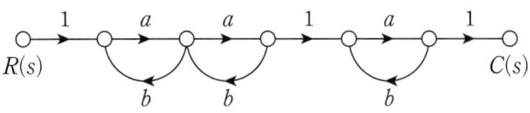

① $\dfrac{a^3}{(1-ab)^3}$ ② $\dfrac{a^3}{1-3ab+a^2b^2}$

③ $\dfrac{a^3}{1-3ab}$ ④ $\dfrac{a^3}{1-3ab+2a^2b^2}$

해설

메이슨 공식에 의해 $G=\dfrac{경로}{\Delta}$ 이다.

(단, $\Delta=1-$(서로 다른 루프의 이득의 합) + (서로 접촉하지 않은 두 개의 루프의 이득의 곱) − (서로 접촉하지 않은 세 개의 루프의 이득의 곱) + …)

- 전향 경로
  $1\times a\times a\times 1\times a\times 1=a^3$
- 서로 다른 루프의 이득의 합
  $a\times b+a\times b+a\times b=3ab$
- 서로 접촉하지 않은 두 개의 루프의 이득의 곱의 합
  − 좌측 루프과 우측 루프의 이득: $ab\times ab=a^2b^2$
  − 중간 루프와 우측 루프의 이득: $ab\times ab=a^2b^2$
  ∴ $a^2b^2+a^2b^2=2a^2b^2$

따라서 전달 함수는 다음과 같다.

$\dfrac{C(s)}{R(s)}=\dfrac{a^3}{1-3ab+2a^2b^2}$

058 ★☆☆

아래의 신호 흐름 선도의 이득 $\dfrac{Y_7}{Y_1}$ 의 분자에 해당하는 값은?

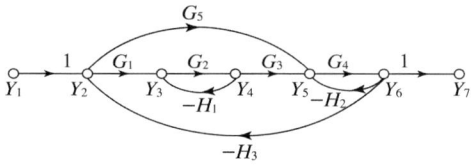

① $G_1G_2G_3G_4+G_4G_5$
② $G_1G_2G_3G_4+G_4G_5+G_2H_1$
③ $G_1G_2G_3G_4H_3-G_2H_1+G_4H_1$
④ $G_1G_2G_3G_4+G_4G_5+G_2G_4G_5H_1$

해설

메이슨 공식에서 분자는 경로를 말하므로 신호 흐름 선도의 분자를 구하면 다음과 같다.

$Y_7=G_1G_2G_3G_4+G_4G_5(1+G_2H_1)$
$\quad=G_1G_2G_3G_4+G_4G_5+G_2G_4G_5H_1$

059 ★★☆

그림의 신호 흐름 선도에서 전달 함수 $\dfrac{C(s)}{R(s)}$는?

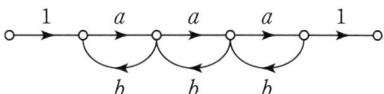

① $\dfrac{a^3}{(1-ab)^3}$ ② $\dfrac{a^3}{1-3ab+a^2b^2}$

③ $\dfrac{a^3}{1-3ab}$ ④ $\dfrac{a^3}{1-3ab+2a^2b^2}$

해설

폐루프가 하나 더 연결된 값이므로 메이슨 공식에 의해 $G = \dfrac{경로}{\Delta}$ 이다.

(단, $\Delta = 1 -$(서로 다른 루프 이득의 합)+(서로 접촉하지 않는 두 개의 루프 이득의 곱)−(서로 접촉하지 않는 세 개의 루프 이득의 곱)+⋯)

- 전향 경로 $= a \times a \times a = a^3$
- 서로 다른 루프 이득의 합 $= ab + ab + ab = 3ab$
- 서로 접촉하지 않는 두 개의 루프 이득의 곱은 좌우 폐루프의 곱을 의미하므로 $ab \times ab = a^2b^2$ 이다.

$\therefore \dfrac{C(s)}{R(s)} = \dfrac{a^3}{1-3ab+a^2b^2}$

060 ★★☆

그림의 신호 흐름 선도에서 $\dfrac{y_2}{y_1}$ 은?

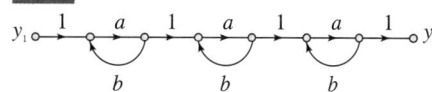

① $\dfrac{a^3}{1-3ab}$ ② $\dfrac{a^3}{(1-ab)^3}$

③ $\dfrac{a^3}{1-3ab+ab}$ ④ $\dfrac{a^3}{1-3ab+2ab}$

해설

G_1, G_2, G_3는 서로 직렬인 종속적인 관계로 우선 각 전달 함수를 구한다.

$G_1 = G_2 = G_3 = \dfrac{a}{1-ab}$

따라서 전체 전달 함수는 아래와 같다.

$\dfrac{y_2}{y_1} = G_1 \times G_2 \times G_3 = \dfrac{a}{1-ab} \times \dfrac{a}{1-ab} \times \dfrac{a}{1-ab} = \dfrac{a^3}{(1-ab)^3}$

제어 시스템의 기본 구성 및 원리

1. 제어계
2. 제어 장치의 분류
3. 변환 기기

CBT 완벽대비 가능한 유형마스터 학습!

THEME	유형분석	관련 번호
THEME 01 제어계	개루프 제어계와 폐루프 제어계에 대한 개념을 확실하게 학습하셔야 합니다. 폐루프 제어계의 구성 요소가 시험에 주로 출제됩니다.	061~068
THEME 02 제어 장치의 분류	제어량, 목표값에 의한 분류 기준을 이해하고 암기해야 합니다. 조절부의 동작에 의한 분류에서 전달 함수를 묻는 문제가 출제됩니다.	069~084
THEME 03 변환 기기	무엇을 무엇으로 변환하는 장치 기기인지 묻는 문제가 주로 출제됩니다.	085~088

학습 효과를 높이는 N제 3회독 시스템

챕터별 전체 1회독이 끝났다면 회독 체크표에 날짜를 기입하고 체크표시를 해주세요.

회독 체크표	☐ 1회독	월 일	☐ 2회독	월 일	☐ 3회독	월 일

CHAPTER 03 제어 시스템의 기본 구성 및 원리

THEME 01 제어계

061 ★★☆
궤환(Feedback) 제어계의 특징이 아닌 것은?

① 정확성이 증가한다.
② 대역폭이 증가한다.
③ 구조가 간단하고 설치비가 저렴하다.
④ 계의 특성 변화에 대한 입력 대 출력비의 감도가 감소한다.

해설 궤환 제어계(폐루프 제어계)의 특징
- 정확성이 증가한다.
- 대역폭이 증가한다.
- 오차를 검출하는 비교부가 있으므로 정확도가 뛰어나다.
- 구조가 복잡하고 설치비가 비싸다.

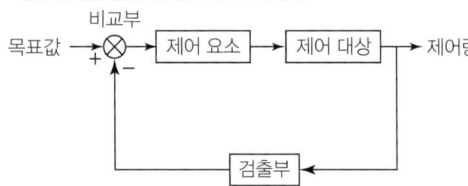

062 ★★☆
폐루프 시스템의 특징으로 틀린 설명은?

① 정확성이 높아진다.
② 감쇠폭이 증가한다.
③ 발진을 일으키고 불안정한 상태로 되어갈 가능성이 존재한다.
④ 제어계의 특성 변화에 대한 입력 대 출력비의 감도가 증가한다.

해설 폐루프 시스템의 특성
- 제어 장치의 정확도 향상
- 제어계의 특성 변화에 대한 입력 대 출력비의 감도 감소
- 감쇠폭 증가
- 발진을 일으켜 제어 장치가 불안정 동작할 가능성 존재

063 ★★★
블록 선도에서 ⓐ에 해당하는 신호는?

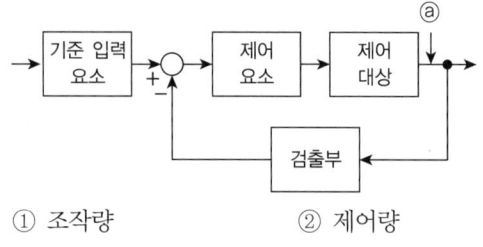

① 조작량   ② 제어량
③ 기준 입력   ④ 동작 신호

해설 폐루프 제어계의 구성 요소

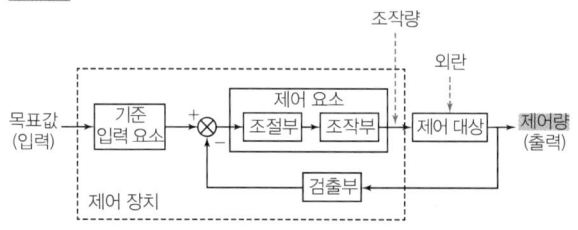

| 정답 | 061 ③ 062 ④ 063 ②

064 ★★★

블록 선도에서 ⓐ에 해당하는 신호는?

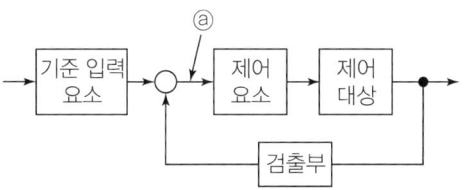

① 조작량
② 제어량
③ 기준 입력
④ 동작 신호

해설
- 동작 신호: 기준 입력 요소가 제어 요소에 주는 신호로 기준 입력 신호와 검출부 신호가 만나 동작 신호를 만든다.
- 조작량: 제어 요소가 제어 대상에 주는 신호이다.

065 ★★★

자동 제어계 구성 중 제어 요소에 해당되는 것은?

① 검출부
② 조절부
③ 기준 입력
④ 제어 대상

해설 폐루프 제어계의 구성 요소

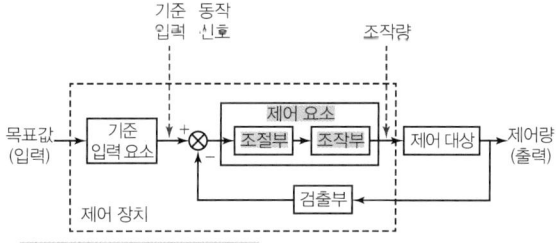

- 제어 요소: 조절부와 조작부
- 비교부: 입력과 출력값을 비교하여 오차량을 측정하는 부분
- 조작량: 제어 요소가 제어 대상에 주는 신호

암기
제어 요소에는 조절부와 조작부가 있다.

066 ★★★

기준 입력과 주궤환량과의 차로서 제어계의 동작을 일으키는 원인이 되는 신호는?

① 보조 조작 신호
② 동작 신호
③ 주궤환 신호
④ 기준 입력 요소 신호

해설
동작 신호는 기준 입력과 부궤환 신호의 편차로서 제어 요소에 주는 신호이다.

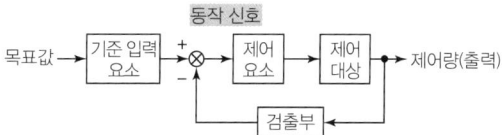

067 ★★★

제어 장치가 제어 대상에 가하는 제어 신호로 제어 장치의 출력인 동시에 제어 대상의 입력인 신호는?

① 목표값 ② 조작량
③ 제어량 ④ 동작 신호

해설 조작량

제어 장치가 제어 대상에 가하는 제어 신호로서 제어 장치의 출력인 동시에 제어 대상의 입력인 신호이다.

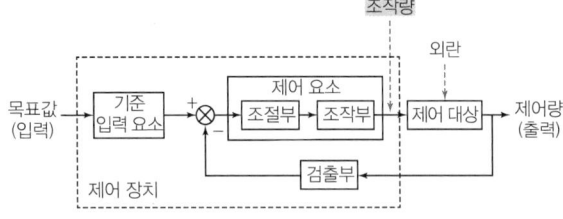

068 ★★★

자동 제어계의 기본적 구성에서 제어 요소는 무엇과 무엇으로 구성되는가?

① 비교부와 검출부 ② 검출부와 조작부
③ 검출부와 조절부 ④ 조절부와 조작부

해설 폐루프 제어계의 구성 요소

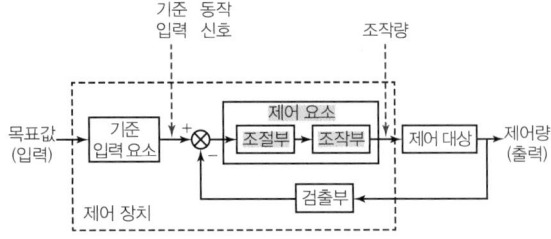

- 제어 요소: 조절부와 조작부
- 비교: 입력과 출력값을 비교하여 오차량을 측정하는 부분
- 조작량: 제어 요소가 제어 대상에 주는 양

THEME 02 제어 장치의 분류

069 ★★☆

제어량의 종류에 따른 분류가 아닌 것은?

① 자동 조정 ② 서보 기구
③ 적응 제어 ④ 프로세스 제어

해설 제어량의 종류에 의한 분류

- 서보 기구
  - 기계적 변위를 제어량으로 해서 목표값의 변화에 추종하는 제어
  - 물체의 위치, 방위, 각도, 자세 등을 제어
- 프로세스 제어
  - 생산 공장에서 주로 사용하는 제어
  - 온도, 압력, 유량, 밀도 등을 제어
- 자동 조정 제어
  - 주로 전기적 신호나 기계적인 양을 제어
  - 전압, 전류, 주파수, 회전수, 힘(토크) 등을 제어

암기

프로는 서서 자!

070 ★★★

물체의 위치, 방위, 각도 등의 기계적 변위량으로 임의의 목표값에 추종하는 제어 장치는?

① 자동 조정 ② 서보 기구
③ 프로그램 제어 ④ 프로세스 제어

해설 제어량의 종류에 의한 분류

- 서보 기구
  - 기계적 변위를 제어량으로 해서 목표값의 변화에 추종하는 제어
  - 물체의 위치, 방위, 각도, 자세 등을 제어
- 프로세스 제어
  - 생산 공장에서 주로 사용하는 제어
  - 온도, 압력, 유량, 밀도 등을 제어
- 자동 조정 제어
  - 주로 전기적 신호나 기계적인 양을 제어
  - 전압, 전류, 주파수, 회전수, 힘(토크) 등을 제어

071 ★★★

온도, 유량, 압력 등 공정 제어의 제어량으로 하는 제어는?

① 프로세스 제어
② 자동 조정 제어
③ 서보(Servo) 기구
④ 정치 제어

해설 제어량의 종류에 의한 분류

- 서보 기구
  - 기계적 변위를 제어량으로 해서 목표값의 변화에 추종하는 제어
  - 물체의 위치, 방위, 각도, 자세 등을 제어
- 프로세스 제어
  - 생산 공장에서 주로 사용하는 제어
  - 온도, 압력, 유량, 밀도 등을 제어
- 자동 조정 제어
  - 주로 전기적 신호나 기계적인 양을 제어
  - 전압, 전류, 주파수, 회전수, 힘(토크) 등을 제어

072 ★★★

제어량을 어떤 일정한 목표값으로 유지하는 것을 목적으로 하는 제어법은?

① 추종 제어
② 비율 제어
③ 정치 제어
④ 프로그램(Program) 제어

해설 제어목적에 의한 분류

- 정치 제어: 제어량을 주어진 일정목표로 유지시키기 위한 제어
- 추치 제어: 목표값이 변할 때 그것에 제어량을 추종시키기 위한 제어를 말하며, 이에 속하는 제어는 다음과 같다.
  - 추종 제어: 목표치가 시간에 따라 변화하는 제어
  - 프로그램 제어: 목표치가 프로그램대로 변하는 제어(ex: 열차의 무인 운전, 엘리베이터 운전)
  - 비율 제어: 목표값이 서로 다른 어떤 양과 일정한 비율 관계를 가지는 제어
  - 시퀀스 제어: 미리 정해진 순서에 따라 각 단계가 순차적으로 진행하는 제어

073 ★★☆

자동 제어의 분류에서 엘리베이터의 자동 제어에 해당하는 제어는?

① 추종 제어
② 프로그램 제어
③ 정치 제어
④ 비율 제어

해설 제어목적에 의한 분류

- 정치 제어: 제어량을 주어진 일정목표로 유지시키기 위한 제어
- 추치 제어: 목표값이 변할 때 그것에 제어량을 추종시키기 위한 제어를 말하며, 이에 속하는 제어는 다음과 같다.
  - 추종 제어: 목표치가 시간에 따라 변화하는 제어
  - 프로그램 제어: 목표치가 프로그램대로 변하는 제어(ex: 열차의 무인 운전, 엘리베이터 운전)
  - 비율 제어: 목표값이 서로 다른 어떤 양과 일정한 비율 관계를 가지는 제어
  - 시퀀스 제어: 미리 정해진 순서에 따라 각 단계가 순차적으로 진행하는 제어

074 ★★★

다음 제어량 중에서 추종 제어와 관계없는 것은?

① 위치
② 방위
③ 유량
④ 자세

해설 추종 제어

- 미지의 임의 시간적 변화를 하는 목표값에 제어량을 추종시키는 것을 목적으로 하는 제어를 말한다.
- 서보 제어에 해당하는 값을 제어한다.(물체의 위치, 방위, 자세, 각도 등)

075 ★★☆

전달 함수가 $G(s) = \dfrac{s^2+3s+5}{2s}$ 인 제어기가 있다. 이 제어기는 어떤 제어기인가?

① 비례 미분 제어기
② 적분 제어기
③ 비례 적분 제어기
④ 비례 미분 적분 제어기

해설

- $G(s) = \dfrac{s^2+3s+5}{2s} = \dfrac{s^2}{2s} + \dfrac{3s}{2s} + \dfrac{5}{2s}$
  $= \dfrac{3}{2} + \dfrac{s}{2} + \dfrac{5}{2s} = \dfrac{3}{2}\left(1 + \dfrac{s}{3} + \dfrac{5}{3s}\right)$

- 비례 미분 적분 전달 함수
  $G(s) = K_p\left(1 + T_d s + \dfrac{1}{T_i s}\right)$

∴ 비례 감도(K_p) $= \dfrac{3}{2}$, 미분 시간(T_d) $= \dfrac{1}{3}$,

적분 시간(T_i) $= \dfrac{3}{5}$ 인 비례 미분 적분 제어기이다.

076 ★★☆

전달 함수가 $G(s) = \dfrac{2s+5}{7s}$ 인 제어기가 있다. 이 제어기는 어떤 제어기인가?

① 비례 미분 제어기
② 적분 제어기
③ 비례 적분 제어기
④ 비례 적분 미분 제어기

해설

- $G(s) = \dfrac{2s+5}{7s} = \dfrac{2s}{7s} + \dfrac{5}{7s} = \dfrac{2}{7} + \dfrac{5}{7s} = \dfrac{2}{7}\left(1 + \dfrac{5}{2s}\right)$

- 비례 적분 전달 함수
  $G(s) = K_p\left(1 + \dfrac{1}{T_i s}\right)$

∴ 비례 감도(K_p) $= \dfrac{2}{7}$, 적분 시간(T_i) $= \dfrac{2}{5}$ 인 비례 적분 제어기이다.

077 ★☆☆

적분 시간 $3[\text{sec}]$, 비례 감도가 3인 비례 적분 동작을 하는 제어 요소가 있다. 이 제어 요소에 동작 신호 $x(t) = 2t$를 주었을 때 조작량은 얼마인가?(단, 초기 조작량 $y(t)$는 0으로 한다.)

① $t^2 + 2t$
② $t^2 + 4t$
③ $t^2 + 6t$
④ $t^2 + 8t$

해설

비례 적분 제어 함수식 $y(t) = K_p\left(x(t) + \dfrac{1}{T_i}\int x(t)\,dt\right)$

∴ $Y(s) = K_p\left(X(s) + \dfrac{1}{T_i s}X(s)\right) = K_p\left(1 + \dfrac{1}{T_i s}\right)X(s)$

$K_p = 3$, $T_i = 3$, $X(s) = \mathcal{L}[x(t)] = \mathcal{L}[2t] = \dfrac{2}{s^2}$

값을 대입한다.

$Y(s) = 3\left(1 + \dfrac{1}{3s}\right) \times \dfrac{2}{s^2} = \left(3 + \dfrac{1}{s}\right) \times \dfrac{2}{s^2} = \dfrac{2}{s^3} + \dfrac{6}{s^2}$

이 값을 시간 함수로 역변환하면

$\mathcal{L}^{-1}\left[\dfrac{2}{s^3}\right] = t^2$, $\mathcal{L}^{-1}\left[\dfrac{6}{s^2}\right] = 6t$

∴ $y(t) = t^2 + 6t$

078 ★★★

제어 요소의 표준 형식인 적분 요소에 대한 전달 함수는?(단, K는 상수이다.)

① Ks
② $\dfrac{K}{s}$
③ K
④ $\dfrac{K}{1+Ts}$

해설
- 비례 요소: $G(s) = K$
- 미분 요소: $G(s) = Ks$
- 적분 요소: $G(s) = \dfrac{K}{s}$
- 1차 지연 요소: $G(s) = \dfrac{K}{1+Ts}$

079 ★★★

폐루프 시스템에서 응답의 잔류 편차 또는 정상 상태 오차를 제거하기 위한 제어 기법은?

① 비례 제어
② 적분 제어
③ 미분 제어
④ On-off 제어

해설 연속 제어
- 비례 제어(P 제어): 잔류 편차 발생
- 적분 제어(I 제어): 잔류 편차 제거
- 미분 제어(D 제어): 오차가 커지는 것을 미리 방지
- 비례 적분 제어(PI 제어): 잔류 편차 제거, 제어 결과가 진동적
- 비례 미분 제어(PD 제어): 응답 속응성 개선
- 비례 적분 미분 제어(PID 제어): 잔류 편차 제거, 응답 속응성 개선, 응답 오버슈트 감소

080 ★★★

정상 상태 응답 특성과 응답의 속응성을 동시에 개선시키는 제어는?

① P 제어
② PI 제어
③ PD 제어
④ PID 제어

해설 연속 제어
- 비례 제어(P 제어): 잔류 편차 발생
- 적분 제어(I 제어): 잔류 편차 제거
- 미분 제어(D 제어): 오차가 커지는 것을 미리 방지
- 비례 적분 제어(PI 제어): 잔류 편차 제거, 제어 결과가 진동적
- 비례 미분 제어(PD 제어): 응답 속응성 개선
- 비례 적분 미분 제어(PID 제어): 잔류 편차 제거, 응답 속응성 개선, 응답 오버슈트 감소

081 ★★★
일정 입력에 대해 잔류 편차가 있는 제어계는?

① 비례 제어계
② 적분 제어계
③ 비례 적분 제어계
④ 비례 적분 미분 제어계

해설 연속 제어
- 비례 제어(P 제어): 잔류 편차 발생
- 적분 제어(I 제어): 잔류 편차 제거
- 미분 제어(D 제어): 오차가 커지는 것을 미리 방지
- 비례 적분 제어(PI 제어): 잔류 편차 제거, 제어 결과가 진동적
- 비례 미분 제어(PD 제어): 응답 속응성 개선
- 비례 적분 미분 제어(PID 제어): 잔류 편차 제거, 응답 속응성 개선, 응답 오버슈트 감소

082 ★★★
제어 오차가 검출될 때 오차가 변화하는 속도에 비례하여 조작량을 조절하는 동작으로 오차가 커지는 것을 사전에 방지하는 제어 동작은?

① 미분 – 동작 제어
② 비례 – 동작 제어
③ 적분 – 동작 제어
④ 온-오프(On-off) 제어

해설 연속 제어
- 비례 제어(P 제어): 잔류 편차 발생
- 적분 제어(I 제어): 잔류 편차 제거
- 미분 제어(D 제어): 오차가 커지는 것을 미리 방지
- 비례 적분 제어(PI 제어): 잔류 편차 제거, 제어 결과가 진동적
- 비례 미분 제어(PD 제어): 응답 속응성 개선
- 비례 적분 미분 제어(PID 제어): 잔류 편차 제거, 응답 속응성 개선, 응답 오버슈트 감소

암기
'오차' 방지 – 미분 제어
'편차' 제거 – 적분 제어

083 ★★★
제어기에서 적분 제어의 영향으로 가장 적합한 것은?

① 대역폭이 증가한다.
② 응답 속응성을 개선시킨다.
③ 작동 오차의 변화율에 반응하여 동작한다.
④ 정상 상태의 오차를 줄이는 효과를 갖는다.

해설
제어계에서 적분 제어는 제어 장치에서 발생하는 정상 상태의 오차(편차)를 감소시킬 목적으로 적용한다.

084 ★★★
제어기에서 미분 제어의 특성으로 가장 적합한 것은?

① 대역폭이 감소하게 된다.
② 제동을 감소시키게 된다.
③ 작동 오차의 변화율에 반응하여 동작하게 된다.
④ 정상 상태의 오차를 줄이는 효과를 갖게 된다.

해설
미분 제어(D 제어)는 비례 제어의 오차가 큰 단점을 보완하기 위해 제어 장치에 미분 기능을 부가한 제어계이다. 제어계의 동작 특성을 미분 기울기로 구해 오차가 발생할 양을 방지하는 제어법으로 작동 오차의 변화율에 반응하여 동작한다.

THEME 03 변환 기기

085 ★☆☆
노내 온도를 제어하는 프로세스 제어계에서 검출부에 해당하는 것은?

① 노
② 밸브
③ 증폭기
④ 열전대

해설 열전대
열전대는 제벡효과를 이용하여 서로 다른 금속체 접합점에 온도차가 생기면 열기전력이 발생하는 소자이며 프로세스 제어계에서 검출부에 해당한다.

086 ★★☆
다음 중 온도를 전압으로 변환시키는 요소는?

① 차동 변압기
② 열전대
③ 측온 저항기
④ 광전지

해설 변환 기기의 종류
- 압력 → 변위: 벨로우즈, 다이어프램, 스프링
- 변위 → 압력: 노즐 플래퍼, 유압 분사관, 스프링
- 변위 → 전압: 차동 변압기, 전위차계
- 변위 → 임피던스: 가변 저항기
- 전압 → 변위: 전자석, 전자 코일
- 온도 → 전압: 열전대

087 ★★☆
압력 → 변위의 변환 장치는?

① 노즐 플래퍼
② 차동 변압기
③ 다이어프램
④ 전자석

해설 변환 기기의 종류
- 압력 → 변위: 벨로우즈, 다이어프램, 스프링
- 변위 → 압력: 노즐 플래퍼, 유압 분사관, 스프링
- 변위 → 전압: 차동 변압기, 전위차계
- 변위 → 임피던스: 가변 저항기
- 전압 → 변위: 전자석, 전자 코일
- 온도 → 전압: 열전대

[암기]
- 압력 → 변위: 벨로우즈, 다이어프램, 스프링
  (암기법: 스~ 다 벨로)

088 ★★☆
변위 → 압력의 변환 장치는?

① 벨로우즈
② 가변 저항기
③ 다이어프램
④ 유압 분사관

해설 변환 기기의 종류
- 압력 → 변위: 벨로우즈, 다이어프램, 스프링
- 변위 → 압력: 노즐 플래퍼, 유압 분사관, 스프링
- 변위 → 전압: 차동 변압기, 전위차계
- 변위 → 임피던스: 가변 저항기
- 전압 → 변위: 전자석, 전자 코일
- 온도 → 전압: 열전대

| 정답 | 085 ④ 086 ② 087 ③ 088 ④

CHAPTER 04
자동 제어의 과도 응답

1. 제어계의 안정 조건
2. 자동 제어의 과도 응답 특성
3. 특성 방정식의 근의 위치에 따른 응답 특성
4. 영점 및 극점
5. 제동비에 따른 제어계의 과도 응답 특성

CBT 완벽대비 가능한 유형마스터 학습!

THEME	유형분석	관련 번호
THEME 01 제어계의 안정 조건	각각의 응답을 암기하여 활용하는 문제가 주로 출제됩니다.	089~095
THEME 02 자동 제어의 과도 응답 특성	지연 시간, 상승 시간, 감쇠비의 정의를 묻는 문제가 자주 출제됩니다. 반드시 암기하시길 바랍니다.	096~099
THEME 03 특성 방정식의 근의 위치에 따른 응답 특성	특성 방정식을 세우고, 근을 구할 줄 알아야 합니다. s 평면상의 근의 위치에 따른 과도 응답을 확실하게 이해하고 있어야 합니다.	100~104
THEME 04 영점 및 극점	분모가 0이 되는 s의 값이 영점이고, 분모가 0이 되는 s의 값이 극점임을 알면 쉽게 풀이하실 수 있습니다.	105~107
THEME 05 제동비에 따른 제어계의 과도 응답 특성	2차 지연 요소의 전달 함수에서 제동비 및 고유 주파수를 구할 수 있어야 합니다. 그 제동비 값에 따른 제어계의 과도 응답 특성을 묻는 문제가 주로 출제됩니다.	108~124

학습 효과를 높이는 N제 3회독 시스템

챕터별 전체 1회독이 끝났다면 회독 체크표에 날짜를 기입하고 체크표시를 해주세요.

회독 체크표	☐ 1회독	월 일	☐ 2회독	월 일	☐ 3회독	월 일

CHAPTER 04 자동 제어의 과도 응답

THEME 01 제어계의 안정 조건

089 ★★☆

안정한 제어계에 임펄스 응답을 가했을 때 제어계의 정상 상태 출력은 얼마인가?

① 0
② $+\infty$ 또는 $-\infty$
③ $+$의 일정한 값
④ $-$의 일정한 값

해설

안정한 제어계는 지수 함수처럼 $\lim_{t \to \infty} f(t) = k$과 같이 시간을 무한대로 보냈을 때 그 결과값이 어느 한 값으로 수렴하는 제어계를 말한다. 문제에서 안정한 제어계에 임펄스 응답(임펄스 함수를 입력으로 가한 응답)을 가했다고 하였으므로 $\lim_{t \to \infty} e^{-t} \times \delta(t)$를 의미합니다. 이때, 임펄스 함수는 $t = \infty$에서 그 크기가 0이므로 역시 제어계의 시간을 무한대로 진행하였을 때 출력 응답은 0이 된다.

090 ★★☆

전달 함수 $G(s) = \dfrac{1}{s+a}$일 때 이 계의 임펄스 응답 $c(t)$를 나타내는 것은?(단, a는 상수이다.)

①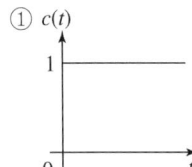
②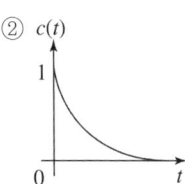
③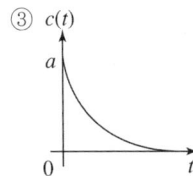
④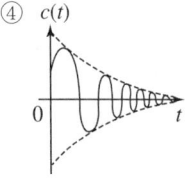

해설

주어진 전달 함수를 라플라스 역변환하여 시간 함수를 구한다.
$C(s) = R(s)\,G(s) = 1 \times \dfrac{1}{s+a} \to c(t) = e^{-at}$

따라서 시간이 경과함에 따라 지수적으로 감소하는 응답이 나오는 파형이 된다.

091 ★★★

전달 함수가 $G(s) = \dfrac{Y(s)}{X(s)} = \dfrac{1}{s^2(s+1)}$로 주어진 시스템의 단위 임펄스 응답은?

① $y(t) = 1 - t + e^{-t}$
② $y(t) = 1 + t + e^{-t}$
③ $y(t) = t - 1 + e^{-t}$
④ $y(t) = t - 1 - e^{-t}$

해설

임펄스 응답을 구해 보면 다음과 같다.

$Y(s) = X(s)\,G(s) = 1 \times \dfrac{1}{s^2(s+1)} = \dfrac{A}{s^2} + \dfrac{B}{s} + \dfrac{C}{s+1}$

$A = \dfrac{1}{s+1}\bigg|_{s=0} = 1$

$B = \dfrac{d}{ds}\left(\dfrac{1}{s^2(s+1)} \times s^2\right)\bigg|_{s=0} = \dfrac{d}{ds}\left(\dfrac{1}{s+1}\right)\bigg|_{s=0}$
$= \dfrac{-1}{(s+1)^2}\bigg|_{s=0} = -1$

$C = \dfrac{1}{s^2}\bigg|_{s=-1} = 1$

$Y(s) = \dfrac{1}{s^2} - \dfrac{1}{s} + \dfrac{1}{s+1}$

$\therefore y(t) = t - 1 + e^{-t}$

| 정답 | 089 ① 090 ② 091 ③

092 ★★★

전달 함수 $G(s) = \dfrac{C(s)}{R(s)} = \dfrac{1}{(s+a)^2}$ 인 제어계의 임펄스 응답 $c(t)$는?

① e^{-at}
② $1 - e^{-at}$
③ te^{-at}
④ $\dfrac{1}{2}t^2$

해설

문제에 주어진 임펄스 입력 $r(t) = \delta(t)$에 대한 출력 응답은 다음과 같다.

$G(s) = \dfrac{C(s)}{R(s)} = \dfrac{1}{(s+a)^2}$

$\therefore C(s) = R(s)\,G(s) = 1 \times \dfrac{1}{(s+a)^2} = \dfrac{1}{(s+a)^2}$

따라서 이를 라플라스 역변환하면 다음과 같다.

$c(t) = te^{-at}$

암기

$f(t) = t \;\rightarrow\; F(s) = \dfrac{1}{s^2}$

$f(t) = e^{-at} \;\rightarrow\; F(s) = \dfrac{1}{s+a}$

093 ★★☆

전달 함수가 $G(s) = \dfrac{\omega_n^2}{s^2 + 2\delta\omega_n s + \omega_n^2}$ 으로 표시되는 2차 계에서 $\omega_n = 1$, $\delta = 1$인 경우의 단위 임펄스 응답은?

① e^{-t}
② te^{-t}
③ $1 - te^{-t}$
④ $1 - e^{-t}$

해설

문제에 주어진 조건을 전달 함수에 대입하면 다음과 같다.

$G(s) = \dfrac{\omega_n^2}{s^2 + 2\delta\omega_n s + \omega_n^2}\bigg|_{\delta\,=\,\omega_n\,=\,1} = \dfrac{1}{s^2 + 2s + 1}$

따라서 단위 임펄스 입력 $r(t) = \delta(t)$에 대한 응답을 구해 보면

$C(s) = R(s) \times G(s) = 1 \times \dfrac{1}{s^2 + 2s + 1} = \dfrac{1}{(s+1)^2}$

또한 위의 식을 라플라스 역변환하여 시간 함수를 구해 보면

$c(t) = te^{-t}$ 이다.

094 ★★☆

제어 시스템에서 출력이 얼마나 목표값을 잘 추종하는지를 알아볼 때, 시험용으로 많이 사용하는 신호로 다음 식의 조건을 만족하는 것은?

$u(t-a) = \begin{cases} 0\,(t < a) \\ 1\,(t \geqq a) \end{cases}$

① 사인 함수
② 임펄스 함수
③ 램프 함수
④ 단위 계단 함수

해설

문제에 주어진 $u(t-a)$는 시간이 $a(a > 0)$만큼 지연이 된 단위 계단 함수를 말한다.

095 ★★★

제어계의 압력이 단위 계단 신호일 때 출력 응답은?

① 임펄스(Impulse) 응답
② 인디셜(Indicial) 응답
③ 노멀(Normal) 응답
④ 램프(Ramp) 응답

해설

제어계에서 입력으로 단위 계단 신호 $r(t) = u(t) = 1$을 가했을 때의 인디셜 응답이 출력으로 나온다.

| 정답 | 092 ③ 093 ② 094 ④ 095 ②

THEME 02 자동 제어의 과도 응답 특성

096 ★☆☆
다음과 같은 시스템의 단위 계단 입력 신호가 가해졌을 때 지연 시간에 가장 가까운 값[sec]은?

$$\frac{C(s)}{R(s)} = \frac{1}{s+1}$$

① 0.5 ② 0.7
③ 0.9 ④ 1.2

해설
지연 시간은 출력이 입력의 50[%]에 도달되는 시간이다.
$C(s) = R(s) \cdot G(s) = \frac{1}{s} \times \frac{1}{s+1} = \frac{1}{s(s+1)} = \frac{1}{s} - \frac{1}{s+1}$
위 식을 역라플라스 변환한 시간 함수 $c(t) = 1 - e^{-t}$에 지연 시간 조건을 대입하면
$1 - e^{-t} = 0.5$
$\therefore t = -\ln 0.5 = 0.693[\text{sec}]$

097 ★★☆
자동 제어계의 2차계 과도 응답에서 응답이 최초로 정상값의 50[%]에 도달하는 데 요하는 시간은 무엇인가?

① 상승 시간(Rise time)
② 지연 시간(Delay time)
③ 응답 시간(Response time)
④ 정정 시간(Settling time)

해설
• 상승 시간: 제어계의 출력이 입력의 10~90[%]에 진행하는 데 걸리는 시간
• **지연 시간: 제어계의 출력이 입력의 50[%]에 진행하는 데 걸리는 시간**

098 ★★☆
응답이 최종값의 10[%]에서 90[%]까지 되는 데 요하는 시간은?

① 상승 시간 ② 지연 시간
③ 응답 시간 ④ 정정 시간

해설
• 상승 시간: 제어계의 출력이 입력의 10~90[%]에 진행하는 데 걸리는 시간
• 지연 시간: 제어계의 출력이 입력의 50[%]에 진행하는 데 걸리는 시간

099 NEW
과도 응답이 소멸되는 정도를 나타내는 감쇠비(Damping ratio)는?

① 최대 오버슈트 / 제2 오버슈트
② 제3 오버슈트 / 제2 오버슈트
③ 제2 오버슈트 / 최대 오버슈트
④ 제2 오버슈트 / 제3 오버슈트

해설
감쇠비 = 제2 오버슈트 / 최대 오버슈트

THEME 03 특성 방정식의 근의 위치에 따른 응답 특성

100 ★★★
다음의 블록 선도에서 특성 방정식의 근은?

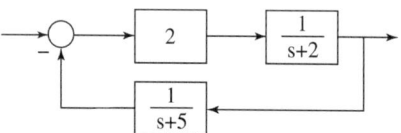

① $-2, -5$ ② $2, 5$
③ $-3, -4$ ④ $3, 4$

해설
문제에 주어진 블록 선도에서 전달 함수를 구한다.
$$G(s) = \frac{\sum 경로}{1 - \sum 폐루프} = \frac{2 \times \frac{1}{s+2}}{1 - \left(-2 \times \frac{1}{s+2} \times \frac{1}{s+5}\right)}$$
$$= \frac{2(s+5)}{(s+2)(s+5)+2} = \frac{2s+10}{s^2+7s+12}$$
특성 방정식은 전달 함수의 분모가 0이 되는 방정식이다.
$s^2 + 7s + 12 = (s+3)(s+4) = 0$
따라서 특성 방정식의 근은 -3과 -4이다.

101 ★★★

개루프 전달 함수 $G(s) = \dfrac{s+2}{(s+1)(s+3)}$ 인 부궤환 제어계의 특성 방정식은?

① $s^2 + 3s + 2 = 0$
② $s^2 + 4s + 3 = 0$
③ $s^2 + 4s + 6 = 0$
④ $s^2 + 5s + 5 = 0$

해설
문제에 주어진 개루프 전달 함수를 이용하여 부궤환 제어계의 폐루프 전달 함수를 구한다.

$$\dfrac{C}{R} = \dfrac{\dfrac{s+2}{(s+1)(s+3)}}{1 - \left(-\dfrac{s+2}{(s+1)(s+3)}\right)}$$

$$= \dfrac{s+2}{(s+1)(s+3)+s+2} = \dfrac{s+2}{s^2+5s+5}$$

따라서 특성 방정식은 위의 폐루프 전달 함수의 분모가 0인 경우이므로 $s^2 + 5s + 5 = 0$이다.

[참고]

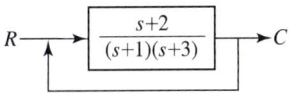

별해
문제에 주어진 개루프 전달 함수에서 곧바로 쉽게 특성 방정식을 구하는 방법은 분모+분자 = 0이다.
$(s+1)(s+3) + s + 2 = 0$
$\therefore s^2 + 5s + 5 = 0$

102 ★★☆

2차 제어 시스템의 특성 방정식이 $s^2 + 2\delta\omega_n s + \omega_n^2 = 0$인 경우, s가 서로 다른 2개의 실근을 가졌을 때의 제동 특성은?

① 과제동
② 무제동
③ 부족 제동
④ 임계 제동

해설 근의 종류에 따른 제동 특성
- 서로 다른 2개의 실근: 과제동
- 서로 다른 공액 복소근: 부족 제동
- 중근: 임계 제동

103 ★★☆

특성 방정식의 모든 근이 s 복소 평면의 좌반면에 있으면 이 계는 어떠한가?

① 안정하다.
② 준안정하다.
③ 불안정하다.
④ 조건부 안정이다.

해설
특성 방정식의 근이 모두 좌반 평면에 위치하면 제어계는 안정 상태가 된다.

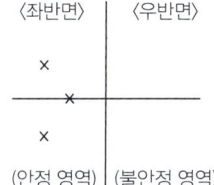

104 ★★☆

단위 궤환 제어계의 개루프 전달 함수가 $G(s) = \dfrac{K}{s(s+2)}$ 일 때, K가 $-\infty$로부터 $+\infty$까지 변하는 경우 특성 방정식의 근에 대한 설명으로 틀린 것은?

① $-\infty < K < 0$에 대하여 근은 모두 실근이다.
② $0 < K < 1$에 대하여 2개의 근은 모두 음의 실근이다.
③ $K = 0$에 대하여 $s_1 = 0$, $s_2 = -2$의 근은 $G(s)$의 극점과 일치한다.
④ $1 < K < \infty$에 대하여 2개의 근은 음의 실수부 중근이다.

해설
문제에 주어진 개루프 전달 함수의 특성 방정식을 구하여 근을 구한다.
$s^2 + 2s + K = 0$
$\therefore s = \dfrac{-2 \pm \sqrt{2^2 - 4 \times 1 \times K}}{2 \times 1} = -1 \pm \sqrt{1-K}$

따라서 $1 < K < \infty$에 대하여 2개의 근은 음의 실수부 중근이 나올 수 없다.

THEME 04 영점 및 극점

105 ★★★

전달 함수 $G(s) = \dfrac{s^2(s+3)}{(s+1)(s+2+j1)(s+2-j1)}$ 에 있어서 영점(Zero)에 관하여 옳게 표현한 것은?

① $s=0$에 2(개) 및 -3에 1(개)
② $s=0$에 1(개) 및 -3에 1(개)
③ $s=-3$에 1(개)
④ $s=0$에 1(개) 및 -3에 2(개)

해설

영점은 전달 함수의 분자가 0이 되는 s의 값이다.
따라서 $s^2(s+3) = 0$에서 $s = 0, 0, -3$이다.

106 ★★★

PD 조절기와 전달 함수 $G(s) = 1.2 + 0.02s$ 의 영점은?

① -60 ② -50
③ 50 ④ 60

해설

영점은 $G(s) = 1.2 + 0.02s = 0$일 경우이므로 이에 맞는 s의 값은 다음과 같다.
$s = -\dfrac{1.2}{0.02} = -60$

암기

$G(s) = \dfrac{\text{분자}}{\text{분모}}$

분자가 0이 되는 s의 값: 영점
분모가 0이 되는 s의 값: 극점

107 ★★☆

다음의 전달 함수 중에서 극점이 $-1 \pm j2$, 영점이 -2인 것은?

① $\dfrac{s+2}{(s+1)^2+4}$ ② $\dfrac{s-2}{(s+1)^2+4}$
③ $\dfrac{s+2}{(s-1)^2+4}$ ④ $\dfrac{s-2}{(s-1)^2+4}$

해설

문제에 주어진 영점과 극점을 이용한다.
- 분자: $s+2$
- 분모: $s+1 \mp j2 \to (s+1-j2)(s+1+j2) = (s+1)^2+4$

따라서 이에 맞는 전달 함수는 다음과 같다.
$\dfrac{C}{R} = \dfrac{s+2}{(s+1)^2+4}$

THEME 05 제동비에 따른 제어계의 과도 응답 특성

108 ★★★

제어 시스템의 전달 함수가 $T(s) = \dfrac{1}{4s^2+s+1}$ 과 같이 표현될 때 이 시스템의 고유주파수(ω_n[rad/s])와 감쇠율(ζ)은?

① $\omega_n = 0.25$, $\zeta = 1.0$
② $\omega_n = 0.5$, $\zeta = 0.25$
③ $\omega_n = 0.5$, $\zeta = 0.5$
④ $\omega_n = 1.0$, $\zeta = 0.5$

해설

2차 지연 요소의 전달 함수

$T(s) = \dfrac{\omega_n^2}{s^2+2\delta\omega_n s+\omega_n^2} = \dfrac{1}{4s^2+s+1} = \dfrac{\frac{1}{4}}{s^2+\frac{1}{4}s+\frac{1}{4}}$

$\omega_n^2 = \dfrac{1}{4}$ 이므로 고유주파수 $\omega_n = \dfrac{1}{2} = 0.5$[rad/s]이다.

$2\delta\omega_n = \dfrac{1}{4}$ 이므로 감쇠율 $\delta = \dfrac{1}{8\omega_n} = \dfrac{1}{4} = 0.25$이다.

*문제에서 감쇠율은 ζ로 주어졌음에 유의한다.

109

다음 회로망에서 입력 전압을 $V_1(t)$, 출력 전압을 $V_2(t)$이라 할 때, $\dfrac{V_2(s)}{V_1(s)}$에 대한 고유 주파수 ω_n과 제동비 δ의 값은?(단, $R=100[\Omega]$, $L=2[\text{H}]$, $C=200[\mu\text{F}]$이고, 모든 초기 전하는 0이다.)

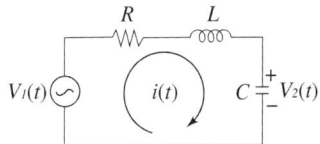

① $\omega_n=50$, $\delta=0.5$
② $\omega_n=50$, $\delta=0.7$
③ $\omega_n=250$, $\delta=0.5$
④ $\omega_n=250$, $\delta=0.7$

해설

문제에 주어진 회로망의 전달 함수를 구한다.

$$\frac{V_2(s)}{V_1(s)} = \frac{\frac{1}{Cs}}{R+Ls+\frac{1}{Cs}} = \frac{1}{LCs^2+RCs+1}$$

$$= \frac{\frac{1}{LC}}{s^2+\frac{R}{L}s+\frac{1}{LC}} = \frac{\frac{1}{2\times 200\times 10^{-6}}}{s^2+\frac{100}{2}s+\frac{1}{2\times 200\times 10^{-6}}}$$

$$= \frac{2,500}{s^2+50s+2,500}$$

위 식을 2차 지연 요소의 전달 함수식과 비교하여 고유 주파수와 제동비를 구하면 다음과 같다.

$$\frac{V_2(s)}{V_1(s)} = \frac{2,500}{s^2+50s+2,500} = \frac{\omega_n^2}{s^2+2\delta\omega_n s+\omega_n^2}$$

$\therefore \omega_n = \sqrt{2,500} = 50[\text{rad/sec}]$

$2\delta\omega_n = 50 \rightarrow \delta = 50\times\dfrac{1}{2\omega_n} = 50\times\dfrac{1}{2\times 50} = 0.5$

$\therefore \delta = 0.5$

암기

2차 지연 요소 전달 함수 $= \dfrac{\omega_n^2}{s^2+2\delta\omega_n s+\omega_n^2}$

110

폐루프 전달 함수 $\dfrac{C(s)}{R(s)}$가 다음과 같을 때 2차 제어계에 대한 설명 중 틀린 것은?

$$\frac{C(s)}{R(s)} = \frac{\omega_n^2}{s^2+2\delta\omega_n s+\omega_n^2}$$

① 최대 오버슈트는 $e^{-\pi\delta/\sqrt{1-\delta^2}}$ 이다.
② 이 폐루프계의 특성 방정식은 $s^2+2\delta\omega_n s+\omega_n^2=0$이다.
③ 이 계는 $\delta=0.1$일 때 부족 제동된 상태에 있다.
④ δ 값을 작게 할수록 제동은 많이 걸리게 되어 비교 안정도는 향상된다.

해설

제동 계수 δ가 작아질수록 제동이 적게 걸리므로 안정도는 저하되는 특성이 있다.

111

2차 제어 시스템의 감쇠율(Damping ratio, δ)이 $\delta<0$인 경우 제어 시스템의 과도 응답 특성은?

① 발산
② 무제동
③ 임계 제동
④ 과제동

해설 과도 응답 특성

- $\delta>1$: 과제동
- $\delta=1$: 임계 제동
- $0<\delta<1$: 부족 제동
- $\delta=0$: 무제동
- $\delta<0$: 발산

112 ★★★

전달 함수가 $\dfrac{C(s)}{R(s)} = \dfrac{1}{3s^2+4s+1}$ 인 제어 시스템의 과도 응답 특성은?

① 무제동
② 부족 제동
③ 임계 제동
④ 과제동

해설

$$\dfrac{C(s)}{R(s)} = \dfrac{1}{3s^2+4s+1} = \dfrac{\frac{1}{3}}{s^2+\frac{4}{3}s+\frac{1}{3}}$$

$$= \dfrac{\omega_n^2}{s^2+2\delta\omega_n s+\omega_n^2}$$

$\omega_n^2 = \dfrac{1}{3} \rightarrow \omega_n = \dfrac{1}{\sqrt{3}}$ [rad/sec]

$2\delta\omega_n = \dfrac{4}{3} \rightarrow \delta = \dfrac{4}{3} \times \dfrac{1}{2\omega_n} = \dfrac{2}{3} \times \dfrac{1}{\frac{1}{\sqrt{3}}} = \dfrac{2}{\sqrt{3}} = 1.15$

∴ $\delta > 1$ 이므로 과제동

113 ★★★

2차계 과도 응답에 대한 특성 방정식의 근은 s_1, $s_2 = -\delta\omega_n \pm j\omega_n\sqrt{1-\delta^2}$ 이다. 감쇠비 δ가 $0 < \delta < 1$ 사이에 존재할 때 나타나는 현상은?

① 과제동
② 무제동
③ 부족 제동
④ 임계 제동

해설 제동비 값에 따른 제어계의 과도 응답 특성

- $0 < \delta < 1$: 부족 제동(감쇠 진동)

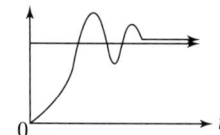

- $\delta > 1$: 과제동(비진동)

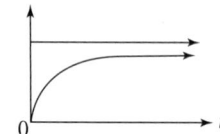

- $\delta = 1$: 임계 제동(임계 상태)

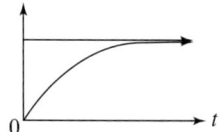

- $\delta = 0$: 무제동(무한 진동)

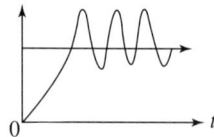

114 ★★★

특성 방정식 $s^2 + 2\delta\omega_n s + \omega_n^2 = 0$ 에서 감쇠 진동을 하는 제동비 δ의 값은?

① $\delta > 1$
② $\delta = 1$
③ $\delta = 0$
④ $0 < \delta < 1$

해설 제동비 값에 따른 제어계의 과도 응답 특성

- $0 < \delta < 1$: 부족 제동(감쇠 진동)

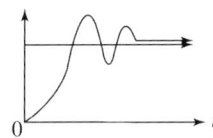

- $\delta > 1$: 과제동(비진동)

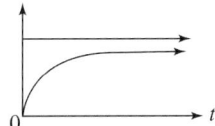

- $\delta = 1$: 임계 제동(임계 상태)

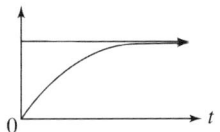

- $\delta = 0$: 무제동(무한 진동)

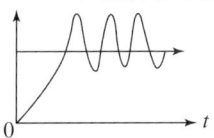

115 ★★★

2차계의 감쇠비 δ가 $\delta > 1$이면 어떤 경우인가?

① 비제동
② 과제동
③ 부족 제동
④ 발산 상태

해설 제동비 값에 따른 제어계의 과도 응답 특성

- $0 < \delta < 1$: 부족 제동(감쇠 진동)

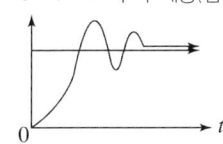

- $\delta > 1$: 과제동(비진동)

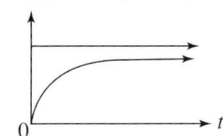

- $\delta = 1$: 임계 제동(임계 상태)

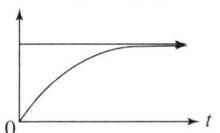

- $\delta = 0$: 무제동(무한 진동)

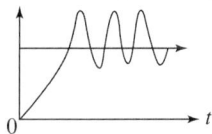

116 ★★★

단위 부궤환 시스템이 $G(s) = \dfrac{2}{s(s+2)}$ 와 같을 때 다음 중 옳은 것은?

① 무제동이다. ② 임계 제동이다.
③ 과제동이다. ④ 부족 제동이다.

해설

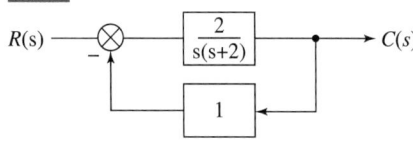

$$\dfrac{G(s)}{R(s)} = \dfrac{\dfrac{2}{s(s+2)}}{1+\dfrac{2}{s(s+2)}} = \dfrac{2}{s^2+2s+2} = \dfrac{\omega_n^2}{s^2+2\delta\omega_n s+\omega_n^2}$$

$\omega_n^2 = 2 \rightarrow \therefore \omega_n = \sqrt{2}\,[\text{rad/sec}]$

$2\delta\omega_n = 2 \rightarrow \therefore \delta = \dfrac{1}{\omega_n} = \dfrac{1}{\sqrt{2}} = 0.707 < 1$

따라서 부족 제동이다.

117 ★★★

전달 함수가 $\dfrac{C(s)}{R(s)} = \dfrac{36}{s^2+4.2s+36}$ 인 2차 제어 시스템의 감쇠 진동 주파수(ω_d)는 약 몇 [rad/sec]인가?

① 4.0 ② 4.3
③ 5.6 ④ 6.0

해설

$\dfrac{C(s)}{R(s)} = \dfrac{36}{s^2+4.2s+36} = \dfrac{\omega_n^2}{s^2+2\delta\omega_n s+\omega_n^2}$

$\omega_n^2 = 36 \rightarrow \omega_n = 6\,[\text{rad/sec}]$

$2\delta\omega_n = 4.2 \rightarrow \delta = 4.2 \times \dfrac{1}{2\omega_n} = 0.35$

$\therefore \omega_d = \omega_n\sqrt{1-\delta^2} = 6 \times \sqrt{1-0.35^2}$
$\quad = 5.62\,[\text{rad/sec}]$

암기

감쇠 진동 주파수 $\omega_d = \omega_n\sqrt{1-\delta^2}\,[\text{rad/sec}]$

118 ★★★

전달 함수가 $\dfrac{C(s)}{R(s)} = \dfrac{25}{s^2+6s+25}$ 인 2차 제어 시스템의 감쇠 진동 주파수 ω_d는 몇 [rad/sec]인가?

① 3 ② 4
③ 5 ④ 6

해설

$\dfrac{C(s)}{R(s)} = \dfrac{25}{s^2+6s+25} = \dfrac{\omega_n^2}{s^2+2\delta\omega_n s+\omega_n^2}$

$\omega_n^2 = 25 \rightarrow \omega_n = 5\,[\text{rad/sec}]$

$2\delta\omega_n = 6 \rightarrow \delta = 6 \times \dfrac{1}{2\omega_n} = 0.6$

$\therefore \omega_d = \omega_n\sqrt{1-\delta^2} = 5 \times \sqrt{1-0.6^2} = 4\,[\text{rad/sec}]$

119 ★☆☆

주파수 특성의 정수 중 대역폭이 좁으면 좁을수록 이때의 응답 속도는 어떻게 되는가?

① 빨라진다.
② 늦어진다.
③ 빨라졌다 늦어진다.
④ 늦어졌다 빨라진다.

해설

보드 선도에서 대역폭이 넓으면 제어 장치의 응답 속도는 빨라지고, 대역폭이 좁으면 제어 장치의 응답 속도는 늦어진다.

120 ★☆☆

2차계의 주파수 응답과 시간 응답에 대한 특성을 서술하는 내용 중 틀린 것은?

① 안정된 영역에서 대역폭은 공진 주파수에 반비례한다.
② 안정된 영역에서 더 높은 대역폭은 더 큰 공진 첨두값에 대응한다.
③ 최대 오버슈트와 공진 첨두값은 제동비만의 함수로 나타낼 수 있다.
④ 공진 주파수가 일정 시 제동비가 증가하면 상승시간은 증가하고, 대역폭은 감소한다.

해설

제어계에서 대역폭과 공진 주파수는 비례 관계가 있다.

121 ★☆☆
주파수 응답에 의한 위치 제어계의 설계에서 계통의 안정도 척도와 관계가 적은 것은?

① 공진치
② 위상 여유
③ 이득 여유
④ 고유 주파수

해설
고유 주파수는 계통의 안정도 척도와 관계가 없다.
[참고]
- 제어계의 이득이 최대인 공진 주파수
  $\omega_p = \omega_n \sqrt{1-2\delta^2}\,[\text{rad/sec}]$
  (ω_p: 공진 주파수[rad/sec], ω_n: 고유 주파수[rad/sec], δ: 제동비)
- 제어계의 공진 정점값
  $M_p = \dfrac{1}{2\delta\sqrt{1-\delta^2}}$
- 보드 선도의 이득 여유 $g_m > 0$, 위상 여유 $\phi_m > 0$의 조건에서 제어 장치의 동작이 안정

122 ★☆☆
전달 함수의 크기가 주파수 0에서 최댓값을 갖는 저역 동과 필터가 있다. 최댓값의 70.7[%] 또는 $-3[\text{dB}]$로 되는 크기까지의 주파수로 정의되는 것은?

① 공진 주파수 대역
② 첨두 공진점(공진 정점)
③ 대역폭
④ 분리도 크기

해설 대역폭
공진 정점값의 70.7[%] 이상을 만족하는 주파수 영역

123 ★☆☆
대역폭(Band width)은 과도 응답 성질의 한 척도로 사용되는데 이의 특성으로 알맞은 것은 어느 것인가?

① 대역폭이 적으면 비교적 높은 주파수만 통과한다.
② 대역폭이 크면 시간 응답은 보통 늦고 완만하다.
③ 대역폭이 적으면 시간 응답은 보통 늦고 완만하다.
④ 대역폭이 크면 비교적 낮은 주파수만 통과한다.

해설
대역폭은 제어계의 공진 정점 대비 크기가 0.707 또는 $-3[\text{dB}]$에서의 주파수이다. 대역폭이 넓을수록 응답 속도가 빠르다.
즉, 반대로 대역폭이 적을수록 응답 속도가 느리다.

124 ★☆☆
2차 제어계에서 공진 주파수(ω_m)와 고유 주파수(ω_n), 감쇠비(α) 사이의 관계로 옳은 것은?

① $\omega_m = \omega_n \sqrt{1-\alpha^2}$
② $\omega_m = \omega_n \sqrt{1+\alpha^2}$
③ $\omega_m = \omega_n \sqrt{1-2\alpha^2}$
④ $\omega_m = \omega_n \sqrt{1+2\alpha^2}$

해설
제어계의 이득이 최대인 공진 주파수
$\omega_p = \omega_n \sqrt{1-2\delta^2}\,[\text{rad/sec}]$
(ω_p: 공진 주파수[rad/sec], ω_n: 고유 주파수[rad/sec], δ: 제동비)
여기서, 공진 주파수를 ω_m, 감쇠비를 α로 나타냈으므로
$\omega_m = \omega_n \sqrt{1-2\alpha^2}\,[\text{rad/sec}]$이다.

| 정답 | 121 ④ 122 ③ 123 ③ 124 ③

자동 제어의 정확도

1. 자동 제어계의 정상 편차
2. 제어계의 형에 따른 편차
3. 제어 장치의 감도(Sensitivity)

CBT 완벽대비 가능한 유형마스터 학습!

THEME	유형분석	관련 번호
THEME 01 자동 제어계의 정상 편차	편차의 종류를 암기하여 활용되는 문제가 주로 출제됩니다. 편차 상수를 구하는 방법을 암기하여야 합니다.	125~132
THEME 02 제어계의 형에 따른 편차	제어계의 형태 분류와 형에 따른 편차값을 묻는 문제가 주로 출제됩니다.	133~135
THEME 03 제어 장치의 감도 (Sensitivity)	감도를 구하는 문제가 주로 출제되며, 구하는 방법이 복잡하기 때문에 많이 연습해 보시길 바랍니다.	136~139

학습 효과를 높이는 N제 3회독 시스템

챕터별 전체 1회독이 끝났다면 회독 체크표에 날짜를 기입하고 체크표시를 해주세요.

회독 체크표	☐ 1회독	월 일	☐ 2회독	월 일	☐ 3회독	월 일

CHAPTER 05 자동 제어의 정확도

THEME 01 자동 제어계의 정상 편차

125 ★★☆

그림과 같은 블록 선도의 제어 시스템에 단위 계단 함수가 입력되었을 때 정상 상태 오차가 0.01이 되는 a의 값은?

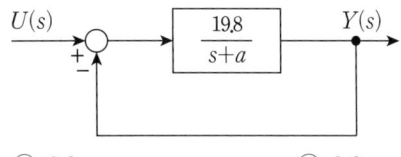

① 0.2　　　　② 0.6
③ 0.8　　　　④ 1.0

해설

오차 상수 $K_p = \lim_{s \to 0} G(s) = \lim_{s \to 0} \dfrac{19.8}{s+a} = \dfrac{19.8}{a}$

정상 상태 오차 $e_p = \dfrac{1}{1+K_p} = \dfrac{1}{1+\dfrac{19.8}{a}} = 0.01$

위 식을 정리하면 $\dfrac{19.8}{a} = 99$ 이므로 $a = 0.2$ 이다.

126 ★★☆

단위 피드백 제어계에서 개루프 전달 함수 $G(s)$가 다음과 같이 주어졌을 때 단위 계단 입력에 대한 정상 상태 편차는?

$$G(s) = \dfrac{5}{s(s+1)(s+2)}$$

① 0　　　　② 1
③ 2　　　　④ 3

해설

$K_p = \lim_{s \to 0} G(s) = \lim_{s \to 0} \dfrac{5}{s(s+1)(s+2)} = \infty$

따라서 단위 계단 입력의 정상 편차는 다음과 같다.

$e_p = \dfrac{1}{1+K_p} = \dfrac{1}{1+\infty} = 0$

127 ★★☆

블록 선도의 제어 시스템은 단위 램프 입력에 대한 정상 상태 오차(정상 편차)가 0.01이다. 이 제어 시스템의 제어 요소인 $G_{C1}(s)$의 k는?

$$G_{C1}(s) = k, \quad G_{C2}(s) = \dfrac{1+0.1s}{1+0.2s}$$

$$G_P(s) = \dfrac{200}{s(s+1)(s+2)}$$

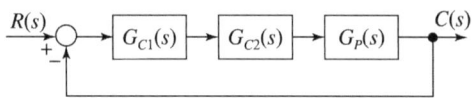

① 0.1　　　　② 1
③ 10　　　　④ 100

해설

단위 램프 입력에 대한 속도 편차 상수

$K_v = \lim_{s \to 0} s \times (G_{C1}(s) \times G_{C2}(s) \times G_P(s))$

$= \lim_{s \to 0} s \times \dfrac{k \times (1+0.1s) \times 200}{s(s+1)(s+2)(1+0.2s)} = 100k$

정상 편차

$e_v = \dfrac{1}{K_v} = \dfrac{1}{100k} = 0.01$

$\therefore k = \dfrac{1}{100} \times \dfrac{1}{0.01} = 1$

128 ★☆☆

시간 영역에서 자동 제어계를 해석할 때 기본 시험 입력에 보통 사용되지 않는 입력은?

① 정속도 입력　　　② 정현파 입력
③ 단위 계단 입력　　④ 정가속도 입력

해설 시간 영역 해석 시의 기본 시험 입력

- 단위 계단 입력
- 정가속도 입력
- 정속도 입력

129 ★★☆

그림과 같은 피드백 제어 시스템에서 입력이 단위 계단 함수일 때 정상 상태 오차 상수인 위치 상수(K_p)는?

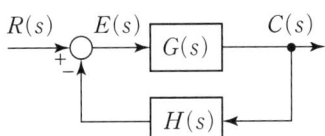

① $K_p = \lim\limits_{s \to 0} G(s)H(s)$
② $K_p = \lim\limits_{s \to 0} \dfrac{G(s)}{H(s)}$
③ $K_p = \lim\limits_{s \to \infty} G(s)H(s)$
④ $K_p = \lim\limits_{s \to \infty} \dfrac{G(s)}{H(s)}$

해설 단위 계단 함수의 위치 편차 상수

$K_p = \lim\limits_{s \to 0} G(s)H(s)$

암기

편차의 종류	입력	편차 상수	편차
위치 편차	$r(t) = 1$	$K_p = \lim\limits_{s \to 0} G(s)$	$e_p = \dfrac{1}{1+K_p}$
속도 편차	$r(t) = t$	$K_v = \lim\limits_{s \to 0} sG(s)$	$e_v = \dfrac{1}{K_v}$
가속도 편차	$r(t) = \dfrac{1}{2}t^2$	$K_a = \lim\limits_{s \to 0} s^2 G(s)$	$e_a = \dfrac{1}{K_a}$

130 ★★☆

그림과 같은 블록 선도의 제어 시스템에서 속도 편차 상수 K_v는 얼마인가?

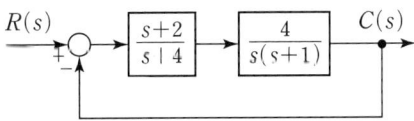

① 0
② 0.5
③ 2
④ ∞

해설
속도 편차 상수 $K_v = \lim\limits_{s \to 0} sG(s)$

개루프 전향 이득 $G(s) = \dfrac{s+2}{s+4} \times \dfrac{4}{s(s+1)}$

$K_v = \lim\limits_{s \to 0} s \times \dfrac{s+2}{s+4} \times \dfrac{4}{s(s+1)} = \dfrac{2}{4} \times \dfrac{4}{1} = 2$

131 ★★☆

개루프 전달 함수 $G(s)$가 다음과 같이 주어지는 단위 부궤환계가 있다. 단위 계단 입력이 주어졌을 때, 정상 상태 편차가 0.05가 되기 위한 K의 값은?

$$G(s) = \dfrac{6K(s+1)}{(s+2)(s+3)}$$

① 19
② 20
③ 0.95
④ 0.05

해설
위치 편차 상수 $K_p = \lim\limits_{s \to 0} G(s) = \lim\limits_{s \to 0} \dfrac{6K(s+1)}{(s+2)(s+3)} = K$

위치 편차 $e_p = \dfrac{1}{1+K_p} = \dfrac{1}{1+K} = 0.05$

$1 = 0.05(1+K) \to 20 = 1+K$

∴ $K = 19$

132 ★★☆

단위 피드백 제어계의 개루프 전달 함수가 $G(s) = \dfrac{1}{(s+1)(s+2)}$일 때 단위 계단 입력에 대한 정상 편차는 얼마인가?

① $\dfrac{1}{3}$
② $\dfrac{2}{3}$
③ 1
④ $\dfrac{4}{3}$

해설
단위 계단 입력에 대한 위치 편차 상수

$K_p = \lim\limits_{s \to 0} G(s) = \lim\limits_{s \to 0} \dfrac{1}{(s+1)(s+2)} = \dfrac{1}{2}$

위치 편차 $e_p = \dfrac{1}{1+K_p} = \dfrac{1}{1+\dfrac{1}{2}} = \dfrac{2}{3}$

THEME 02 제어계의 형에 따른 편차

133 ★★☆
그림과 같은 블록 선도로 표시되는 제어계는 무슨 형인가?

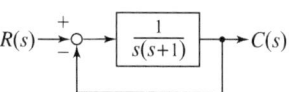

① 0형　　　　② 1형
③ 2형　　　　④ 3형

해설

$G(s)H(s) = \dfrac{s^a(s+z_1)(s+z_2)\cdots}{s^b(s+p_1)(s+p_2)\cdots}$ 의 형태에서

$G(s)H(s) = \dfrac{1}{s(s+1)} \left(\because G(s) = \dfrac{1}{s(s+1)},\ H(s)=1 \right)$

$a=0,\ b=1$을 만족하므로 제어계 형은 $b-a=1$형 제어계이다.

134 ★★☆
단위 램프 입력에 대해 속도 편차 상수가 유한한 값을 갖는 제어계는?

① 0형　　　　② 1형
③ 2형　　　　④ 3형

해설

단위 램프 입력 = 속도 입력으로서 속도 편차 상수를 의미한다. 따라서 1형 제어계이다. 예를 들면 다음과 같다.

- $K_v = \lim\limits_{s\to 0} sG(s) = \lim\limits_{s\to 0} s\dfrac{10}{(s+1)(s+2)} = 0$
  (0형 제어계에서는 속도 편차 상수가 0이다.)

- $K_v = \lim\limits_{s\to 0} sG(s) = \lim\limits_{s\to 0} s\dfrac{10}{s(s+1)(s+2)} = 5$
  (1형 제어계에서는 속도 편차 상수가 5이다.)

- $K_v = \lim\limits_{s\to 0} sG(s) = \lim\limits_{s\to 0} s\dfrac{10}{s^2(s+1)(s+2)} = \infty$
  (2형 제어계에서는 속도 편차 상수가 ∞이다.)

135 ★★☆
계단 오차 상수를 K_p라 할 때 1형 시스템의 계단 입력 $u(t)$에 대한 정상 상태 오차 e_p는?

① 1　　　　② $\dfrac{1}{K_p}$
③ 0　　　　④ ∞

해설

단위 계단 입력이 제어계에 가해지고 제어계는 1형 시스템이므로 예를 들어 $G(s) = \dfrac{10}{s(s+1)(s+2)}$ 라고 했을 때,

$K_p = \lim\limits_{s\to 0} G(s) = \lim\limits_{s\to 0} \dfrac{10}{s(s+1)(s+2)} = \infty$ 이다.

$\therefore e_p = \dfrac{1}{1+K_p} = \dfrac{1}{1+\infty} = 0$

THEME 03 제어 장치의 감도 (Sensitivity)

136 ★★☆
그림의 블록 선도에서 K에 대한 폐루프 전달 함수 $T = \dfrac{C(s)}{R(s)}$ 의 감도 S_K^T는?

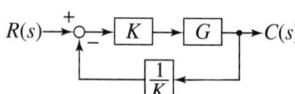

① -1　　　　② -0.5
③ 0.5　　　　④ 1

해설

- 전달 함수

$T = \dfrac{C}{R} = \dfrac{K\times G}{1-(-K\times G\times \dfrac{1}{K})} = \dfrac{KG}{1+G}$

- 감도

$S_K^T = \dfrac{K}{T}\cdot\dfrac{dT}{dK} = \dfrac{K}{\dfrac{KG}{1+G}}\times \dfrac{d}{dK}\left(\dfrac{KG}{1+G}\right)$

$= \dfrac{1+G}{G}\times \dfrac{G}{1+G} = 1$

137 ★★☆

그림과 같은 제어 시스템의 폐루프 전달 함수 $T(s) = \dfrac{C(s)}{R(s)}$ 에 대한 감도 S_K^T는?

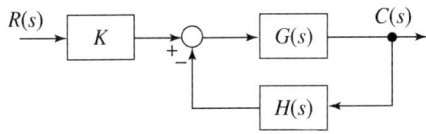

① 0.5
② 1
③ $\dfrac{G}{1+GH}$
④ $\dfrac{-GH}{1+GH}$

해설

- 전달 함수

$T(s) = \dfrac{C(s)}{R(s)} = \dfrac{KG(s)}{1+G(s)H(s)}$

- 감도

$S_K^T = \dfrac{K}{T} \times \dfrac{dT}{dK}$

$= \dfrac{K}{\dfrac{KG(s)}{1+G(s)H(s)}} \times \dfrac{d}{dK}\left(\dfrac{KG(s)}{1+G(s)H(s)}\right)$

$= \dfrac{1+G(s)H(s)}{G(s)} \times \dfrac{G(s)}{1+G(s)H(s)} = 1$

138 🆕

다음 중 Routh 안정도 판별법에서 그림과 같은 제어가 안정되기 위한 K의 값으로 적합한 것은?

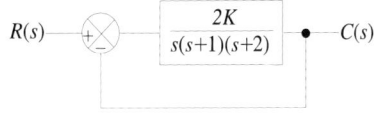

① 1
② 3
③ 5
④ 7

해설

전체 전달 함수 $M(s) = \dfrac{G(s)}{1+G(s)}$ 이므로

$M(s) = \dfrac{G(s)}{1+G(s)} = \dfrac{\dfrac{2K}{s(s+1)(s+2)}}{1+\dfrac{2K}{s(s+1)(s+2)}}$ 이다.

특성방정식 $F(s) = 1 + \dfrac{2k}{s(s+1)(s+2)}$

$= s(s+1)(s+2) + 2K$
$= s(s^2 + 3s + 2) + 2K$
$= s^3 + 3s^2 + 2s + 2K = 0$

이므로

차수	제1열 계수	제2열 계수	제3열 계수
s^3	1	2	0
s^2	3	$2K$	
s^1	$\dfrac{6-2K}{3}$	0	
s^0	$\dfrac{2K \times \dfrac{6-2K}{3} - 0}{\dfrac{6-2K}{3}} = 2K$	0	

$\dfrac{6-2K}{3} > 0, 2K > 0$ 이므로

∴ $0 < K < 3$

즉 K값 범위에 들어가는 값은 1이 된다.

139

폐루프 전달 함수 $T = \dfrac{C}{R} = \dfrac{A_1 + KA_2}{A_3 + KA_4}$ 인 계에서 K에 대한 T의 감도 S_K^T는?

① $\dfrac{K(A_2 A_3 - A_1 A_4)}{(A_1 + KA_2)(A_3 + KA_4)}$

② $\dfrac{A_1 A_2 K(A_3 + KA_4)}{A_2 A_3 + A_1 A_4}$

③ $\dfrac{A_2 A_3 + A_1 A_4}{(A_1 + A_3)(A_2 + A_4)}$

④ $\dfrac{A_1 A_2 + A_3 A_4}{K(A_1 A_4 + A_2 A_3)}$

해설

- 전달 함수

$$T = \dfrac{C}{R} = \dfrac{A_1 + KA_2}{A_3 + KA_4}$$

- 감도

$$S_K^T = \dfrac{K}{T} \times \dfrac{dT}{dK}$$

$$\dfrac{dT}{dK} = \dfrac{d}{dK}\left(\dfrac{A_1 + KA_2}{A_3 + KA_4}\right)$$

$$= \dfrac{A_2(A_3 + KA_4) - A_4(A_1 + KA_2)}{(A_3 + KA_4)^2} = \dfrac{A_2 A_3 - A_1 A_4}{(A_3 + KA_4)^2}$$

$$\therefore S_K^T = \dfrac{K}{T} \cdot \dfrac{dT}{dK} = \dfrac{K(A_3 + KA_4)}{A_1 + KA_2} \times \dfrac{A_2 A_3 - A_1 A_4}{(A_3 + KA_4)^2}$$

$$= \dfrac{K(A_2 A_3 - A_1 A_4)}{(A_1 + KA_2)(A_3 + KA_4)}$$

**에듀윌이
너를
지지할게**
ENERGY

한 글자로는 '꿈'

두 글자로는 '희망'

세 글자로는 '가능성'

네 글자로는 '할 수 있어'

– 정철, 『머리를 구하라』, 리더스북

CHAPTER 06

자동 제어의 주파수 응답 해석

1. 자동 제어계의 주파수 전달 함수
2. 보드 선도

CBT 완벽대비 가능한 유형마스터 학습!

THEME	유형분석	관련 번호
THEME 01 자동 제어계의 주파수 전달 함수	진폭비 및 위상차를 구하는 문제가 주로 출제됩니다. 벡터 궤적을 확실하게 이해하여야 합니다.	140~145
THEME 02 보드 선도	보드 선도 작성 시 필요한 사항에 대해 꼼꼼하게 학습하여야 합니다. 이득 여유를 묻는 문제가 주로 출제되므로 공식을 암기하여야 합니다.	146~162

학습 효과를 높이는 N제 3회독 시스템

챕터별 전체 1회독이 끝났다면 회독 체크표에 날짜를 기입하고 체크표시를 해주세요.

회독 체크표	☐ 1회독	월 일	☐ 2회독	월 일	☐ 3회독	월 일

CHAPTER 06 자동 제어의 주파수 응답 해석

THEME 01 자동 제어계의 주파수 전달 함수

140 ★★☆

$G(j\omega) = \dfrac{K}{j\omega(j\omega+1)}$ 에 있어서 진폭 A 및 위상각 θ는?

$$\lim_{\omega \to \infty} G(j\omega) = A \angle \theta$$

① $A=0$, $\theta = -90°$
② $A=0$, $\theta = -180°$
③ $A=\infty$, $\theta = -90°$
④ $A=\infty$, $\theta = -180°$

해설

- 진폭 $A = \left| \dfrac{K}{j\omega(j\omega+1)} \right|_{\omega \to \infty} = 0$
- 위상각 $\angle \theta = \dfrac{\angle 0°}{\angle 180°} = \angle -180°$

141 ★★☆

$G(j\omega) = \dfrac{1}{1+j2T}$ 이고, $T=2$초일 때 크기 $|G(j\omega)|$와 위상 $\angle G(j\omega)$는 각각 얼마인가?

① 0.24, 76° ② 0.44, 36°
③ 0.24, −76° ④ 0.44, −36°

해설

- $T=2 \to G(j\omega) = \dfrac{1}{1+j2\times 2} = \dfrac{1}{1+j4}$
- 크기 $|G(j\omega)| = \dfrac{1}{\sqrt{1^2+4^2}} = 0.24$
- 위상 $\angle G(j\omega) = \dfrac{\angle 0°}{\angle \tan^{-1}\frac{4}{1}} = \dfrac{\angle 0°}{\angle 76°} = \angle -76°$

142 ★★☆

$G(j\omega) = \dfrac{1}{j\omega T+1}$ 의 크기와 위상각은?

① $G(j\omega) = \sqrt{\omega^2 T^2+1}$, $\angle \tan^{-1}\omega T$
② $G(j\omega) = \sqrt{\omega^2 T^2+1}$, $\angle -\tan^{-1}\omega T$
③ $G(j\omega) = \dfrac{1}{\sqrt{\omega^2 T^2+1}}$, $\angle \tan^{-1}\omega T$
④ $G(j\omega) = \dfrac{1}{\sqrt{\omega^2 T^2+1}}$, $\angle -\tan^{-1}\omega T$

해설

- 크기

$$|G(j\omega)| = \dfrac{\sqrt{1^2}}{\sqrt{(\omega T)^2+1^2}} = \dfrac{1}{\sqrt{\omega^2 T^2+1}}$$

- 위상각

$$\angle G(j\omega) = \dfrac{\angle \tan^{-1}\frac{0}{1}}{\angle \tan^{-1}\frac{\omega T}{1}} = \angle(0° - \tan^{-1}\omega T)$$
$$= \angle -\tan^{-1}\omega T$$

| 정답 | 140 ② 141 ③ 142 ④

143 ★☆☆

그림의 벡터 궤적을 갖는 계의 주파수 전달 함수는?

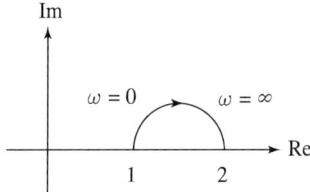

① $\dfrac{1}{j\omega+1}$ ② $\dfrac{1}{j2\omega+1}$

③ $\dfrac{j\omega+1}{j2\omega+1}$ ④ $\dfrac{j2\omega+1}{j\omega+1}$

해설

위상각이 (+)이므로 분자 위상각이 분모 위상각보다 커야 한다.

$\dfrac{j2\omega+1}{j\omega+1}$ 에서

- $\omega=0$: $G(j\omega)=1$
- $\omega=\infty$: $G(j\omega)=\dfrac{j2+\dfrac{1}{\omega}}{j+\dfrac{1}{\omega}}=2$

144 ★★★

벡터 궤적이 다음과 같이 표시되는 요소는 어떤 요소가 되는가?

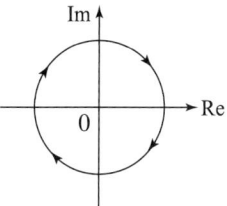

① 비례 미분 요소 ② 1차 지연 미분 요소
③ 2차 지연 미분 요소 ④ 부동작 시간 요소

해설

$G(j\omega)=e^{-Ts}=e^{-j\omega T}=\cos\omega T-j\sin\omega T$ 이므로

- 크기: $|G(j\omega)|=\sqrt{(\cos\omega T)^2+(\sin\omega T)^2}=1$
- 위상각: $\angle G(j\omega)=\tan^{-1}\left(\dfrac{-\sin\omega T}{\cos\omega T}\right)$

$\qquad\qquad\quad =\tan^{-1}(-\tan\omega T)=-\omega T$

크기는 1로 같고 위상만 변하는 벡터 궤적(원 궤적)을 부동작 요소 또는 부동작 시간 요소라 한다.

145 ★★☆

주파수 전달 함수 $G(s) = s$인 미분 요소가 있을 때 이 시스템의 벡터 궤적은?

①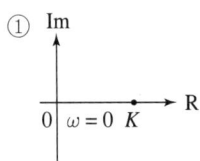
②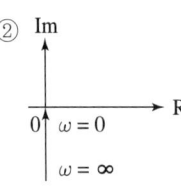
③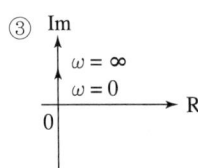
④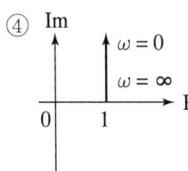

해설 미분 요소

- $G(s) = s$
- 미분 요소 $G(j\omega) = j\omega$는 ω가 0에서 ∞까지 변화할 때 허수축 상에 위로 올라가는 직선으로 그려진다.

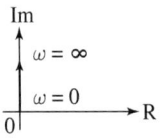

THEME 02 보드 선도

146 ★★★

전달 함수가 $G(s) = \dfrac{10}{s^2 + 3s + 2}$으로 표현되는 제어 시스템에서 직류 이득은 얼마인가?

① 1
② 2
③ 3
④ 5

해설

직류에서 주파수 $f = 0$이므로 $\omega = 2\pi f = 0$이다.

$\therefore G(j\omega) = \left.\dfrac{10}{(j\omega + 1)(j\omega + 2)}\right|_{\omega = 0} = 5$

147

보드 선도의 안정 판정에 대한 설명으로 옳은 것은?

① 위상 곡선이 $-180°$ 점에서 이득값이 양이다.
② 이득 여유는 음의 값, 위상 여유는 양의 값이다.
③ 이득 곡선의 $0[dB]$ 점에서 위상차가 $180°$ 보다 크다.
④ 이득($0[dB]$)축과 위상($-180°$)축을 일치시킬 때 위상 곡선이 위에 있다.

해설
보드 선도에서 제어계가 안정할 조건은 이득($0[dB]$)축과 위상($-180°$) 축 기준에서 상반부에 위치해야 한다.

148

보드 선도에서 이득 곡선이 $0[dB]$인 선을 지날 때의 주파수에서 양의 위상 여유가 생기고 위상 곡선이 $-180°$를 지날 때 양의 이득 여유가 생긴다면 이 폐루프 시스템의 안정도는 어떻게 되겠는가?

① 항상 안정하다.
② 항상 불안정하다.
③ 조건부 안정하다.
④ 안정성 여부를 알 수 없다.

해설
보드 선도에서 제어계가 안정하려면 이득 여유(g_m)와 위상 여유(ϕ_m)가 모두 양(+)의 값을 가져야 한다.

149

보드 선도상의 안정 조건을 옳게 나타낸 것은 다음 중 어느 것인가?(단, g_m은 이득 여유, ϕ_m은 위상 여유)

① $g_m > 0$, $\phi_m > 0$
② $g_m < 0$, $\phi_m < 0$
③ $g_m < 0$, $\phi_m > 0$
④ $g_m > 0$, $\phi_m < 0$

해설
보드 선도에서 제어계가 안정하려면 이득 여유(g_m)와 위상 여유(ϕ_m)가 모두 양(+)의 값을 가져야 한다.

| 정답 | 147 ④ 148 ① 149 ①

150 ★★★
안정한 제어 시스템의 보드 선도에서 이득 여유는?

① $-20 \sim 20[\text{dB}]$ 사이에 있는 크기$[\text{dB}]$ 값이다.
② $0 \sim 20[\text{dB}]$ 사이에 있는 크기 선도의 길이이다.
③ 위상이 $0°$가 되는 주파수에서 이득의 크기$[\text{dB}]$이다.
④ 위상이 $-180°$가 되는 주파수에서 이득의 크기$[\text{dB}]$이다.

해설 보드 선도의 정의

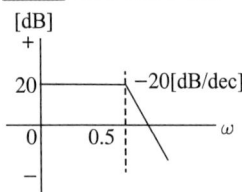

▲ 보드 선도의 예

- 주파수 전달 함수를 이용하여 주파수 변화에 따른 제어 장치의 크기와 위상각을 가로축에는 주파수 ω를, 세로축에는 이득 $|G(j\omega)|$로 하여 표시한 것이다.
- 보드 선도의 이득 여유 $g_m > 0$, 위상 여유 $\phi_m > 0$의 조건에서 제어 장치의 동작이 안정하다.
- 보드 선도에서 이득 여유에 대한 정보는 위상 곡선 $-180°$에서의 이득과 $0[\text{dB}]$과의 차이에서 알 수 있다.
- 위상이 $-180°$가 되는 주파수에서 이득의 크기$[\text{dB}]$이다.

151 ★★★
보드 선도에서 이득 여유에 대한 정보를 얻을 수 있는 것은?

① 위상 곡선 $0°$에서의 이득과 $0[\text{dB}]$과의 차이
② 위상 곡선 $180°$에서의 이득과 $0[\text{dB}]$과의 차이
③ 위상 곡선 $-90°$에서의 이득과 $0[\text{dB}]$과의 차이
④ 위상 곡선 $-180°$에서의 이득과 $0[\text{dB}]$과의 차이

해설 보드 선도의 정의

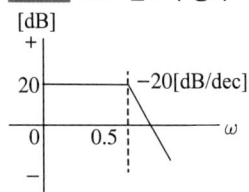

▲ 보드 선도의 예

- 주파수 전달 함수를 이용하여 주파수 변화에 따른 제어 장치의 크기와 위상각을 가로축에는 주파수 ω를, 세로축에는 이득 $|G(j\omega)|$로 하여 표시한 것이다.
- 보드 선도의 이득 여유 $g_m > 0$, 위상 여유 $\phi_m > 0$의 조건에서 제어 장치의 동작이 안정하다.
- 보드 선도에서 이득 여유에 대한 정보 위상 곡선 $-180°$에서의 이득과 $0[\text{dB}]$과의 차이에서 알 수 있다.
- 위상이 $-180°$가 되는 주파수에서 이득의 크기$[\text{dB}]$이다.

152 ★★☆

그림과 같은 보드 선도의 이득 선도를 갖는 제어 시스템의 전달 함수는?

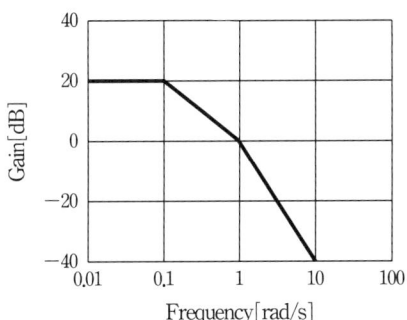

① $G(s) = \dfrac{10}{(s+1)(s+10)}$

② $G(s) = \dfrac{10}{(s+1)(10s+1)}$

③ $G(s) = \dfrac{20}{(s+1)(s+10)}$

④ $G(s) = \dfrac{20}{(s+1)(10s+1)}$

해설

주어진 보드 선도의 절점 주파수는 0.1과 1에 위치해 있으므로 전달 함수의 형태는 다음과 같다.

$G(s) = \dfrac{K}{(s+1)(s+0.1)}$

주어진 보드 선도에서 $\omega = 0$인 경우의 이득 여유값에서 미정 계수 K를 구해 보면 다음과 같다.

$G(j\omega) = \dfrac{K}{(j\omega+1)(j\omega+0.1)}\bigg|_{\omega=0} = \dfrac{K}{0.1} = 10K$

→ $g = 20\log_{10}10K = 20[\text{dB}]$

∴ $K = 1$

따라서 주어진 보드 선도의 전달 함수는 다음과 같다.

$G(s) = \dfrac{1}{(s+1)(s+0.1)} = \dfrac{10}{(s+1)(10s+1)}$

153 ★★★

전달 함수가 $G(s) = \dfrac{1}{0.1s(0.01s+1)}$과 같은 제어 시스템에서 $\omega = 0.1[\text{rad/s}]$일 때의 이득[dB]과 위상각[°]은 약 얼마인가?

① 40[dB], -90°
② -40[dB], 90°
③ 40[dB], -180°
④ -40[dB], -180°

해설

- 전달 함수

$G(j\omega) = \dfrac{1}{0.1j\omega(0.01j\omega+1)}\bigg|_{\omega=0.1} = \dfrac{1}{j0.01(j0.001+1)}$

$\fallingdotseq \dfrac{1}{j0.01 \times 1} = -j100 \; (\because j0.001 \ll 1)$

- 전달 함수의 크기

$|G(j\omega)| = |-j100| = 100$

- 이득

$g = 20\log_{10}100 = 20 \times 2 = 40[\text{dB}]$

- 위상각

$G(j\omega) \fallingdotseq \dfrac{1}{j0.01}$ 이므로 $\theta = \dfrac{\angle 0°}{\angle 90°} = \angle -90°$

154 ★★★

제어 시스템의 주파수 전달 함수가 $G(j\omega) = j5\omega$이고, 주파수가 $\omega = 0.02[\text{rad/sec}]$일 때 이 제어 시스템의 이득[dB]은?

① 20
② 10
③ -10
④ -20

해설

- 전달 함수

$G(j\omega)|_{\omega=0.02} = j5(0.02) = j0.1$

- 전달 함수의 크기

$|G(j\omega)| = |j0.1| = 0.1 = 10^{-1}$

- 이득

$g = 20\log 10^{-1} = -20[\text{dB}]$

| 정답 | 152 ② 153 ① 154 ④

155 ★★★

주파수 전달 함수가 $G(j\omega) = \dfrac{1}{j100\omega}$ 인 제어 시스템에서 $\omega = 1.0[\text{rad/s}]$일 때의 이득[dB]과 위상각은 각각 얼마인가?

① $20[\text{dB}]$, $90°$
② $40[\text{dB}]$, $90°$
③ $-20[\text{dB}]$, $-90°$
④ $-40[\text{dB}]$, $-90°$

해설

- 전달 함수의 크기

$$|G(j\omega)| = \left|\dfrac{1}{j100 \times 1.0}\right| = 10^{-2}$$

- 이득

$$g = 20\log_{10}|G(j\omega)| = 20\log_{10}10^{-2} = -40[\text{dB}]$$

- 위상각

$$\theta = \dfrac{\angle 0°}{\angle 90°} = \angle -90°$$

156 ★★★

제어 시스템의 전달 함수가 $G(s) = e^{-10s}$ 이고, 주파수가 $\omega = 10[\text{rad/sec}]$일 때, 이 제어 시스템의 이득[dB]은?

① 20
② 0
③ -20
④ -40

해설

- 전달 함수

$$G(j\omega) = e^{-j10\omega} = \cos(10\omega) - j\sin(10\omega)$$

- 전달 함수의 크기

$$|G(j\omega)| = \sqrt{\cos^2(10\omega) + \sin^2(10\omega)} = 1$$

- 이득

$$g = 20\log_{10}|G(j\omega)| = 20\log_{10}1 = 0[\text{dB}]$$

암기

- 오일러 공식: $e^{j\theta} = \cos\theta + j\sin\theta$
- 삼각함수 제곱 공식: $\cos^2\theta + \sin^2\theta = 1$

157 ★★★

$G(s)H(s) = \dfrac{2}{(s+1)(s+2)}$ 의 이득 여유[dB]는?

① 20
② -20
③ 0
④ ∞

해설

$$G(j\omega)H(j\omega) = \dfrac{2}{(j\omega+1)(j\omega+2)}\bigg|_{j\omega=0} = 1$$

∴ 이득 여유 $GM = 20\log_{10}\left|\dfrac{1}{G(j\omega)H(j\omega)}\right| = 20\log_{10}1 = 0[\text{dB}]$

암기

$\log_{10}1 = 0$

158 ★★★

$G(s) = \dfrac{1}{0.005s(0.1s+1)^2}$ 에서 $\omega = 10[\text{rad/s}]$일 때 이득 및 위상각은?

① $20[\text{dB}]$, $-90°$
② $20[\text{dB}]$, $-180°$
③ $40[\text{dB}]$, $-90°$
④ $40[\text{dB}]$, $-180°$

해설

- 전달 함수

$$G(j\omega)\bigg|_{\omega=10} = \dfrac{1}{0.005j\omega(0.1j\omega+1)^2}\bigg|_{\omega=10} = \dfrac{1}{j0.05(j+1)^2}$$

$$= \dfrac{1}{j0.05(-1+2j+1)} = -10$$

- 전달 함수의 크기

$$|G(j\omega)|_{\omega=10} = |-10| = 10$$

- 이득

$$g = 20\log_{10}10 = 20[\text{dB}]$$

- 위상각

$$G(j\omega)\bigg|_{\omega=10} = \dfrac{1}{j0.05(-1+2j+1)} = \dfrac{1}{0.1j^2}$$ 이므로

$$\theta = \dfrac{\angle 0°}{\angle 180°} = \angle -180° \text{이다.}$$

159 ★★☆

그림은 제어계와 그 제어계의 근궤적을 작도한 것이다. 이것으로부터 결정된 이득 여유값은?

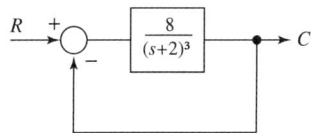

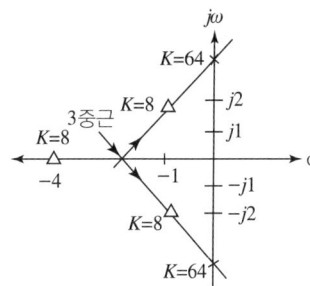

① 2
② 4
③ 8
④ 64

해설

주어진 근궤적에서 교점은 64이고, 기울기는 8이므로 이득 여유는 $GM = \dfrac{64}{8} = 8$이다.

[참고]
- 이득 여유가 [dB] 값인 경우 $20\log|GM| = 20\log 8 = 18.06[\text{dB}]$
- 근궤적에서 교점의 허수축과 교차되는 점을 의미한다.

160 NEW

$G(j\omega) = j0.1\omega$에서 $\omega = 0.01[\text{rad/sec}]$일 때, 계의 이득 [dB]은 얼마인가?

① -100
② -80
③ -60
④ -40

해설

$g = 20\log|G(j\omega)| = 20\log|0.001j|$
$= 20\log|0.001| = -60[\text{dB}]$

161 ★★★

단위 부궤환 제어 시스템의 루프 전달 함수인 $G(s)H(s)$가 다음과 같이 주어져 있다. 이득 여유가 $20[\text{dB}]$이면 이때의 K의 값은?

$$G(s)H(s) = \frac{K}{(s+1)(s+3)}$$

① $\dfrac{3}{10}$
② $\dfrac{3}{20}$
③ $\dfrac{1}{20}$
④ $\dfrac{1}{40}$

해설

허수부 $s = j\omega = 0$에서의 $G(s)H(s)$의 크기를 구한다.

$|G(s)H(s)| = \left|\dfrac{K}{(s+1)(s+3)}\right|_{s=0} = \dfrac{K}{3}$

이득 여유가 $20[\text{dB}]$이라고 주어졌으므로

$GM = 20[\text{dB}] = 20\log_{10}\dfrac{1}{|G(s)H(s)|} = 20\log\dfrac{3}{K}$

$\log\dfrac{3}{K} = 1 \rightarrow 10^1 = \dfrac{3}{K}$

$\therefore K = \dfrac{3}{10}$

162 ★☆☆

$G(s) = \dfrac{K}{s}$인 적분 요소의 보드 선도에서 이득 곡선의 $1[\text{decade}]$당 기울기는 몇 $[\text{dB}]$인가?

① 10
② 20
③ -10
④ -20

해설

$g = 20\log_{10}\left|\dfrac{K}{j\omega}\right| = 20\log_{10}\dfrac{K}{\omega} = 20\log_{10}K - 20\log_{10}\omega$로서 주파수($\omega$)의 변화에 따라 이득 곡선은 $-20[\text{dB}]$로 변화한다.

CHAPTER 07

제어계의 안정도

1. 루드표에 의한 안정도 해석
2. 나이퀴스트 선도에 의한 안정도 해석

CBT 완벽대비 가능한 유형마스터 학습!

THEME	유형분석	관련 번호
THEME 01 루드표에 의한 안정도 해석	제어계의 안정 조건은 반드시 암기하셔야 합니다. 또한 루드표를 그릴 수 있어야 하고, 이에 따른 안정도를 판별할 수 있어야 합니다.	163~190
THEME 02 나이퀴스트 선도에 의한 안정도 해석	나이퀴스트 선도의 경로가 시계 방향, 반시계 방향일 때의 안정도를 파악할 수 있어야 합니다.	191~199

학습 효과를 높이는 N제 3회독 시스템

챕터별 전체 1회독이 끝났다면 회독 체크표에 날짜를 기입하고 체크표시를 해주세요.

| 회독 체크표 | ☐ 1회독 | 월 일 | ☐ 2회독 | 월 일 | ☐ 3회독 | 월 일 |

CHAPTER 07 제어계의 안정도

THEME 01 루드표에 의한 안정도 해석

163 ★★☆
특성 방정식의 모든 근이 s 평면(복소 평면)의 $j\omega$축(허수축)에 있을 때 이 제어 시스템의 안정도는?

① 알 수 없다. ② 안정하다.
③ 불안정하다. ④ 임계 안정이다.

해설
복소 s 평면의 좌반면에 특성 방정식 근이 존재하면 안정, 우반면에 근이 존재하면 불안정, 허수축($j\omega$축)에 있으면 임계 안정(임계 상태)이다.

164 ★★☆
근궤적이 s 평면의 $j\omega$축과 교차할 때 폐루프의 제어계는?

① 안정 ② 알 수 없음
③ 불안정 ④ 임계 상태

해설
근궤적법에서 허수축과의 교점은 임계 상태를 의미한다.

165 ★★★
Routh-Hurwitz 표에서 제1열의 부호가 변하는 횟수로부터 알 수 있는 것은?

① s-평면의 좌반면에 존재하는 근의 수
② s-평면의 우반면에 존재하는 근의 수
③ s-평면의 허수축에 존재하는 근의 수
④ s-평면의 원점에 존재하는 근의 수

해설 제어계가 안정하기 위한 특성 방정식의 필수 조건
- 특성 방정식의 모든 계수의 부호가 같아야 한다.
- 특성 방정식의 모든 차수가 존재해야 한다.
- 루드표를 작성하여 제1열의 부호 변화가 없어야 한다.(부호 변화 개수는 s 평면의 우반 평면에 존재하는 근의 수를 의미한다.)

166 ★★★
Routh 안정 판별표에서 수열의 제1열이 다음과 같을 때 이 계통의 특성 방정식에 양의 실수부를 갖는 근이 몇 개인가?

```
 1
 2
-1
 3
 1
```

① 전혀 없다. ② 1개 있다.
③ 2개 있다. ④ 3개 있다.

해설 제어계가 안정하기 위한 특성 방정식의 필수 조건
- 특성 방정식의 모든 계수의 부호가 같아야 한다.
- 특성 방정식의 모든 차수가 존재해야 한다.
- 루드표를 작성하여 제1열의 부호 변화가 없어야 한다.(부호 변화 개수는 s 평면의 우반 평면에 존재하는 근의 수를 의미한다.)

주어진 루드표의 부호 변화가 2번 일어났으므로 양(+)의 실수부 근이 2개 존재한다.

| 정답 | 163 ④ 164 ④ 165 ② 166 ③

167 ★★★
다음의 특성 방정식 중 안정한 제어 시스템은?

① $s^3 + 3s^2 + 4s + 5 = 0$
② $s^4 + 3s^3 - s^2 + s + 10 = 0$
③ $s^5 + s^3 + 2s^2 + 4s + 3 = 0$
④ $s^4 - 2s^3 - 3s^2 + 4s + 5 = 0$

해설 제어계가 안정하기 위한 특성 방정식의 필수 조건
- 특성 방정식의 모든 계수의 부호가 같아야 한다.
- 특성 방정식의 모든 차수가 존재하여야 한다.
- 루드표를 작성하여 제1열의 부호 변화가 없어야 한다.(부호 변화 개수는 s 평면의 우반 평면에 존재하는 근의 수를 의미한다.)

따라서 보기의 특성 방정식 중 안정한 시스템은 ① 이다.

168 ★★★
특성 방정식 중 안정될 필요 조건을 갖춘 식으로 맞는 것은?

① $s^4 + 3s^2 + 10s + 10 = 0$
② $s^3 + s^2 - 5s + 10 = 0$
③ $s^3 + 2s^2 + 4s - 10 = 0$
④ $s^3 + 9s^2 + 20s + 12 = 0$

해설 제어계가 안정하기 위한 특성 방정식의 필수 조건
- 특성 방정식의 모든 계수의 부호가 같을 것
- 특성 방정식의 모든 차수가 존재할 것
- 루드표를 작성하여 제1열의 부호 변화가 없을 것

위의 조건에서 첫 번째와 두 번째 조건을 가진 특성 방정식은 ④번이다.

169 ★☆☆
제어 시스템의 특성 방정식이 $s^4 + s^3 - 3s^2 - s + 2 = 0$과 같을 때, 이 특성 방정식에서 s 평면의 오른쪽에 위치하는 근은 몇 개인가?

① 0
② 1
③ 2
④ 3

해설
주어진 특성 방정식을 루드표로 작성하면 다음과 같다.

차수	제1열	제2열	제3열
s^4	1	-3	2
s^3	1	-1	0
s^2	$\dfrac{1 \times (-3) - 1 \times (-1)}{1} = -2$	$\dfrac{1 \times 2 - 1 \times 0}{1} = 2$	0
s^1	$\dfrac{(-2) \times (-1) - 1 \times 2}{-2} = 0$	$\dfrac{(-2) \times 0 - 1 \times 0}{-2} = 0$	0

s^1 행의 모든 열에서 0이 발생하였으므로 바로 위 s^2 행의 열 값을 s에 대하여 미분하여 s^1 차수의 제1열 값을 다시 계산한다.

$\dfrac{d}{ds}(-2s^2 + 2) = -4s$

s^1의 계수는 -4이며 이 값을 적용하여 루드표를 작성한다.

차수	제1열	제2열	제3열
s^4	1	-3	2
s^3	1	-1	0
s^2	-2	2	0
s^1	-4	0	0
s^0	2	0	0

루드표의 제1열의 부호 변화가 2번 발생하였으므로 s 평면의 우반면에 근이 2개 존재한다.

암기
루드표의 제1열의 부호 변화는 우반면의 근의 존재를 의미한다.

170 ★★★

제어 시스템의 특성 방정식이 $s^3+11s^2+2s+20=0$과 같을 때, 이 특성 방정식에서 s 평면의 오른쪽에 위치하는 근은 몇 개인가?

① 0   ② 1
③ 2   ④ 3

해설

주어진 특성 방정식을 루드표로 작성하면 다음과 같다.

차수	제1열	제2열
s^3	1	2
s^2	11	20
s^1	$\dfrac{11\times2-1\times20}{11}=\dfrac{2}{11}$	0
s^0	$\dfrac{\dfrac{2}{11}\times20-11\times0}{\dfrac{2}{11}}=20$	0

따라서 위 루드표의 제1열의 부호 변화가 없으므로 우반 평면에 위치하는 근의 개수는 0개이다.

암기

루드표의 제1열의 부호 변화는 우반면의 근의 존재를 의미한다.

171 ★★★

특성 방정식이 $2s^4+10s^3+11s^2+5s+K=0$으로 주어진 제어 시스템이 안정하기 위한 조건은?

① $0<K<2$ ② $0<K<5$
③ $0<K<6$ ④ $0<K<10$

해설

주어진 특성 방정식을 루드표로 작성하면 다음과 같다.

차수	제1열	제2열	제3열
s^4	2	11	K
s^3	10	5	0
s^2	$\dfrac{10\times11-2\times5}{10}=10$	$\dfrac{10\times K-2\times0}{10}=K$	0
s^1	$\dfrac{10\times5-10\times K}{10}=5-K$	0	0
s^0	K	0	0

제어계가 안정하려면 루드표의 제1열의 부호 변화가 없어야 한다.
$K>0$, $5-K>0$ → $K<5$
따라서 안정하기 위한 위의 2가지 조건을 모두 충족하는 조건은 $0<K<5$이다.

172 ★★☆

그림과 같은 제어 시스템이 안정하기 위한 k의 범위는?

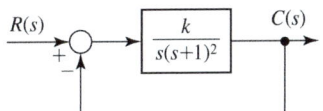

① $k > 0$ ② $k > 1$
③ $0 < k < 1$ ④ $0 < k < 2$

해설

• 전달 함수

$$\frac{C(s)}{R(s)} = \frac{\dfrac{k}{s(s+1)^2}}{1 - \left(-\dfrac{k}{s(s+1)^2}\right)} = \frac{k}{s(s+1)^2 + k}$$

$$= \frac{k}{s(s^2+2s+1)+k} = \frac{k}{s^3+2s^2+s+k}$$

• 특성 방정식

$s^3 + 2s^2 + s + k = 0$

특성 방정식을 루드표로 작성하면 다음과 같다.

차수	제1열	제2열
s^3	1	1
s^2	2	k
s^1	$\dfrac{2\times1 - 1\times k}{2} = \dfrac{2-k}{2}$	0
s^0	$\dfrac{\dfrac{2-k}{2}\times k - 2\times 0}{\dfrac{2-k}{2}} = k$	0

제어계가 안정하려면 루드표의 제1열의 부호 변화가 없어야 한다.
$k > 0$

$\dfrac{2-k}{2} > 0 \rightarrow k < 2$

따라서 안정하기 위한 위의 2가지 조건을 모두 충족하는 조건은 $0 < k < 2$이다.

173 ★★☆

그림의 제어 시스템이 안정하기 위한 K의 범위는?

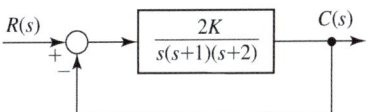

① $0 < K < 3$ ② $0 < K < 4$
③ $0 < K < 5$ ④ $0 < K < 6$

해설

• 전달 함수

$$\frac{C(s)}{R(s)} = \frac{\dfrac{2K}{s(s+1)(s+2)}}{1 - \left(-\dfrac{2K}{s(s+1)(s+2)}\right)} = \frac{2K}{s(s+1)(s+2)+2K}$$

$$= \frac{2K}{s^3 + 3s^2 + 2s + 2K}$$

• 특성 방정식

$s^3 + 3s^2 + 2s + 2K = 0$

특성 방정식을 루드표로 작성하면 다음과 같다.

차수	제1열	제2열
s^3	1	2
s^2	3	$2K$
s^1	$\dfrac{3\times 2 - 1\times 2K}{3} = \dfrac{6-2K}{3}$	0
s^0	$2K$	0

제어계가 안정하려면 위 루드표의 제1열의 부호 변화가 없어야 한다.
$2K > 0 \rightarrow K > 0$

$\dfrac{6-2K}{3} > 0 \rightarrow K < 3$

따라서 안정하기 위한 위의 2가지 조건을 모두 충족하는 조건은 $0 < K < 3$이다.

174 ★★★

개루프 전달 함수가 다음과 같은 제어 시스템의 근궤적이 $j\omega$ (허수)축과 교차할 때 K는 얼마인가?

$$G(s)H(s) = \frac{K}{s(s+3)(s+4)}$$

① 30
② 48
③ 84
④ 180

해설

근궤적이 허수축과 교차하는 것은 임계 상태를 의미한다.
개루프 전달 함수의 특성 방정식은 아래와 같다.
$s(s+3)(s+4) + K = s^3 + 7s^2 + 12s + K = 0$
위의 특성 방정식을 루드표로 작성하면 다음과 같다.

차수	제1열	제2열
s^3	1	12
s^2	7	K
s^1	$\frac{7 \times 12 - 1 \times K}{7} = \frac{84 - K}{7}$	0
s^0	K	0

제어계가 임계 상태이기 위해서는 s^1의 모든 열이 0이어야 한다.
$\frac{84-K}{7} = 0 \rightarrow K = 84$
따라서 $K = 84$이다.

175 ★★★

특성 방정식이 $s^3 + 2s^2 + Ks + 10 = 0$으로 주어지는 제어 시스템이 안정하기 위한 K의 범위는?

① $K > 0$
② $K > 5$
③ $K < 0$
④ $0 < K < 5$

해설

주어진 특성 방정식을 루드표로 작성하면 다음과 같다.

차수	제1열	제2열
s^3	1	K
s^2	2	10
s^1	$\frac{2 \times K - 1 \times 10}{2} = K - 5$	0
s^0	$\frac{(K-5) \times 10 - 2 \times 0}{K-5} = 10$	

제어계가 안정하려면 루드표의 제1열의 부호 변화가 없어야 한다.
$K - 5 > 0 \rightarrow K > 5$
따라서 안정하기 위한 조건은 $K > 5$이다.

176 ★★★

Routh-Hurwitz 방법으로 특성 방정식이 $s^4+2s^3+s^2+4s+2=0$인 시스템의 안정도를 판별하면?

① 안정
② 불안정
③ 임계안정
④ 조건부 안정

해설

주어진 특성 방정식을 루드표로 작성하면 다음과 같다.

차수	제1열	제2열	제3열
s^4	1	1	2
s^3	2	4	0
s^2	$\dfrac{2\times 1-1\times 4}{2}=-1$	$\dfrac{2\times 2-1\times 0}{2}=2$	0
s^1	$\dfrac{-1\times 4-2\times 2}{-1}=8$	$\dfrac{-1\times 0-2\times 0}{-1}=0$	0
s^0	$\dfrac{8\times 2-(-1)\times 0}{8}=2$	0	0

루드표의 제1열의 부호 변화가 있으므로 불안정이다.

177 ★★★

Routh-Hurwitz 안정도 판별법을 이용하여 특성 방정식이 $s^3+3s^2+3s+1+K=0$으로 주어진 제어 시스템이 안정하기 위한 K의 범위를 구하면?

① $-1 \leq K < 8$
② $-1 < K \leq 8$
③ $-1 < K < 8$
④ $K < 1$ 또는 $k > 8$

해설

주어진 특성 방정식을 루드표로 작성하면 다음과 같다.

차수	제1열	제2열
s^3	1	3
s^2	3	$1+K$
s^1	$\dfrac{3\times 3-\{1\times(1+K)\}}{3}=\dfrac{8-K}{3}$	0
s^0	$\dfrac{\dfrac{8-K}{3}\times(1+K)-3\times 0}{\dfrac{8-K}{3}}=1+K$	0

제어계가 안정하려면 루드표의 제1열의 부호 변화가 없어야 한다.

$\dfrac{8-K}{3}>0 \rightarrow K<8$

$1+K>0 \rightarrow K>-1$

따라서 안정하기 위한 위의 2가지 조건을 모두 충족하는 조건은 $-1<K<8$이다.

178 ★★★

단위 궤환 제어 시스템의 전향 경로 전달 함수가 $G(s) = \dfrac{K}{s(s^2+5s+4)}$ 일 때, 이 시스템이 안정하기 위한 K의 범위는?

① $K < -20$
② $-20 < K < 0$
③ $0 < K < 20$
④ $20 < K$

해설

문제에 주어진 전달 함수의 특성 방정식은 다음과 같다.
$s(s^2+5s+4) + K = s^3 + 5s^2 + 4s + K = 0$
위 특성 방정식에 대한 루드표를 작성하면 다음과 같다.

차수	제1열	제2열
s^3	1	4
s^2	5	K
s^1	$\dfrac{5 \times 4 - 1 \times K}{5} = 4 - \dfrac{K}{5}$	0
s^0	$\dfrac{\left(4 - \dfrac{K}{5}\right) \times K - 5 \times 0}{4 - \dfrac{K}{5}} = K$	0

제어계가 안정하려면 루드표의 제1열의 부호 변화가 없어야 한다.
$K > 0$
$4 - \dfrac{K}{5} > 0 \rightarrow K < 20$

따라서 안정하기 위한 위의 2조건을 모두 충족하는 조건은 $0 < K < 20$이다.

179 ★★★

특성 방정식 $s^2 + Ks + 2K - 1 = 0$인 계가 안정하기 위한 K의 범위는?

① $K > 0$
② $K > \dfrac{1}{2}$
③ $K < \dfrac{1}{2}$
④ $0 < K < \dfrac{1}{2}$

해설

주어진 특성 방정식을 루드표로 작성하면 다음과 같다.

차수	제1열	제2열
s^2	1	$2K-1$
s^1	K	0
s^0	$\dfrac{K \times (2K-1) - 1 \times 0}{K} = 2K-1$	0

제어계가 안정하려면 루드표의 제1열의 부호 변화가 없어야 한다.
$K > 0$
$2K - 1 > 0 \rightarrow K > \dfrac{1}{2}$

따라서 안정하기 위한 위의 2가지 조건을 모두 충족하는 조건은 $K > \dfrac{1}{2}$이다.

180 ★★★

특성 방정식이 $s^3 + Ks^2 + 2s + K + 1 = 0$으로 주어진 제어계가 안정하기 위한 K의 범위는?

① $K > 0$ ② $K > 1$
③ $-1 < K < 1$ ④ $K > -1$

해설

주어진 특성 방정식을 루드표로 작성하면 다음과 같다.

차수	제1열	제2열
s^3	1	2
s^2	K	$K+1$
s^1	$\dfrac{K \times 2 - 1 \times (K+1)}{K} = 1 - \dfrac{1}{K}$	0
s^0	$K+1$	0

제어계가 안정하려면 루드표의 제1열의 부호 변화가 없어야 한다.
$K > 0$
$1 - \dfrac{1}{K} > 0 \;\rightarrow\; K > 1$
$K + 1 > 0 \;\rightarrow\; K > -1$

따라서 안정하기 위한 위의 3가지 조건을 모두 충족하는 조건은 $K > 1$이다.

181 ★★★

특성 방정식 $s^3 + 2s^2 + Ks + 5 = 0$이 안정하기 위한 K의 값은?

① $K > 0$ ② $K < 0$
③ $K > \dfrac{5}{2}$ ④ $K < \dfrac{5}{2}$

해설

주어진 특성 방정식을 루드표로 작성하면 다음과 같다.

차수	제1열	제2열
s^3	1	K
s^2	2	5
s^1	$\dfrac{2 \times K - 1 \times 5}{2} = \dfrac{2K-5}{2}$	0
s^0	5	0

제어계가 안정하려면 루드표의 제1열의 부호 변화가 없어야 한다.
$\dfrac{2K-5}{2} > 0 \;\rightarrow\; K > \dfrac{5}{2}$

따라서 안정하기 위한 조건은 $K > \dfrac{5}{2}$이다.

182 ★★★

$s^3 + 11s^2 + 2s + 40 = 0$에는 양의 실수부를 갖는 근이 몇 개 있는가?

① 1   ② 2
③ 3   ④ 없다.

해설

주어진 특성 방정식을 루드표로 작성하면 다음과 같다.

차수	제1열	제2열
s^3	1	2
s^2	11	40
s^1	$\dfrac{11 \times 2 - 1 \times 40}{11} = -\dfrac{18}{11}$	0
s^0	$\dfrac{-\dfrac{18}{11} \times 40 - 11 \times 0}{-\dfrac{18}{11}} = 40$	0

루드표의 제1열의 부호 변화가 2번 발생하였으므로 s 평면의 우반면에 근이 2개 존재하여 불안정하다.

183 ★★★

특성 방정식 $s^3 + 2s^2 + (k+3)s + 10 = 0$에서 루드 안정도 판별법으로 판별 시 안정하기 위한 k의 범위는?

① $k > 2$
② $k < 2$
③ $k > 1$
④ $k < 1$

해설

주어진 특성 방정식을 루드표로 작성하면 다음과 같다.

차수	제1열	제2열
s^3	1	$k+3$
s^2	2	10
s^1	$\dfrac{2\times(k+3)-1\times 10}{2} = k-2$	0
s^0	10	0

제어계가 안정하려면 루드표의 제1열의 부호 변화가 없어야 한다.
$k-2 > 0 \rightarrow k > 2$
따라서 안정하기 위한 조건은 $k > 2$이다.

184 ★★☆

다음의 특성 방정식을 Routh-Hurwitz 방법으로 안정도를 판별하고자 한다. 이때 안정도를 판별하기 위하여 가장 잘 해석한 것은 어느 것인가?

$$q(s) = s^5 + 2s^4 + 2s^3 + 4s^2 + 11s + 10$$

① s평면의 우반면에 근은 없으나 불안정이다.
② s평면의 우반면에 근이 1개 존재하여 불안정이다.
③ s평면의 우반면에 근이 2개 존재하여 불안정이다.
④ s평면의 우반면에 근이 3개 존재하여 불안정이다.

해설

주어진 특성 방정식을 루드표로 작성하면 다음과 같다.

차수	제1열	제2열	제3열
s^5	1	2	11
s^4	2	4	10
s^3	$\dfrac{2\times 2 - 1\times 4}{2} = 0$		
s^2			

루드표 작성 도중에 0이 발생하였으므로 특성 방정식을 s에 대하여 한 번 미분한 후, 다시 루드표를 작성한다.

$$\dfrac{dq(s)}{ds} = 5s^4 + 8s^3 + 6s^2 + 8s + 11 = 0$$

차수	제1열	제2열	제3열
s^4	5	6	11
s^3	8	8	0
s^2	$\dfrac{8\times 6 - 5\times 8}{8} = 1$	$\dfrac{8\times 11 - 5\times 0}{8} = 11$	0
s^1	$\dfrac{1\times 8 - 8\times 11}{1} = -80$	$\dfrac{1\times 0 - 8\times 0}{1} = 0$	0
s^0	$\dfrac{-80\times 11 - 1\times 0}{-80} = 11$	0	0

루드표의 제1열의 부호 변화가 2번 발생하였으므로 s평면의 우반면에 근이 2개 존재하여 불안정이다.

185 ★★★

특성 방정식 $s^5 + 2s^4 + 2s^3 + 3s^2 + 4s + 1$을 Routh-Hurwitz 판별법으로 분석한 결과로 옳은 것은?

① s 평면의 우반면에 근이 존재하지 않기 때문에 안정한 시스템이다.
② s 평면의 우반면에 근이 1개 존재하기 때문에 불안정한 시스템이다.
③ s 평면의 우반면에 근이 2개 존재하기 때문에 불안정한 시스템이다.
④ s 평면의 우반면에 근이 3개 존재하기 때문에 불안정한 시스템이다.

해설

주어진 특성 방정식을 루드표로 작성하면 다음과 같다.

차수	제1열	제2열	제3열
s^5	1	2	4
s^4	2	3	1
s^3	$\frac{2\times 2 - 1\times 3}{2} = 0.5$	$\frac{2\times 4 - 1\times 1}{2} = 3.5$	0
s^2	$\frac{0.5\times 3 - 2\times 3.5}{0.5} = -11$	$\frac{0.5\times 1 - 2\times 0}{0.5} = 1$	0
s^1	$\frac{-11\times 3.5 - 0.5\times 1}{-11} = 3.55$	$\frac{-11\times 0 - 0.5\times 0}{-11} = 0$	0
s^0	$\frac{3.55\times 1 - (-11)\times 0}{3.55} = 1$	$\frac{3.55\times 0 - (-11)\times 0}{3.35} = 0$	0

루드표의 제1열의 부호 변화가 2번 발생하였으므로 s평면의 우반면에 근이 2개 존재하여 불안정이다.

186 ★★☆

다음은 시스템의 블록 선도이다. 이 시스템이 안정한 시스템이 되기 위한 K의 범위는 어느 것인가?

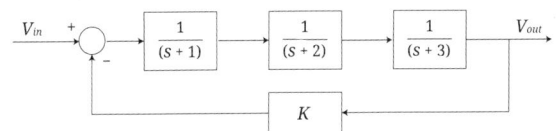

① $-6 < K < 60$
② $0 \leq K < 60$
③ $-1 < K < 3$
④ $0 < K < 3$

해설

문제에 주어진 블록 선도로부터 특성 방정식을 구하면
$(s+1)(s+2)(s+3) + K = s^3 + 6s^2 + 11s + 6 + K = 0$
위 특성 방정식을 이용하여 루드표로 작성하면 다음과 같다.

차수	제1열	제2열	제3열
s^3	1	11	0
s^2	6	$6+K$	0
s^1	$\frac{6\times 11 - 1\times (6+K)}{6} = 10 - \frac{K}{6}$	$\frac{6\times 0 - 1\times 0}{6} = 0$	0
s^0	$\frac{\left(10-\frac{K}{6}\right)\times (6+K) - 6\times 0}{10-\frac{K}{6}} = 6+K$	0	0

따라서 제어계가 안정하려면 위 루드표의 제1열의 부호가 (+)이어야 하므로
$10 - \frac{K}{6} > 0 \rightarrow K < 60$
$6 + K > 0 \rightarrow K > -6$
따라서 안정하기 위한 조건은 $-6 < K < 60$이다.

187 ★★☆

특성 방정식 $P(s)$가 다음과 같이 주어지는 계가 있다. 이 계가 안정되기 위한 K와 T의 관계로 맞는 것은?(단, K와 T는 양의 실수이다.)

$$P(s) = 2s^3 + 3s^2 + (1+5KT)s + 5K = 0$$

① $K > T$
② $15KT > 10K$
③ $3 + 15KT > 10K$
④ $3 - 15KT > 10K$

해설

주어진 특성 방정식을 루드표로 작성하면 다음과 같다.

차수	제1열	제2열	제3열
s^3	2	$1+5KT$	0
s^2	3	$5K$	0
s^1	$\dfrac{3+15KT-10K}{3}$	$\dfrac{3\times 0 - 2\times 0}{3} = 0$	0
s^0	$5K$	0	0

따라서 제어계가 안정하려면 위 루드표의 제1열의 부호가 (+)이어야 하므로

$$\frac{3+15KT-10K}{3} > 0 \rightarrow \therefore 3+15KT > 10K$$

188 ★★★

특성 방정식이 $s^4 + s^3 + 2s^2 + 3s + 2 = 0$인 경우 불안정한 근의 수는?

① 0개
② 1개
③ 2개
④ 3개

해설

주어진 특성 방정식을 루드표로 작성하면 다음과 같다.

차수	제1열	제2열	제3열
s^3	1	2	2
s^2	1	3	0
s^1	$\dfrac{1\times 2 - 1\times 3}{1} = -1$	$\dfrac{1\times 2 - 1\times 0}{1} = 2$	0
s^0	$\dfrac{-1\times 3 - 1\times 2}{-1} = 5$	$\dfrac{-1\times 0 - 1\times 0}{-1} = 0$	0

루드표의 제1열의 부호 변화가 2번 발생하였으므로 근이 2개 존재하여 불안정이다.

189 ★★★

어떤 제어계의 전달 함수 $G(s) = \dfrac{s}{(s+2)(s^2+2s+2)}$ 에서 안정성을 판정하면?

① 임계 상태이다.　② 불안정하다.
③ 안정하다.　　　④ 알 수 없다.

해설

문제에 주어진 전달함수로부터 특성 방정식을 구한다.
$(s+2)(s^2+2s+2)+s = s^3+4s^2+7s+4 = 0$
위의 특성 방정식을 이용하여 루드표로 작성하면 다음과 같다.

차수	제1열	제2열	제3열
s^3	1	7	0
s^2	4	4	0
s^1	$\dfrac{4\times 7-1\times 4}{4}=6$	$\dfrac{4\times 0-1\times 0}{4}=0$	0
s^0	$\dfrac{6\times 4-4\times 0}{6}=4$	$\dfrac{6\times 0-4\times 0}{6}=0$	0

따라서 위 루드표의 제1열의 부호 변화가 없으므로 안정하다.

190 ★★★

Routh 안정도 판별법에 의한 방법 중 불안정한 제어계의 특성 방정식은?

① $s^3 + 2s^2 + 3s + 4 = 0$
② $s^3 + s^2 + 5s + 4 = 0$
③ $s^3 + 4s^2 + 5s + 2 = 0$
④ $s^3 + 3s^2 + 1s + 10 = 0$

해설

④에 대한 특성 방정식을 루드표로 작성하면 다음과 같다.

차수	제1열	제2열	제3열
s^3	1	1	0
s^2	3	10	0
s^1	$\dfrac{3\times 1-1\times 10}{3}=-2.33$	$\dfrac{3\times 0-1\times 0}{3}=0$	0
s^0	$\dfrac{-2.33\times 10-3\times 0}{-2.33}=10$	$\dfrac{-2.33\times 0-3\times 0}{-2.33}=0$	0

루드표의 제1열의 부호 변화가 2번 발생하였으므로 s 평면의 우반면에 근이 2개 존재하여 불안정이다.

THEME 02 나이퀴스트 선도에 의한 안정도 해석

191 ★☆☆

$G(s)H(s) = \dfrac{K_1}{(T_1 s+1)(T_2 s+1)}$ 의 개루프 전달 함수에 대한 나이퀴스트 안정도 판별의 설명 중 옳은 것은?

① K_1, T_1 및 T_2의 값에 관계없이 안정
② K_1, T_1 및 T_2의 모든 양의 값에 대하여 안정
③ K_1에 대하여 조건부 안정
④ T_1 및 T_2의 값에 대하여 조건부 안정

해설
문제에 주어진 전달 함수의 특성 방정식을 구한다.
$(T_1 s+1)(T_2 s+1) + K_1 = T_1 T_2 s^2 + (T_1+T_2)s + 1 + K_1 = 0$ 이므로 K_1, T_1 및 T_2의 모든 양의 값에 대하여 안정적이다.

192 ★☆☆

Nyquist 판정법의 설명으로 틀린 설명은?

① 제어계의 안정성을 판정하는 동시에 안정도를 제시해 준다.
② 제어계의 안정도를 개선하는 방법에 대한 정보를 제시해 준다.
③ 나이퀴스트(Nyquist) 선도는 제어계의 오차 응답에 관한 정보를 준다.
④ 루드-훌비쯔(Routh-Hurwitz) 판정법과 같이 계의 안정 여부를 직접 판정해 준다.

해설 나이퀴스트 선도 안정도 판정법의 특징
• 제어 장치의 안정성을 판정하는 동시에 안정도를 제시해 준다.
• 제어계의 안정도를 개선하는 방법에 대한 정보를 제시해 준다.
• 제어계의 주파수 응답에 관한 정보를 준다.
• 루드-훌비쯔 안정도 판정법과 마찬가지로 제어계의 안정도를 직접 판정해 준다.

암기
나이퀴스트 판정법-제어계의 '주파수' 응답에 관한 정보

193 ★★☆

$G(j\omega) = \dfrac{K}{j\omega(j\omega+1)}$ 의 나이퀴스트 선도를 도시한 것은? (단, $K>0$이다.)

①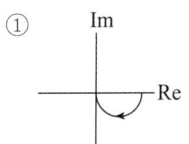
②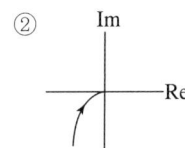
③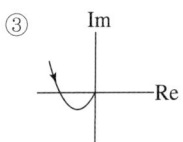
④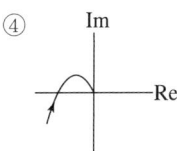

해설 제어계의 형에 따른 벡터 궤적

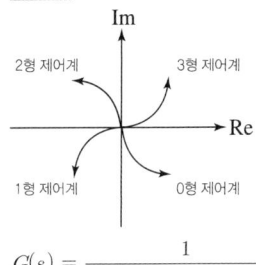

$G(s) = \dfrac{1}{s^k(s+a)(s+b)(s+c)}$

- $k=0$: 0형 제어계로 4사분면에 그려진다.(분모 괄호 항의 개수만큼 위치)
- $k=1$: 1형 제어계로 3사분면에 그려진다.(분모 괄호 항의 개수만큼 위치)
- $k=2$: 2형 제어계로 2사분면에 그려진다.(분모 괄호 항의 개수만큼 위치)

주어진 전달 함수는 1형 제어계이고 괄호항이 1개이므로 3사분면에만 존재해야 한다.

194 ★★☆

단위 피드백(Feedback) 제어계의 개루프 전달 함수의 벡터 궤적이다. 이 중 안정한 궤적은?

①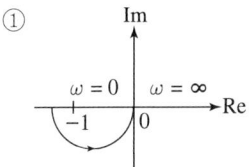
②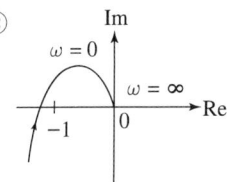
③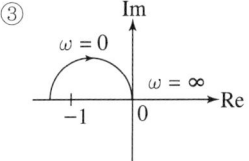
④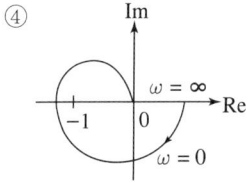

해설 벡터 궤적상 제어계가 안정할 궤적 조건
- 시계 방향으로 가는 벡터 궤적은 임계점(-1, $j0$)을 포위하지 않을 것
- 반시계 방향으로 가는 벡터 궤적은 임계점(-1, $j0$)을 포위하여 감쌀 것

195 ★★☆

Nyquist 경로에 포위되는 영역에 특성 방정식의 근이 존재하지 않으면 제어계의 상태는?(단, 경로가 시계방향이다.)

① 안정   ② 불안정
③ 진동   ④ 발산

해설 나이퀴스트 선도의 안정도 판정법(단, 나이퀴스트 선도 경로가 시계 방향일 경우)
- 나이퀴스트 경로에 포위되는 영역에 근이 존재하지 않을 경우: 안정
- 나이퀴스트 경로에 포위되는 영역에 근이 존재할 경우: 불안정

196 〔NEW〕

s평면의 우반면에 3개의 극점이 있고, 2개의 영점이 있다. 이때 다음과 같은 설명 중 어느 나이퀴스트 선도일 때 시스템이 안정한가?

① $(-1, j0)$ 점을 반 시계방향으로 1번 감쌌다.
② $(-1, j0)$ 점을 시계방향으로 1번 감쌌다.
③ $(-1, j0)$ 점을 반 시계방향으로 5번 감쌌다.
④ $(-1, j0)$ 점을 시계방향으로 5번 감쌌다.

해설

제어계가 안정하기 위한 나이퀴스트 선도 조건은 아래와 같다.
- 나이퀴스트 선도가 시계 방향으로 진행할 경우
  : 임계점$(-1, j0)$을 포위하지 않을 것
- 나이퀴스트 선도가 반시계 방향으로 진행할 경우
  : 임계점$(-1, j0)$을 포위할 것

이 조건을 통해 ①번과 ⑤번으로 정답이 좁혀진다.
이때,
Z : s평면의 우반 평면상에 존재하는 영점의 수
P : s평면의 우반 평면상에 존재하는 극의 개수
N : GH평면상의$(-1, j0)$점을 $G(s)H(s)$ 선도가 원점 둘레를 오른쪽으로 일주하는 회전수 $N = Z - P$ 따라서, $N = 2 - 3 = -1$이므로 -1회, 왼쪽으로 1회 일주하여야 안정하다.

197 ★★☆

$G(s)H(s) = \dfrac{k}{(s+1)(s+2)}$ 인 제어계의 이득 여유가 $40[\text{dB}]$ 일 때 이때의 k값으로 옳은 것은?

① $\dfrac{1}{100}$ ② $\dfrac{1}{50}$
③ $\dfrac{1}{20}$ ④ $\dfrac{1}{10}$

해설

$|GH(j\omega)| = \left|\dfrac{k}{(j\omega+1)(j\omega+2)}\right|_{\omega=0} = \dfrac{k}{2}$

$GM[\text{dB}] = 20\log_{10}\left|\dfrac{1}{GH}\right| = 20\log_{10}\left|\dfrac{1}{\frac{k}{2}}\right| = 20\log_{10}\dfrac{2}{k} = 40[\text{dB}]$

$\dfrac{2}{k} = 10^2$ 이므로 $k = \dfrac{2}{100} = \dfrac{1}{50}$ 이다.

198 ★★☆

나이퀴스트(Nyquist) 선도에서의 임계점 $(-1, j0)$에 대응하는 보드 선도에서의 이득과 위상은?

① $1[\text{dB}]$, $0°$　② $0[\text{dB}]$, $-90°$
③ $0[\text{dB}]$, $90°$　④ $0[\text{dB}]$, $-180°$

해설

- 이득: $G[\text{dB}] = 20\log_{10}1 = 0[\text{dB}]$
- 위상: $\pm 180°$

199 ★☆☆

Nyquist 선도로부터 결정된 이득 여유는 $4 \sim 12[\text{dB}]$, 위상 여유가 $30° \sim 40°$일 때 이 제어계는?

① 불안정 상태
② 임계 안정 상태
③ 인디셜 응답 시간이 지날수록 진동은 확대되는 상태
④ 안정 상태

해설 나이퀴스트 선도의 안정 조건
- 이득 여유 GM = $4 \sim 12[\text{dB}]$
- 위상 여유 PM = $30° \sim 40°$

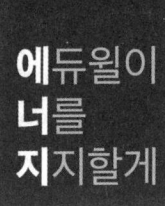

에듀윌이
너를
지지할게

ENERGY

바람이 돕지 않는다면 노를 저어라.

– 윈스턴 처칠(Winston Churchill)

제어계의 근궤적

1. 근궤적의 특성
2. 근궤적 관련 공식
3. 근궤적의 이탈점(분지점: Breakaway Point)

CBT 완벽대비 가능한 유형마스터 학습!

THEME	유형분석	관련 번호
THEME 01 근궤적의 특성	근궤적의 성질을 묻는 문제가 자주 출제됩니다. 점근선의 교차점, 점근선의 각도도 함께 학습하도록 합니다.	200~212
THEME 02 근궤적 관련 공식	주어진 전달 함수에서 점근선의 교차점과 각도를 구하는 문제가 주로 출제됩니다. 극점, 영점을 구하여 합계 및 개수를 구할 수 있어야 합니다.	213~219
THEME 03 근궤적의 이탈점(분지점: Breakaway Point)	근궤적의 이탈점을 산출하는 방법을 알아야 하고, 근의 공식을 이용하여 계산하여 구하는 문제가 출제됩니다. 또한 근궤적의 범위를 구할 수 있어야 합니다.	220~223

학습 효과를 높이는 N제 3회독 시스템

챕터별 전체 1회독이 끝났다면 회독 체크표에 날짜를 기입하고 체크표시를 해주세요.

| 회독 체크표 | ☐ 1회독 | 월 일 | ☐ 2회독 | 월 일 | ☐ 3회독 | 월 일 |

CHAPTER 08 제어계의 근궤적

THEME 01 근궤적의 특성

200 ★★☆

폐루프 전달 함수 $\dfrac{G(s)}{1+G(s)H(s)}$ 의 극의 위치를 개루프 전달 함수 $G(s)H(s)$의 이득 상수 K의 함수로 나타내는 기법은?

① 근궤적법
② 보드 선도법
③ 이득 선도법
④ Nyquist 판정법

해설 근궤적

개루프 전달 함수의 이득 정수 K를 $0 \sim \infty$까지 변화시킬 때의 극점의 이동 궤적을 그린 선도이다.

201 ★★★

다음은 근궤적의 성질(규칙)에 대한 내용의 일부를 나타낸 것이다. ( ) 안에 알맞은 내용은?

> 근궤적의 출발점은 개루프 전달 함수의 (ⓐ)이고, 근궤적의 도착점은 개루프 전달 함수의 (ⓑ)이다.

① ⓐ 영점 ⓑ 영점
② ⓐ 영점 ⓑ 극점
③ ⓐ 극점 ⓑ 영점
④ ⓐ 극점 ⓑ 극점

해설 근궤적의 성질
- 근궤적의 출발점($K=0$): $G(s)H(s)$의 극점으로부터 출발한다.
- 근궤적의 종착점($K=\infty$): $G(s)H(s)$의 영점에서 끝난다.

202 ★★★

근궤적의 성질 중 틀린 것은?

① 근궤적은 실수축을 기준으로 대칭이다.
② 점근선은 허수축상에서 교차한다.
③ 근궤적의 가짓수는 특성 방정식의 차수와 같다.
④ 근궤적은 개루프 전달 함수의 극점으로부터 출발한다.

해설 근궤적의 성질
- 근궤적의 출발점($K=0$): $G(s)H(s)$의 극점으로부터 출발한다.
- 근궤적의 종착점($K=\infty$): $G(s)H(s)$의 영점에서 끝난다.
- 근궤적은 항상 실수축에 대해 대칭이다.
- 근궤적의 가짓수는 영점(Z) 수와 극점(P) 수 중 큰 것과 일치한다.
- 근궤적의 가짓수는 특성 방정식의 차수와 같다.
- 실수축에서 이득 K가 최대가 되게 하는 점이 이탈점이 될 수 있다.
- 근궤적의 이탈점은 극점을 기준으로 좌측의 홀수구간에 존재한다.
- 점근선은 실수축 상에서 교차한다.

203 ★★★

근궤적에 관한 설명으로 틀린 것은?

① 근궤적은 실수축에 대하여 상하 대칭으로 나타난다.
② 근궤적의 출발점은 극점이고 근궤적의 도착점은 영점이다.
③ 근궤적의 가짓수는 극점의 수와 영점의 수 중에서 큰 수와 같다.
④ 근궤적이 s 평면의 우반면에 위치하는 K의 범위는 시스템이 안정하기 위한 조건이다.

해설 근궤적의 성질
- 근궤적의 출발점($K=0$): $G(s)H(s)$의 극점으로부터 출발한다.
- 근궤적의 종착점($K=\infty$): $G(s)H(s)$의 영점에서 끝난다.
- 근궤적은 항상 실수축에 대해 대칭이다.
- 근궤적의 가짓수는 영점(Z) 수와 극점(P) 수 중 큰 것과 일치한다.
- 근궤적의 가짓수는 특성 방정식의 차수와 같다.
- 실수축에서 이득 K가 최대가 되게 하는 점이 이탈점이 될 수 있다.
- 근궤적의 이탈점은 극점을 기준으로 좌측의 홀수구간에 존재한다.
- 점근선은 실수축 상에서 교차한다.

| 정답 | 200 ① 201 ③ 202 ② 203 ④

204 ★★★
근궤적에 관한 설명으로 틀린 것은?

① 근궤적은 허수축에 대칭이다.
② 근궤적은 $K=0$일 때 극에서 출발하고 $K=\infty$일 때 영점에 도착한다.
③ 실수축 위의 극과 영점을 더한 수가 홀수 개가 되는 극 또는 영점에서 왼쪽의 실수축에 근궤적이 존재한다.
④ 극의 수가 영점보다 많을 경우, K가 무한에 접근하면 근궤적은 점근선을 따라 무한원점으로 간다.

해설 근궤적의 성질
- 근궤적의 출발점($K=0$): $G(s)H(s)$의 극점으로부터 출발한다.
- 근궤적의 종착점($K=\infty$): $G(s)H(s)$의 영점에서 끝난다.
- 근궤적은 항상 실수축에 대해 대칭이다.
- 근궤적의 가짓수는 영점(Z) 수와 극점(P) 수 중 큰 것과 일치한다.
- 근궤적의 가짓수는 특성 방정식의 차수와 같다.
- 실수축에서 이득 K가 최대가 되게 하는 점이 이탈점이 될 수 있다.
- 근궤적의 이탈점은 극점을 기준으로 좌측의 홀수구간에 존재한다.
- 점근선은 실수축 상에서 교차한다.

205 ★★★
이득이 K인 시스템의 근궤적을 그리고자 한다. 다음 중 옳지 않은 것은?

① 근궤적의 가짓수(개수)는 극(Pole)의 수와 같다.
② 근궤적은 $K=0$인 극에서 출발하고 $K=\infty$인 영점에 도착한다.
③ 실수축에서 이득 K가 최대가 되는 점이 이탈섬이 될 수 있다.
④ 근궤적은 실수축에 항상 대칭이다.

해설 근궤적의 성질
- 근궤적의 출발점($K=0$): $G(s)H(s)$의 극점으로부터 출발한다.
- 근궤적의 종착점($K=\infty$): $G(s)H(s)$의 영점에서 끝난다.
- 근궤적은 항상 실수축에 대해 대칭이다.
- 근궤적의 가짓수는 영점(Z) 수와 극점(P) 수 중 큰 것과 일치한다.
- 근궤적의 가짓수는 특성 방정식의 차수와 같다.
- 실수축에서 이득 K가 최대가 되게 하는 점이 이탈점이 될 수 있다.
- 근궤적의 이탈점은 극점을 기준으로 좌측의 홀수구간에 존재한다.
- 점근선은 실수축 상에서 교차한다.

206 ★★★
근궤적은 무엇에 대하여 대칭인가?

① 극점 ② 원점
③ 허수축 ④ 실수축

해설 근궤적의 성질
- 근궤적의 출발점($K=0$): $G(s)H(s)$의 극점으로부터 출발한다.
- 근궤적의 종착점($K=\infty$): $G(s)H(s)$의 영점에서 끝난다.
- 근궤적은 항상 실수축에 대해 대칭이다.
- 근궤적의 가짓수는 영점(Z) 수와 극점(P) 수 중 큰 것과 일치한다.
- 근궤적의 가짓수는 특성 방정식의 차수와 같다.
- 실수축에서 이득 K가 최대가 되게 하는 점이 이탈점이 될 수 있다.
- 근궤적의 이탈점은 극점을 기준으로 좌측의 홀수구간에 존재한다.
- 점근선은 실수축 상에서 교차한다.

207 ★★★
근궤적에 대한 설명 중 옳은 것은?

① 점근선은 허수축에서 교차된다.
② 근궤적이 허수축을 끊는 K의 값이 일정해진다.
③ 근궤적은 절대 안정도 및 상대 안정도에 전혀 관계가 없다.
④ 근궤적의 개수는 극점의 수와 영점의 수 중에서 큰 것과 항상 일치한다.

해설 근궤적의 성질
- 근궤적의 출발점($K=0$): $G(s)H(s)$의 극점으로부터 출발한다.
- 근궤적의 종착점($K=\infty$): $G(s)H(s)$의 영점에서 끝난다.
- 근궤적은 항상 실수축에 대해 대칭이다.
- 근궤적의 가짓수는 영점(Z) 수와 극점(P) 수 중 큰 것과 일치한다.
- 근궤적의 가짓수는 특성 방정식의 차수와 같다.
- 실수축에서 이득 K가 최대가 되게 하는 점이 이탈점이 될 수 있다.
- 근궤적의 이탈점은 극점을 기준으로 좌측의 홀수구간에 존재한다.
- 점근선은 실수축 상에서 교차한다.

208 ★★★

어떤 제어 시스템의 개루프 이득이

$G(s)H(s) = \dfrac{K(s+2)}{s(s+1)(s+3)(s+4)}$ 일 때 이 시스템이 가지는 근궤적의 가짓수는?

① 1
② 3
③ 4
④ 5

해설
- 영점의 수: 1개($Z=-2$)
- 극점의 수: 4개($P=0, -1, -3, -4$)

근궤적의 개수는 영점과 극점의 개수 중에서 큰 것과 일치하므로 4개가 된다.

암기
근궤적의 가짓수는 분자, 분모 중 더 많은 근을 가진 곳의 개수이다.

209 ★★★

$G(s)H(s) = \dfrac{K(s+1)}{s(s+2)(s+3)}$ 에서 근궤적의 수는?

① 1
② 2
③ 3
④ 4

해설
- 영점의 수: 1개($Z=-1$)
- 극점의 수: 3개($P=0, -2, -3$)

근궤적의 개수는 영점과 극점의 개수 중에서 큰 것과 일치하므로 3개가 된다.

210 ★★★

$G(s)H(s) = \dfrac{K(s+1)}{s^2(s+2)(s+3)}$ 에서 근궤적의 수는 몇 개인가?

① 1
② 2
③ 3
④ 4

해설
- 영점의 수: 1개($Z=-1$)
- 극점의 수: 4개($P=0, 0, -2, -3$)

근궤적의 개수는 영점과 극점의 개수 중에서 큰 것과 일치하므로 4개가 된다.

211 ★★★

$G(s)H(s) = \dfrac{K}{s(s+4)(s+5)}$ 에서 근궤적의 개수는 몇 개인가?

① 1
② 2
③ 3
④ 4

해설
- 영점의 수: 0개
- 극점의 수: 3개($P=0, -4, -5$)

근궤적의 개수는 영점과 극점의 개수 중에서 큰 것과 일치하므로 3개가 된다.

212 ★★☆

다음과 같은 특성 방정식의 근궤적 가짓수는 몇 개인가?

$$s(s+1)(s+2) + K(s+3) = 0$$

① 6개
② 5개
③ 4개
④ 3개

해설
- 전달 함수 $\dfrac{C}{R} = \dfrac{K(s+3)}{s(s+1)(s+2)}$
- 영점의 수: 1개($Z=-3$)
- 극점의 수: 3개($P=0, -1, -2$)

근궤적의 개수는 영점과 극점의 개수 중에서 큰 것과 일치하므로 3개가 된다.

| 정답 | 208 ③ 209 ③ 210 ④ 211 ③ 212 ④

THEME 02 근궤적 관련 공식

213 ★★★
다음의 개루프 전달 함수에 대한 근궤적의 점근선이 실수축과 만나는 교차점은?

$$G(s)H(s) = \frac{K(s+3)}{s^2(s+1)(s+3)(s+4)}$$

① $\dfrac{5}{3}$ ② $-\dfrac{5}{3}$
③ $\dfrac{5}{4}$ ④ $-\dfrac{5}{4}$

해설
주어진 전달 함수에서 극점과 영점을 구한다.
Z(영점) = -3 → 1개
P(극점) = 0, 0, -1, -3, -4 → 5개

점근선의 교차점 = $\dfrac{\text{극점의 합}(\sum P) - \text{영점의 합}(\sum Z)}{\text{극점수}(P) - \text{영점수}(Z)}$

$= \dfrac{(0+0-1-3-4)-(-3)}{5-1} = -\dfrac{5}{4}$

214 ★★★
개루프 전달 함수 $G(s)H(s)$로부터 근궤적을 작성할 때 실수축에서의 점근선의 교차점은?

$$G(s)H(s) = \frac{K(s-2)(s-3)}{s(s+1)(s+2)(s+4)}$$

① 2 ② 5
③ -4 ④ -6

해설
주어진 전달 함수에서 극점과 영점을 구한다.
Z(영점) = 2, 3 → 2개
P(극점) = 0, -1, -2, -4 → 4개

점근선의 교차점 = $\dfrac{\text{극점의 합}(\sum P) - \text{영점의 합}(\sum Z)}{\text{극점수}(P) - \text{영점수}(Z)}$

$= \dfrac{(0-1-2-4)-(2+3)}{4-2} = \dfrac{-12}{2} = -6$

215 ★★★
$G(s)H(s) = \dfrac{K(s-1)}{s(s+1)(s-4)}$ 에서 점근선의 교차점을 구하면?

① -1 ② 0
③ 1 ④ 2

해설
주어진 전달 함수에서 영점과 극점을 구한다.
Z(영점) = 1 → 1개
P(극점) = 0, -1, 4 → 3개

점근선의 교차점 = $\dfrac{\text{극점의 합}(\sum P) - \text{영점의 합}(\sum Z)}{\text{극점수}(P) - \text{영점수}(Z)}$

$= \dfrac{(0-1+4)-(1)}{3-1} = \dfrac{2}{2} = 1$

216 ★★★
개루프 전달 함수 $G(s)H(s) = \dfrac{K(s-5)}{s(s-1)^2(s+2)^2}$ 일 때 주어지는 계에서 점근선의 교차점은 얼마인가?

① $-\dfrac{3}{2}$ ② $-\dfrac{7}{4}$
③ $\dfrac{5}{3}$ ④ $-\dfrac{1}{5}$

해설
주어진 전달 함수에서 극점과 영점을 구한다.
Z(영점) = 5 → 1개
P(극점) = 0, 1, 1, -2, -2 → 5개

점근선의 교차점 = $\dfrac{\text{극점의 합}(\sum P) - \text{영점의 합}(\sum Z)}{\text{극점수}(P) - \text{영점수}(Z)}$

$= \dfrac{(0+1+1-2-2)-(5)}{5-1} = -\dfrac{7}{4}$

| 정답 | 213 ④ 214 ④ 215 ③ 216 ②

217 ★★★

개루프 전달 함수 $G(s)H(s)$가 다음과 같이 주어지는 부궤환계에서 근궤적 점근선의 실수축과의 교차점은?

$$G(s)H(s) = \frac{K}{s(s+4)(s+5)}$$

① 0
② -1
③ -2
④ -3

해설

주어진 전달 함수에서 극점과 영점을 구한다.
Z(영점)는 없다.
P(극점) $= 0, -4, -5 \rightarrow$ 3개

점근선의 교차점 $= \dfrac{\text{극점의 합}(\Sigma P) - \text{영점의 합}(\Sigma Z)}{\text{극점수}(P) - \text{영점수}(Z)}$

$= \dfrac{(0-4-5)-0}{3-0} = -\dfrac{9}{3} = -3$

218 ★★☆

제어 시스템의 개루프 전달 함수가

$G(s)H(s) = \dfrac{K(s+30)}{s^4+s^3+2s^2+s+7}$로 주어질 때, 다음 중 $K>0$인 경우 근궤적의 점근선이 실수축과 이루는 각은?

① 20°
② 60°
③ 90°
④ 120°

해설

점근선의 각도 $\alpha = \dfrac{2k+1}{\text{극점 수}(P) - \text{영점 수}(Z)} \times 180°$
($k = 0, 1, 2, 3, \cdots$)

주어진 함수에서 $P=4$, $Z=1$이므로 다음과 같다.

$k=0$일 때, $\alpha = \dfrac{2\times 0+1}{4-1} \times 180° = \dfrac{180°}{3} = 60°$

$k=1$일 때, $\alpha = \dfrac{2\times 1+1}{4-1} \times 180° = 180°$

$k=2$일 때, $\alpha = \dfrac{2\times 2+1}{4-1} \times 180° = 300°$

219 ★★☆

$G(s)H(s) = \dfrac{K(s+1)}{s(s+4)(s^2+2s+2)}$로 주어질 때 특성 방정식 $1+G(s)H(s)=0$의 점근선의 각도와 교차점을 구하면?

① $\sigma_0 = -\dfrac{5}{3}$, $\beta_0 = 60°, 180°, 300°$

② $\sigma_0 = -\dfrac{7}{3}$, $\beta_0 = 60°, 180°, 300°$

③ $\sigma_0 = -\dfrac{5}{3}$, $\beta_0 = 45°, 180°, 315°$

④ $\sigma_0 = -\dfrac{7}{3}$, $\beta_0 = 45°, 180°, 315°$

해설

주어진 전달 함수에서 영점과 극점은 다음과 같다.
$z = -1$, $p = 0, -4, -1+j, -1-j$

- 실수축상 점근선의 수 $N = P-Z = 4-1 = 3$
- 점근선의 각도 $\beta_0 = \dfrac{(2k+1)\pi}{P-Z}$

$k=0$일 때, $\dfrac{(2k+1)\pi}{P-Z} = \dfrac{180°}{4-1} = 60°$

$k=1$일 때, $\dfrac{(2k+1)\pi}{P-Z} = \dfrac{540°}{4-1} = 180°$

$k=2$일 때, $\dfrac{(2k+1)\pi}{P-Z} = \dfrac{900°}{4-1} = 300°$

따라서 점근선의 교차점은 다음과 같다.

$\sigma_0 = \dfrac{\Sigma P - \Sigma Z}{P-Z}$

$= \dfrac{\{0-4+(-1+j)+(-1-j)\}-(-1)}{3} = -\dfrac{5}{3}$

$\therefore \sigma_0 = -\dfrac{5}{3}$, $\beta_0 = 60°, 180°, 300°$

[참고]

근의 공식을 통해 s^2+2s+2의 해를 구하면
$s = \dfrac{-2 \pm \sqrt{2^2-(4\times 1\times 2)}}{2\times 1} = \dfrac{-2\pm\sqrt{-4}}{2} = \dfrac{-2\pm 2\sqrt{-1}}{2}$
$= -1 \pm j$

THEME 03 근궤적의 이탈점 (분지점: Breakaway Point)

220 ★★☆

다음의 개루프 전달 함수에 대한 근궤적이 실수축에서 이탈하게 되는 분지점은 약 얼마인가?

$$G(s)H(s) = \frac{K}{s(s+3)(s+8)}, \; K \geq 0$$

① -0.93　　② -5.74
③ -6.0　　④ -1.33

해설

주어진 식을 이득 상수 K에 대하여 정리한 후 s에 대해 미분한다.
$s(s+3)(s+8) + K = 0 \rightarrow K = -s^3 - 11s^2 - 24s$
$\dfrac{dK}{ds} = -3s^2 - 22s - 24 = 0 \rightarrow 3s^2 + 22s + 24 = (s+6)(3s+4) = 0$
$\therefore s = -\dfrac{4}{3}, -6$
극점 $= 0, -3, -8$이므로
근궤적의 범위는 $(-3 \sim 0), (-\infty \sim -8)$
분지점은 $-\dfrac{4}{3} = -1.33$만 가능하다.

221 ★☆☆

$G(s)H(s) = \dfrac{K}{s(s+1)(s+4)}$ 의 $K \geq 0$에서의 분지점(Breakaway Point)은?

① -2.867　　② 2.867
③ -0.467　　④ 0.467

해설

문제에 주어진 전달 함수의 극점 위치 $0, -1, -4$를 이용하여 근궤적을 그려 보면

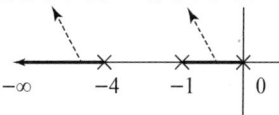

근궤적의 이탈 지점은 근궤적의 범위 $(0 \sim -1)$ 및 $(-4 \sim -\infty)$ 내에서 이루어져야 하므로 보기에서 가능한 이탈점(분지점)은 -0.467이다.

222 ★☆☆

특성 방정식 $(s+1)(s+2) + K(s+3) = 0$의 완전 근궤적의 이탈점(Breakaway Point)은 각각 얼마인가?

① $s = -1.5, \; s = -3.5$인 점
② $s = -1.6, \; s = -2.6$인 점
③ $s = -3 + \sqrt{2}, \; s = -3 - 2\sqrt{2}$인 점
④ $s = -3 + \sqrt{2}, \; s = -3 - \sqrt{2}$인 점

해설

특성 방정식은 다음과 같다.
$(s+1)(s+2) + K(s+3) = 0$
위 식을 K에 대해 정리한다.
$K = -\dfrac{(s+1)(s+2)}{s+3} = -\dfrac{s^2 + 3s + 2}{s+3}$
위 식을 s에 대해 미분한 식이 0이 되는 조건을 구한다.
$\dfrac{dK}{ds} = -\dfrac{(2s+3)(s+3) - (s^2+3s+2)}{(s+3)^2} = 0$
분자가 0이 되면 되므로, 정리하면 다음과 같다.
$(2s+3)(s+3) - (s^2+3s+2)$
$= 2s^2 + 3s + 6s + 9 - s^2 - 3s - 2$
$= s^2 + 6s + 7 = 0$
위 2차 방정식을 근의 공식에 대입하면 다음과 같다.
$s = \dfrac{-6 \pm \sqrt{6^2 - 4 \times 1 \times 7}}{2 \times 1}$
$\therefore s = -3 \pm \sqrt{2}$

223 ★☆☆

개루프 전달 함수 $G(s)H(s)$가 다음과 같을 때 실수축 상의 근궤적의 범위는 어떻게 되는가?

$$G(s)H(s) = \frac{k(s+1)}{s(s+2)}$$

① 원점과 (-2) 사이
② 원점에서 점 (-1) 사이와 $(-2) \sim (-\infty)$ 사이
③ (-2)와 $(+\infty)$ 사이
④ 원점과 $(+2)$ 사이

해설

영점은 -1, 극점은 0과 -2이므로 이를 근궤적으로 그려본다.

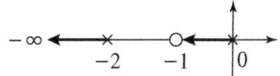

따라서 근궤적의 범위는 $(-1 \sim 0)$과 $(-\infty \sim -2)$이다.

진상 보상기 및 지상 보상기

1. 진상 보상기 및 지상 보상기의 회로망
2. 연산 증폭기

CBT 완벽대비 가능한 유형마스터 학습!

THEME	유형분석	관련 번호
THEME 01 진상 보상기 및 지상 보상기의 회로망	진상 보상기 및 지상 보상기의 특징을 확실하게 학습하여야 합니다. 또한 회로망을 해석할 수 있어야 합니다.	224~229
THEME 02 연산 증폭기	연산 증폭기의 특징을 묻는 문제가 출제됩니다. 진상 증폭기(미분기)와 지상 증폭기(적분기)의 특징을 이해하며 학습하시길 바랍니다.	230~232

학습 효과를 높이는 N제 3회독 시스템

챕터별 전체 1회독이 끝났다면 회독 체크표에 날짜를 기입하고 체크표시를 해주세요.

회독 체크표	☐ 1회독	월 일	☐ 2회독	월 일	☐ 3회독	월 일

CHAPTER 09 진상 보상기 및 지상 보상기

THEME 01 진상 보상기 및 지상 보상기의 회로망

224 ★☆☆
PD 제어 동작은 프로세스 제어계의 과도 특성 개선에 쓰인다. 이것에 대응하는 보상 요소는?

① 지상 보상 요소
② 진상 보상 요소
③ 동상 보상 요소
④ 진·지상 보상 요소

해설
- PD 제어계(비례-미분 제어계) = 진상 보상 요소
- PI 제어계(비례-적분 제어계) = 지상 보상 요소

225 ★☆☆
그림과 같은 RC 회로에서 $RC \ll 1$인 경우 어떤 요소의 회로인가?

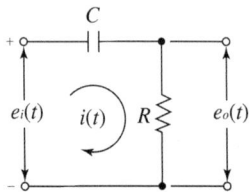

① 비례 요소 회로
② 미분 요소 회로
③ 적분 요소 회로
④ 2차 지연 요소 회로

해설
주어진 회로망의 전달 함수를 구해 보면 다음과 같다.
$$\frac{E_o(s)}{E_i(s)} = \frac{R}{\frac{1}{Cs}+R} = \frac{RCs}{1+RCs}$$

$RC \ll 1$이므로 $\frac{RCs}{1+RCs} \fallingdotseq RCs$로 표현이 가능하고, 이는 미분 요소에 해당된다.

226 ★☆☆
그림과 같은 RC 회로에 단위 계단 전압을 가하면 출력 전압은 어떻게 되는가?

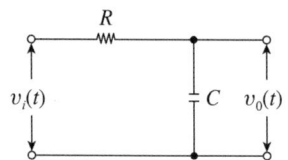

① 아무 전압도 나타나지 않게 된다.
② 처음부터 계단 전압이 나타나게 된다.
③ 계단 전압에서 지수적으로 감쇠하게 된다.
④ 0부터 상승하여 계단 전압에 이르게 된다.

해설
문제에 주어진 회로망은 적분기이다. 단위 계단 입력을 가하면 출력은 0부터 계속 적분되어 가면서 상승하여 입력값과 같은 단위 계단 전압으로 나온다.

정답 | 224 ② 225 ② 226 ④

227

그림과 같은 스프링 시스템을 전기적 시스템으로 변환했을 때 이에 대응하는 회로는?

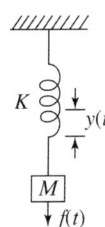

①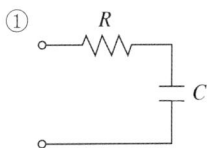
②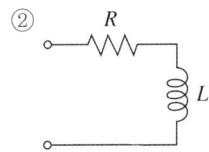
③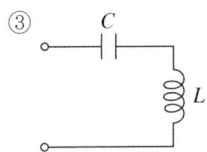
④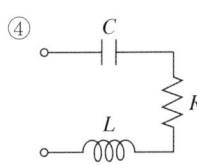

해설

주어진 물리계를 방정식으로 표현한다.

$$f(t) = M\frac{d^2y(t)}{dt^2} + Ky(t) \rightarrow f(t) = M\frac{d}{dt}v(t) + K\int v(t)\,dt$$

위 방정식과 등가인 전기 회로 방정식과 비교한다.

$$e(t) = L\frac{di(t)}{dt} + \frac{1}{C}\int i(t)\,dt$$

따라서 인덕턴스 L과 정전 용량 C의 직렬 회로와 같다.

228

그림과 같은 요소는 제어계의 어떤 요소인가?

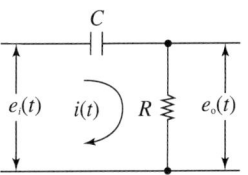

① 적분 요소
② 미분 요소
③ 1차 지연 요소
④ 1차 지연 미분 요소

해설

주어진 회로망의 전달 함수를 구해 보면 다음과 같다.

$$\frac{E_o(s)}{E_i(s)} = \frac{R}{\frac{1}{Cs}+R} = \frac{RCs}{1+RCs}$$

분자 요소는 미분 요소이고, 분모 요소는 1차 지연 요소가 된다.

| 정답 | 227 ③ 228 ④

229 ★★☆

그림과 같은 회로망은 어떤 보상기로 사용될 수 있는가? (단, $1 \ll R_1 C_1$인 경우로 한다.)

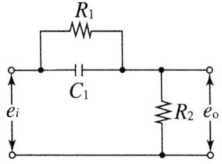

① 지연 보상기
② 진상-지상 보상기
③ 진상 보상기
④ 지상 보상기

해설

$R-C$ 회로
- 콘덴서가 입력 측에 있으면 진상 회로망(미분기)
- 콘덴서가 출력 측에 있으면 지상 회로망(적분기)

THEME 02 연산 증폭기

230 ★☆☆

그림의 연산 증폭기를 사용한 회로의 기능은?

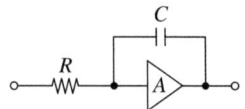

① 가산기　　② 미분기
③ 적분기　　④ 제한기

해설

- 진상 증폭기(미분기)

$$V_o = -RC \frac{d}{dt} V_i \,[\text{V}]$$

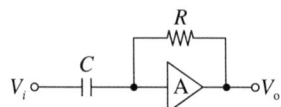

- 지상 증폭기(적분기)

$$V_o = -\frac{1}{RC} \int V_i \, dt \,[\text{V}]$$

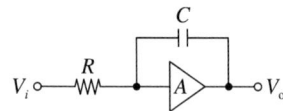

| 정답 | 229 ③　230 ③

231
연산 증폭기의 성질에 관한 설명으로 틀린 것은?

① 전압 이득이 크다.
② 입력 임피던스가 작다.
③ 전력 이득이 크다.
④ 출력 임피던스가 작다.

해설 연산 증폭기의 특성
- 입력 임피던스가 매우 크다.
- 출력 임피던스가 매우 작다.
- 출력의 전력 이득이 매우 크다.
- 출력의 전압 이득이 매우 크다.

232
다음의 연산 증폭기 회로에서 출력 전압 V_o를 나타내는 식은?(단, V_i는 입력 신호이다.)

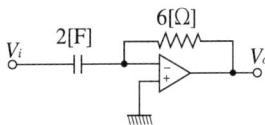

① $V_o = -12 \dfrac{dV_i}{dt}$
② $V_o = -8 \dfrac{dV_i}{dt}$
③ $V_o = -0.5 \dfrac{dV_i}{dt}$
④ $V_o = -\dfrac{1}{8} \dfrac{dV_i}{dt}$

해설
$$V_o = -RC\dfrac{dV_i}{dt} = -2 \times 6 \dfrac{dV_i}{dt} = -12\dfrac{dV_i}{dt}\,[\text{V}]$$

제어계의 상태 해석법

1. 제어계의 상태 방정식
2. 제어 시스템의 과도 응답
3. 제어 시스템의 제어 및 관측 가능성 판정
4. z 변환

CBT 완벽대비 가능한 유형마스터 학습!

THEME	유형분석	관련 번호
THEME 01 제어계의 상태 방정식	상태 방정식을 이용하여, 벡터 행렬을 구하는 문제가 자주 출제됩니다. 계수 행렬을 구하는 연습을 철저하게 하셔야 합니다.	233~241
THEME 02 제어 시스템의 과도 응답	천이 행렬을 구하는 문제가 주로 출제되고, 구하는 과정이 굉장히 까다롭습니다. 따라서 구하는 흐름을 확실하게 이해하시고, 계산 실수 없이 풀이하셔야 합니다.	242~252
THEME 03 제어 시스템의 제어 및 관측 가능성 판정	가제어성 및 가관측성을 판단하는 방법을 확실하게 학습하시길 바랍니다. 행렬식을 세우는 법을 암기하여야 문제를 푸실 수 있습니다.	253~254
THEME 04 z변환	z변환 공식표를 암기하셔야 합니다. 주어진 시간 함수를 z변환한 식을 묻는 문제가 자주 출제됩니다.	255~275

학습 효과를 높이는 N제 3회독 시스템

챕터별 전체 1회독이 끝났다면 회독 체크표에 날짜를 기입하고 체크표시를 해주세요.

회독 체크표	☐ 1회독	월 일	☐ 2회독	월 일	☐ 3회독	월 일

CHAPTER 10 제어계의 상태 해석법

THEME 01 제어계의 상태 방정식

233 ★★★
다음과 같은 상태 방정식으로 표현되는 제어계에 대한 설명으로 틀린 것은?

$$\dot{x} = \begin{bmatrix} 0 & 1 \\ -2 & -3 \end{bmatrix} x + \begin{bmatrix} 1 & 1 \\ 0 & -2 \end{bmatrix} u$$

① 2차 제어계로 동작한다.
② x는 (2×1)의 벡터 행렬이다.
③ 특성 방정식은 $(s+1)(s+2) = 0$이 된다.
④ 제어계는 부족 제동된 상태에 있다.

해설
특성 방정식을 구해 보면 다음과 같다.
$sI - A = \begin{bmatrix} s & 0 \\ 0 & s \end{bmatrix} - \begin{bmatrix} 0 & 1 \\ -2 & -3 \end{bmatrix} = \begin{bmatrix} s & -1 \\ 2 & s+3 \end{bmatrix}$
$|sI - A| = s(s+3) + 2 = s^2 + 3s + 2 = (s+1)(s+2) = 0$
2차 지연 방정식은 다음과 같다.
$G(s) = \dfrac{\omega_n}{s^2 + 2\delta\omega_n s + \omega_n^2} = \dfrac{K}{s^2 + 3s + 2}$
위의 식에서 고유 주파수와 제동비를 구하여 동작 상태를 파악해 보면 다음과 같다.
$\omega_n^2 = 2 \rightarrow \omega_n = \sqrt{2}$ [rad/sec]
$2\delta\omega_n = 3 \rightarrow \delta = \dfrac{3}{2\omega_n} = \dfrac{3}{2 \times \sqrt{2}} = 1.06 > 1 (\therefore 과제동)$

234 ★★★
다음의 미분방정식과 같이 표현되는 제어 시스템이 있다. 이 제어 시스템을 상태 방정식 $\dot{x} = Ax + Bu$로 나타내었을 때 시스템 행렬 A는?

$$\dfrac{d^3 C(t)}{dt^3} + 5\dfrac{d^2 C(t)}{dt^2} + \dfrac{dC(t)}{dt} + 2C(t) = r(t)$$

① $\begin{bmatrix} 0 & 1 & 0 \\ 0 & 0 & 1 \\ -2 & -1 & -5 \end{bmatrix}$
② $\begin{bmatrix} 1 & 0 & 0 \\ 0 & 1 & 0 \\ -2 & -1 & -5 \end{bmatrix}$
③ $\begin{bmatrix} 0 & 1 & 0 \\ 0 & 0 & 1 \\ 2 & 1 & 5 \end{bmatrix}$
④ $\begin{bmatrix} 1 & 0 & 0 \\ 0 & 1 & 0 \\ 2 & 1 & 5 \end{bmatrix}$

해설 상태 방정식 계수 행렬의 특성(3차 방정식)
• 계수 행렬 A
 - 1행 및 2행 요소(불변): $\begin{bmatrix} 0 & 1 & 0 \\ 0 & 0 & 1 \end{bmatrix}$
 - 3행 요소(부호 반대): $[-2 \; -1 \; -5]$
$\therefore A = \begin{bmatrix} 0 & 1 & 0 \\ 0 & 0 & 1 \\ -2 & -1 & -5 \end{bmatrix}$

235 ★★☆

블록 선도와 같은 단위 피드백 제어 시스템의 상태 방정식은?

(단, 상태 변수는 $x_1(t) = c(t)$, $x_2(t) = \dfrac{d}{dt}c(t)$로 한다.)

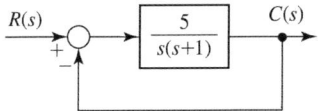

① $\dot{x}_1(t) = x_2(t)$
  $\dot{x}_2(t) = -5x_1(t) - x_2(t) + 5r(t)$

② $\dot{x}_1(t) = x_2(t)$
  $\dot{x}_2(t) = -5x_1(t) - x_2(t) - 5r(t)$

③ $\dot{x}_1(t) = -x_2(t)$
  $\dot{x}_2(t) = 5x_1(t) + x_2(t) - 5r(t)$

④ $\dot{x}_1(t) = -x_2(t)$
  $\dot{x}_2(t) = -5x_1(t) - x_2(t) + 5r(t)$

해설

주어진 블록 선도의 전달 함수를 메이슨 공식에 적용하여 구하면 다음과 같다.

$$\dfrac{C(s)}{R(s)} = \dfrac{\sum 경로}{1 - \sum 폐루프} = \dfrac{\dfrac{5}{s(s+1)}}{1 - \left(-\dfrac{5}{s(s+1)}\right)} = \dfrac{5}{s^2 + s + 5}$$

$\rightarrow s^2 C(s) + sC(s) + 5C(s) = 5R(s)$

위 식을 시간 함수로 표현하면 다음과 같다.

$\dfrac{d^2}{dt^2}c(t) + \dfrac{d}{dt}c(t) + 5c(t) = 5r(t)$

$\rightarrow \dfrac{d^2}{dt^2}c(t) = -\dfrac{d}{dt}c(t) - 5c(t) + 5r(t)$

문제에 주어진 조건으로 상태 방정식을 구한다.

$\dot{x}_1(t) = \dfrac{d}{dt}c(t) = x_2(t)$

$\dot{x}_2(t) = \dfrac{d^2}{dt^2}c(t) = -\dfrac{d}{dt}c(t) - 5c(t) + 5r(t)$
$= -5x_1(t) - x_2(t) + 5r(t)$

236 ★★★

다음과 같은 미분 방정식으로 표현되는 제어 시스템의 시스템 행렬 A는?

$$\dfrac{d^2c(t)}{dt^2} + 5\dfrac{dc(t)}{dt} + 3c(t) = r(t)$$

① $\begin{bmatrix} -5 & -3 \\ 0 & 1 \end{bmatrix}$
② $\begin{bmatrix} -3 & -5 \\ 0 & 1 \end{bmatrix}$
③ $\begin{bmatrix} 0 & 1 \\ -3 & -5 \end{bmatrix}$
④ $\begin{bmatrix} 0 & 1 \\ -5 & -3 \end{bmatrix}$

해설

상태 방정식 $\dfrac{d^2c(t)}{dt^2} + a\dfrac{dc(t)}{dt} + bc(t) = cr(t)$일 때

벡터 행렬 $A = \begin{bmatrix} 0 & 1 \\ -b & -a \end{bmatrix}$, $B = \begin{bmatrix} 0 \\ c \end{bmatrix}$이다.

따라서 문제에 주어진 상태 방정식에서

A 행렬은 $\begin{bmatrix} 0 & 1 \\ -3 & -5 \end{bmatrix}$, B 행렬은 $\begin{bmatrix} 0 \\ 1 \end{bmatrix}$이다.

237 ★★☆

상태 공간 표현식 $\begin{cases} \dot{x} = Ax + Bu \\ y = Cx \end{cases}$ 로 표현되는 선형 시스템에서 $A = \begin{bmatrix} 0 & 1 & 0 \\ 0 & 0 & 1 \\ -2 & -9 & -8 \end{bmatrix}$, $B = \begin{bmatrix} 0 \\ 0 \\ 5 \end{bmatrix}$, $C = [1\ 0\ 0]$, $D = 0$, $x = \begin{bmatrix} x_1 \\ x_2 \\ x_3 \end{bmatrix}$ 이면 시스템 전달 함수 $\dfrac{Y(s)}{U(s)}$ 는?

① $\dfrac{1}{s^3 + 8s^2 + 9s + 2}$

② $\dfrac{1}{s^3 + 2s^2 + 9s + 8}$

③ $\dfrac{5}{s^3 + 8s^2 + 9s + 2}$

④ $\dfrac{5}{s^3 + 2s^2 + 9s + 8}$

해설

보기 ③의 전달 함수로부터 미분 방정식을 구한다.

$\dfrac{Y(s)}{U(s)} = \dfrac{5}{s^3 + 8s^2 + 9s + 2}$

$\to s^3 Y(s) + 8s^2 Y(s) + 9s Y(s) + 2 Y(s) = 5 U(s)$

$\therefore \dfrac{d^3}{dt^3} y(t) + 8 \dfrac{d^2}{dt^2} y(t) + 9 \dfrac{d}{dt} y(t) + 2y(t) = 5u(t)$

위 미분 방정식으로부터 보조 행렬식 A 및 B를 구한다.

- 상태 방정식의 계수 행렬 특성은 3차 방정식인 경우 1행 및 2행 요소는 $\begin{bmatrix} 0 & 1 & 0 \\ 0 & 0 & 1 \end{bmatrix}$로 불변이다. 단지, 3행 요소가 $2 \to -2$로, $9 \to -9$로, $8 \to -8$로 변경된다.

따라서 계수 행렬 A는 다음과 같다.

$A = \begin{bmatrix} 0 & 1 & 0 \\ 0 & 0 & 1 \\ -2 & -9 & -8 \end{bmatrix}$

- 또한 보조 행렬 B는 3차 방정식인 경우 1행 및 2행 요소는 $\begin{bmatrix} 0 \\ 0 \end{bmatrix}$으로 불변이다. 단지, 3행 요소가 u 앞의 계수 5가 된다.

따라서 보조 행렬 B는 다음과 같다.

$B = \begin{bmatrix} 0 \\ 0 \\ 5 \end{bmatrix}$

따라서 보기 ③의 전달 함수와 문제에 주어진 행렬식 A, B가 일치하는 것을 알 수 있다.

238 ★★★

$\dfrac{d^2}{dt^2} c(t) + 5 \dfrac{d}{dt} c(t) + 4c(t) = r(t)$ 와 같은 함수를 상태 함수로 변환하였다. 벡터 A, B의 값으로 적당한 것은?

$$\dfrac{d}{dt} x(t) = Ax(t) + Br(t)$$

① $A = \begin{bmatrix} 0 & 1 \\ -5 & -4 \end{bmatrix}$, $B = \begin{bmatrix} 0 \\ 1 \end{bmatrix}$

② $A = \begin{bmatrix} 0 & 1 \\ 5 & 4 \end{bmatrix}$, $B = \begin{bmatrix} 0 \\ 1 \end{bmatrix}$

③ $A = \begin{bmatrix} 0 & 1 \\ -4 & -5 \end{bmatrix}$, $B = \begin{bmatrix} 0 \\ 1 \end{bmatrix}$

④ $A = \begin{bmatrix} 0 & 1 \\ 4 & 5 \end{bmatrix}$, $B = \begin{bmatrix} 0 \\ 1 \end{bmatrix}$

해설 상태 방정식 계수 행렬의 특성(2차 방정식)

- 계수 행렬 A
  - 1행 요소(불변): $[0\ \ 1]$
  - 2행 요소(부호 반대): $[-4\ \ -5]$
  - $A = \begin{bmatrix} 0 & 1 \\ -4 & -5 \end{bmatrix}$

- 계수 행렬 B
  - 1행 요소(불변): $[0]$
  - 2행 요소($r(t)$의 계수): $[1]$
  - $B = \begin{bmatrix} 0 \\ 1 \end{bmatrix}$

239 ★★★

미분 방정식 $\ddot{x}+2\dot{x}+x=3u$로 표시되는 계의 시스템 행렬과 입력 행렬은?

① $\begin{bmatrix} 0 & 1 \\ -1 & -2 \end{bmatrix}, \begin{bmatrix} 0 \\ 3 \end{bmatrix}$ ② $\begin{bmatrix} 0 & 1 \\ -1 & 2 \end{bmatrix}, \begin{bmatrix} 0 \\ 3 \end{bmatrix}$

③ $\begin{bmatrix} 0 & 1 \\ -1 & 0 \end{bmatrix}, \begin{bmatrix} 3 \\ 0 \end{bmatrix}$ ④ $\begin{bmatrix} 0 & 1 \\ -1 & 2 \end{bmatrix}, \begin{bmatrix} 3 \\ 0 \end{bmatrix}$

해설 상태 방정식 계수 행렬의 특성(2차 방정식)
- 계수 행렬 A
  - 1행 요소(불변): $[0 \quad 1]$
  - 2행 요소(부호 반대): $[-1 \quad -2]$
  - $A = \begin{bmatrix} 0 & 1 \\ -1 & -2 \end{bmatrix}$
- 계수 행렬 B
  - 1행 요소(불변): $[0]$
  - 2행 요소(u의 계수): $[3]$
  - $B = \begin{bmatrix} 0 \\ 3 \end{bmatrix}$

240 ★★☆

$\dfrac{d^3}{dt^3}c(t)+8\dfrac{d^2}{dt^2}c(t)+19\dfrac{d}{dt}c(t)+12c(t)=6u(t)$의 미분 방정식을 상태 방정식 $\dfrac{dx(t)}{dt}=A\cdot x(t)+B\cdot u(t)$로 표현할 때 옳은 것은?

① $A = \begin{bmatrix} 0 & 1 & 0 \\ 0 & 0 & 1 \\ -12 & -19 & -8 \end{bmatrix}, B = \begin{bmatrix} 0 \\ 0 \\ 6 \end{bmatrix}$

② $A = \begin{bmatrix} 0 & 1 & 0 \\ 0 & 0 & 1 \\ -8 & -19 & -12 \end{bmatrix}, B = \begin{bmatrix} 0 \\ 0 \\ 6 \end{bmatrix}$

③ $A = \begin{bmatrix} 0 & 1 & 0 \\ 0 & 0 & 1 \\ -12 & -19 & -8 \end{bmatrix}, B = \begin{bmatrix} 6 \\ 0 \\ 0 \end{bmatrix}$

④ $A = \begin{bmatrix} 0 & 1 & 0 \\ 0 & 0 & 1 \\ -8 & -19 & -12 \end{bmatrix}, B = \begin{bmatrix} 6 \\ 0 \\ 0 \end{bmatrix}$

해설 3차 제어 시스템의 벡터 행렬
- 상태 방정식
$$\dfrac{d^3 y(t)}{dt^3}+a\dfrac{d^2 y(t)}{dt^2}+b\dfrac{dy(t)}{dt}+cy(t)=du(t)$$
- 벡터 행렬
$A = \begin{bmatrix} 0 & 1 & 0 \\ 0 & 0 & 1 \\ -c & -b & -a \end{bmatrix}, B = \begin{bmatrix} 0 \\ 0 \\ d \end{bmatrix}$

따라서 문제에 주어진 식의 벡터 행렬은
$A = \begin{bmatrix} 0 & 1 & 0 \\ 0 & 0 & 1 \\ -12 & -19 & -8 \end{bmatrix}, B = \begin{bmatrix} 0 \\ 0 \\ 6 \end{bmatrix}$

241 ★★★

$\dfrac{d^2x}{dt^2}+\dfrac{dx}{dt}+2x=2u$의 상태 변수를 $x_1=x$, $x_2=\dfrac{dx}{dt}$라고 할 때 시스템 매트릭스(System matrix)는?

① $\begin{bmatrix} 0 & 1 \\ 1 & 1 \end{bmatrix}$ ② $\begin{bmatrix} 0 & 1 \\ 2 & 1 \end{bmatrix}$

③ $\begin{bmatrix} 0 & 1 \\ -2 & -1 \end{bmatrix}$ ④ $\begin{bmatrix} 0 \\ 1 \end{bmatrix}$

해설 상태 방정식 계수 행렬의 특성(2차 방정식)
- 계수 행렬 A
  - 1행 요소(불변): $[0 \quad 1]$
  - 2행 요소(부호 반대): $[-2 \quad -1]$
  - $A = \begin{bmatrix} 0 & 1 \\ -2 & -1 \end{bmatrix}$

THEME 02　제어 시스템의 과도 응답

242 ★★☆

다음의 상태 방정식으로 표현되는 시스템의 상태 천이 행렬은?

$$\begin{bmatrix} \frac{d}{dt}x_1 \\ \frac{d}{dt}x_2 \end{bmatrix} = \begin{bmatrix} 0 & 1 \\ -3 & -4 \end{bmatrix} \begin{bmatrix} x_1 \\ x_2 \end{bmatrix}$$

① $\begin{bmatrix} 1.5e^{-t}-0.5e^{-3t} & -1.5e^{-t}+1.5e^{-3t} \\ 0.5e^{-t}-0.5e^{-3t} & -0.5e^{-t}+1.5e^{-3t} \end{bmatrix}$

② $\begin{bmatrix} 1.5e^{-t}-0.5e^{-3t} & 0.5e^{-t}-0.5e^{-3t} \\ -1.5e^{-t}+1.5e^{-3t} & -0.5e^{-t}+1.5e^{-3t} \end{bmatrix}$

③ $\begin{bmatrix} 1.5e^{-t}-0.5e^{-4t} & 0.5e^{-t}-0.5e^{-4t} \\ -1.5e^{-t}+1.5e^{-4t} & -0.5e^{-t}+1.5e^{-4t} \end{bmatrix}$

④ $\begin{bmatrix} 1.5e^{-t}-0.5e^{-4t} & -1.5e^{-t}+1.5e^{-4t} \\ 0.5e^{-t}-0.5e^{-4t} & -0.5e^{-t}+1.5e^{-4t} \end{bmatrix}$

해설

천이 행렬 $\phi(t) = \mathcal{L}^{-1}[(sI-A)^{-1}]$이므로 순서대로 풀이하면 다음과 같다.

- $sI-A = \begin{bmatrix} s & 0 \\ 0 & s \end{bmatrix} - \begin{bmatrix} 0 & 1 \\ -3 & -4 \end{bmatrix} = \begin{bmatrix} s & -1 \\ 3 & s+4 \end{bmatrix}$

  $|sI-A| = s(s+4)-(-1)\times 3 = s^2+4s+3 = (s+1)(s+3)$

- $(sI-A)^{-1} = \frac{1}{(s+1)(s+3)} \begin{bmatrix} s+4 & 1 \\ -3 & s \end{bmatrix}$

  $= \begin{bmatrix} \frac{s+4}{(s+1)(s+3)} & \frac{1}{(s+1)(s+3)} \\ \frac{-3}{(s+1)(s+3)} & \frac{s}{(s+1)(s+3)} \end{bmatrix}$

  $= \begin{bmatrix} \frac{1.5}{s+1}-\frac{0.5}{s+3} & \frac{0.5}{s+1}-\frac{0.5}{s+3} \\ \frac{-1.5}{s+1}+\frac{1.5}{s+3} & \frac{-0.5}{s+1}+\frac{1.5}{s+3} \end{bmatrix}$

행렬 각각의 s함수를 시간 함수로 역변환하면 다음과 같다.

$\phi(t) = \mathcal{L}^{-1}[(sI-A)^{-1}]$

$= \begin{bmatrix} 1.5e^{-t}-0.5e^{-3t} & 0.5e^{-t}-0.5e^{-3t} \\ -1.5e^{-t}+1.5e^{-3t} & -0.5e^{-t}+1.5e^{-3t} \end{bmatrix}$

243 ★★★

다음과 같은 상태 방정식으로 표현되는 제어 시스템의 특성 방정식의 근(s_1, s_2)은?

$$\begin{bmatrix} \dot{x_1} \\ \dot{x_2} \end{bmatrix} = \begin{bmatrix} 0 & 1 \\ -2 & -3 \end{bmatrix} \begin{bmatrix} x_1 \\ x_2 \end{bmatrix} + \begin{bmatrix} 1 \\ 0 \end{bmatrix} u$$

① 1, -3　　② -1, -2
③ -2, -3　　④ -1, -3

해설

특성 방정식은 $|sI-A| = 0$이다.

$sI-A = \begin{bmatrix} s & 0 \\ 0 & s \end{bmatrix} - \begin{bmatrix} 0 & 1 \\ -2 & -3 \end{bmatrix} = \begin{bmatrix} s & -1 \\ 2 & s+3 \end{bmatrix}$

$|sI-A| = s(s+3)+2 = s^2+3s+2$
$= (s+1)(s+2) = 0$

따라서 특성 방정식의 근은 -1과 -2이다.

244 ★★★

다음과 같은 상태 방정식으로 표현되는 제어 시스템에 대한 특성 방정식의 근(s_1, s_2)은?

$$\begin{bmatrix} \dot{x_1} \\ \dot{x_2} \end{bmatrix} = \begin{bmatrix} 0 & -3 \\ 2 & -5 \end{bmatrix} \begin{bmatrix} x_1 \\ x_2 \end{bmatrix} + \begin{bmatrix} 1 \\ 0 \end{bmatrix} u$$

① 1, -3　　② -1, -2
③ -2, -3　　④ -1, -3

해설

특성 방정식은 $|sI-A| = 0$이다.

$sI-A = \begin{bmatrix} s & 0 \\ 0 & s \end{bmatrix} - \begin{bmatrix} 0 & -3 \\ 2 & -5 \end{bmatrix} = \begin{bmatrix} s & 3 \\ -2 & s+5 \end{bmatrix}$

$|sI-A| = s(s+5)-3(-2) = s^2+5s+6$
$= (s+2)(s+3) = 0$

따라서 특성 방정식의 근은 -2와 -3이다.

245 ★★★
다음과 같은 상태 방정식으로 표현되는 제어 시스템에 대한 특성 방정식의 근은?

$$\begin{bmatrix} \dot{x}_1 \\ \dot{x}_2 \end{bmatrix} = \begin{bmatrix} 0 & 1 \\ -2 & -2 \end{bmatrix} \begin{bmatrix} x_1 \\ x_2 \end{bmatrix} + \begin{bmatrix} 1 \\ 0 \end{bmatrix} u$$

① $-1 \pm j$
② $-1 \pm j\sqrt{2}$
③ $-1 \pm j2$
④ $-1 \pm j\sqrt{3}$

해설

특성 방정식은 $|sI-A|=0$이다.
$sI-A = \begin{bmatrix} s & 0 \\ 0 & s \end{bmatrix} - \begin{bmatrix} 0 & 1 \\ -2 & -2 \end{bmatrix} = \begin{bmatrix} s & -1 \\ 2 & s+2 \end{bmatrix}$

$|sI-A| = s(s+2) - (-1) \times 2 = s^2 + 2s + 2$

근의 방정식에 의해 $s = \dfrac{-2 \pm \sqrt{2^2 - (4 \times 1 \times 2)}}{2}$
$= \dfrac{-2 \pm \sqrt{-4}}{2} = -1 \pm j$이다.

246 ★★★
제어 시스템의 상태 방정식이 $\dfrac{dx(t)}{dt} = Ax(t) + Du(t)$, $A = \begin{bmatrix} 0 & 1 \\ -3 & 4 \end{bmatrix}$, $B = \begin{bmatrix} 1 \\ 1 \end{bmatrix}$일 때 특성 방정식을 구하면?

① $s^2 - 4s - 3 = 0$
② $s^2 - 4s + 3 = 0$
③ $s^2 + 4s + 3 = 0$
④ $s^2 + 4s - 3 = 0$

해설

특성 방정식은 $|sI-A|=0$이다.
$sI-A = \begin{bmatrix} s & 0 \\ 0 & s \end{bmatrix} - \begin{bmatrix} 0 & 1 \\ -3 & 4 \end{bmatrix} = \begin{bmatrix} s & -1 \\ 3 & s-4 \end{bmatrix}$
$|sI-A| = s(s-4) - \{(-1) \times 3\} = s^2 - 4s + 3$
따라서 특성 방정식은 $s^2 - 4s + 3 = 0$이다.

247 ★★☆
시스템 행렬 A가 다음과 같을 때 상태 천이 행렬을 구하면?

$$A = \begin{bmatrix} 0 & 1 \\ -2 & -3 \end{bmatrix}$$

① $\begin{bmatrix} 2e^t - e^{2t} & -e^t + e^{2t} \\ 2e^t - 2e^{2t} & -e^t - 2e^{2t} \end{bmatrix}$

② $\begin{bmatrix} 2e^{-t} - e^{-2t} & e^{-t} - e^{-2t} \\ -2e^{-t} + 2e^{-2t} & -e^{-t} - 2e^{-2t} \end{bmatrix}$

③ $\begin{bmatrix} 2e^{-t} - e^{-2t} & -e^{-t} + e^{-2t} \\ 2e^{-t} - 2e^{-2t} & -e^{-t} - 2e^{-2t} \end{bmatrix}$

④ $\begin{bmatrix} 2e^{-t} - e^{-2t} & e^{-t} - e^{-2t} \\ -2e^{-t} + 2e^{-2t} & -e^{-t} + 2e^{-2t} \end{bmatrix}$

해설

천이 행렬 $\phi(t) = \mathcal{L}^{-1}[(sI-A)^{-1}]$이므로 순서대로 풀이하면 다음과 같다.

- $sI-A = \begin{bmatrix} s & 0 \\ 0 & s \end{bmatrix} - \begin{bmatrix} 0 & 1 \\ -2 & -3 \end{bmatrix} = \begin{bmatrix} s & -1 \\ 2 & s+3 \end{bmatrix}$

  $|sI-A| = s(s+3) - (-1) \times 2$
  $= s^2 + 3s + 2 = (s+1)(s+2)$

- $(sI-A)^{-1} = \dfrac{1}{(s+1)(s+2)} \begin{bmatrix} s+3 & 1 \\ -2 & s \end{bmatrix}$

  $= \begin{bmatrix} \dfrac{s+3}{(s+1)(s+2)} & \dfrac{1}{(s+1)(s+2)} \\ \dfrac{-2}{(s+1)(s+2)} & \dfrac{s}{(s+1)(s+2)} \end{bmatrix}$

  $= \begin{bmatrix} \dfrac{2}{s+1} - \dfrac{1}{s+2} & \dfrac{1}{s+1} - \dfrac{1}{s+2} \\ -\dfrac{2}{s+1} + \dfrac{2}{s+2} & -\dfrac{1}{s+1} + \dfrac{2}{s+2} \end{bmatrix}$

행렬 각각의 s함수를 시간 함수로 역변환하면 다음과 같다.
$\phi(t) = \mathcal{L}^{-1}[(sI-A)^{-1}]$
$= \begin{bmatrix} 2e^{-t} - e^{-2t} & e^{-t} - e^{-2t} \\ -2e^{-t} + 2e^{-2t} & -e^{-t} + 2e^{-2t} \end{bmatrix}$

| 정답 | 245 ① 246 ② 247 ④

248

n차 선형 시불변 시스템의 상태 방정식을 $\frac{d}{dt}X(t) = AX(t) + Br(t)$로 표시할 때 상태 천이 행렬 $\phi(t)$($n \times n$행렬)에 관하여 틀린 것은?

① $\phi(t) = e^{At}$
② $\frac{d\phi(t)}{dt} = A \cdot \phi(t)$
③ $\phi(t) = \mathcal{L}^{-1}[(sI-A)^{-1}]$
④ $\phi(t)$는 시스템의 정상 상태 응답을 나타낸다.

해설

n차 선형 시불변 시스템의 상태 방정식을
$\frac{d}{dt}X(t) = AX(t) + Br(t)$로 표시할 때
상태 천이 행렬 $\phi(t)$($n \times n$ 행렬)에 관한 성질
- $\phi(t) = e^{At}$
- $\frac{d\phi(t)}{dt} = A\phi(t)$
- $\phi(t) = \mathcal{L}^{-1}[(sI-A)^{-1}]$
- $\phi(t)$함수: 시스템의 과도(천이) 상태 응답을 표현

249

$\frac{d}{dt}x(t) = Ax(t) + Bu(t)$, $A = \begin{bmatrix} -3 & 1 \\ 0 & -1 \end{bmatrix}$인 시스템에서 상태 천이 행렬(State transition matrix)을 구하면?

① $\begin{bmatrix} e^{-3t} & 0.5e^{-t} + 0.5e^{-3t} \\ 0 & e^{-t} \end{bmatrix}$
② $\begin{bmatrix} e^{-3t} & 0.5e^{-t} - 0.5e^{-3t} \\ 0 & 2e^{-t} \end{bmatrix}$
③ $\begin{bmatrix} e^{-3t} & 0.5e^{-t} - 0.5e^{-3t} \\ 0 & e^{-t} \end{bmatrix}$
④ $\begin{bmatrix} e^{-3t} & 0.5e^{-t} + 0.5e^{-3t} \\ 0 & 2e^{-t} \end{bmatrix}$

해설

천이 행렬 $\phi(t) = \mathcal{L}^{-1}[(sI-A)^{-1}]$이므로 순서대로 풀이하면 다음과 같다.

- $sI - A = \begin{bmatrix} s & 0 \\ 0 & s \end{bmatrix} - \begin{bmatrix} -3 & 1 \\ 0 & -1 \end{bmatrix} = \begin{bmatrix} s+3 & -1 \\ 0 & s+1 \end{bmatrix}$

  $|sI - A| = (s+3)(s+1) - (-1) \times 0 = (s+3)(s+1)$

- $(sI-A)^{-1} = \frac{1}{(s+1)(s+3)}\begin{bmatrix} s+1 & 1 \\ 0 & s+3 \end{bmatrix}$

  $= \begin{bmatrix} \frac{1}{s+3} & \frac{1}{(s+1)(s+3)} \\ 0 & \frac{1}{s+1} \end{bmatrix}$

  $= \begin{bmatrix} \frac{1}{s+3} & \frac{0.5}{s+1} - \frac{0.5}{s+3} \\ 0 & \frac{1}{s+1} \end{bmatrix}$

위 식을 라플라스 역변환하여 천이 행렬 $\phi(t)$를 구한다.

$\therefore \phi(t) = \begin{bmatrix} e^{-3t} & 0.5e^{-t} - 0.5e^{-3t} \\ 0 & e^{-t} \end{bmatrix}$

| 정답 | 248 ④ 249 ③

250 ★★☆

상태 방정식으로 표시되는 제어계의 천이 행렬 $\phi(t)$는?

$$\dot{X} = \begin{bmatrix} 0 & 1 \\ 0 & 0 \end{bmatrix} X + \begin{bmatrix} 0 \\ 1 \end{bmatrix} U$$

① $\begin{bmatrix} 0 & t \\ 1 & 1 \end{bmatrix}$ ② $\begin{bmatrix} 0 & 1 \\ 0 & t \end{bmatrix}$

③ $\begin{bmatrix} 1 & t \\ 0 & 1 \end{bmatrix}$ ④ $\begin{bmatrix} 0 & t \\ 1 & 0 \end{bmatrix}$

해설

천이 행렬 $\phi(t) = \mathcal{L}^{-1}[(sI-A)^{-1}]$이므로 순서대로 풀이하면 다음과 같다.

- $sI - A = \begin{bmatrix} s & 0 \\ 0 & s \end{bmatrix} - \begin{bmatrix} 0 & 1 \\ 0 & 0 \end{bmatrix} = \begin{bmatrix} s & -1 \\ 0 & s \end{bmatrix}$

  $|sI - A| = s \times s - (-1) \times 0 = s^2$

- $(sI-A)^{-1} = \dfrac{1}{s^2}\begin{bmatrix} s & 1 \\ 0 & s \end{bmatrix} = \begin{bmatrix} \dfrac{1}{s} & \dfrac{1}{s^2} \\ 0 & \dfrac{1}{s} \end{bmatrix}$

∴ $\phi(t) = \mathcal{L}^{-1}[(sI-A)^{-1}] = \begin{bmatrix} 1 & t \\ 0 & 1 \end{bmatrix}$

251 ★★★

다음과 같은 상태 방정식의 고유값 s_1과 s_2는?

$$\begin{bmatrix} \dot{x}_1 \\ \dot{x}_2 \end{bmatrix} = \begin{bmatrix} 1 & -2 \\ -3 & 2 \end{bmatrix}\begin{bmatrix} x_1 \\ x_2 \end{bmatrix} + \begin{bmatrix} 2 & -3 \\ -4 & 3 \end{bmatrix}\begin{bmatrix} r_1 \\ r_2 \end{bmatrix}$$

① 4, -1 ② -4, 1
③ 6, -1 ④ -6, 1

해설

특성 방정식은 $|sI-A|=0$이다.

$sI - A = \begin{bmatrix} s & 0 \\ 0 & s \end{bmatrix} - \begin{bmatrix} 1 & -2 \\ -3 & 2 \end{bmatrix} = \begin{bmatrix} s-1 & 2 \\ 3 & s-2 \end{bmatrix}$

$|sI-A| = (s-1)(s-2) - 6 = s^2 - 3s - 4$
$\qquad\quad = (s-4)(s+1) = 0$

따라서 특성 방정식의 근(고유값)은 4와 -1이다.

252 ★★★

상태 방정식 $\dfrac{d}{dt}x(t) = Ax(t) + Bu(t)$에서

$A = \begin{bmatrix} -6 & 7 \\ 2 & -1 \end{bmatrix}$이라면 A의 고유값은?

① 1, -8 ② -1, -5
③ 2, -8 ④ 2, -5

해설

특성 방정식은 $|sI-A|=0$이다.

$sI-A = \begin{bmatrix} s & 0 \\ 0 & s \end{bmatrix} - \begin{bmatrix} -6 & 7 \\ 2 & -1 \end{bmatrix} = \begin{bmatrix} s+6 & -7 \\ -2 & s+1 \end{bmatrix}$

$|sI-A| = (s+6)(s+1) - 14 = s^2 + 7s - 8$
$\qquad\quad = (s-1)(s+8) = 0$

따라서 특성 방정식의 근(고유값)은 1과 -8이다.

THEME 03 제어 시스템의 제어 및 관측 가능성 판정

253
다음의 상태 방정식의 설명 중 옳은 것은?

$$\dot{x} = \begin{bmatrix} -1 & 1 & 0 \\ 0 & -1 & 0 \\ 0 & 0 & -2 \end{bmatrix} \cdot X + \begin{bmatrix} 0 \\ 1 \\ 1 \end{bmatrix} \cdot U, \quad y = [1\ 0\ 0] \cdot X$$

① 이 시스템은 가제어이다.
② 이 시스템은 가제어가 아니다.
③ 이 시스템은 가제어가 아니고 가관측이다.
④ 가제어성 여부를 따질 수 없다.

해설

$A = \begin{bmatrix} -1 & 1 & 0 \\ 0 & -1 & 0 \\ 0 & 0 & -2 \end{bmatrix}$, $B = \begin{bmatrix} 0 \\ 1 \\ 1 \end{bmatrix}$, $C = [1\ 0\ 0]$

$A^2 = \begin{bmatrix} -1 & 1 & 0 \\ 0 & -1 & 0 \\ 0 & 0 & -2 \end{bmatrix}\begin{bmatrix} -1 & 1 & 0 \\ 0 & -1 & 0 \\ 0 & 0 & -2 \end{bmatrix} = \begin{bmatrix} 1 & -2 & 0 \\ 0 & 1 & 0 \\ 0 & 0 & 4 \end{bmatrix}$

- 가제어성 판단

$[AB] = \begin{bmatrix} -1 & 1 & 0 \\ 0 & -1 & 0 \\ 0 & 0 & -2 \end{bmatrix}\begin{bmatrix} 0 \\ 1 \\ 1 \end{bmatrix} = \begin{bmatrix} 1 \\ -1 \\ -2 \end{bmatrix}$

$[A^2B] = \begin{bmatrix} 1 & -2 & 0 \\ 0 & 1 & 0 \\ 0 & 0 & 4 \end{bmatrix}\begin{bmatrix} 0 \\ 1 \\ 1 \end{bmatrix} = \begin{bmatrix} -2 \\ 1 \\ 4 \end{bmatrix}$

$[B\ AB\ A^2B] = \begin{bmatrix} 0 & 1 & -2 \\ 1 & -1 & 1 \\ 1 & -2 & 4 \end{bmatrix}$

$\rightarrow |B\ AB\ A^2B| = -1$

0이 아니므로 이 제어계는 제어 가능하다.(가제어성)

- 가관측성 판단

$[CA] = [1\ 0\ 0]\begin{bmatrix} -1 & 1 & 0 \\ 0 & -1 & 0 \\ 0 & 0 & -2 \end{bmatrix} = [-1\ 1\ 0]$

$[CA^2] = [1\ 0\ 0]\begin{bmatrix} 1 & -2 & 0 \\ 0 & 1 & 0 \\ 0 & 0 & 4 \end{bmatrix} = [1\ -2\ 0]$

$\begin{bmatrix} C \\ CA \\ CA^2 \end{bmatrix} = \begin{bmatrix} 1 & 0 & 0 \\ -1 & 1 & 0 \\ 1 & -2 & 0 \end{bmatrix}$

$\rightarrow |C\ CA\ CA^2| = 0$

0이므로 이 제어계는 관측 불가능하다.

254 NEW
다음의 상태전도에서 가관측정(observability)에 대해 설명한 것 중 옳은 것은?

① X_1은 관측할 수 없다.
② X_2는 관측할 수 없다.
③ X_1, X_2 모두 관측할 수 없다.
④ 이 계통은 완전히 가관측에 있다.

해설
$C(t)$의 정보를 통해 X_1은 알 수 있지만, X_2는 확인할 수 없다. $C(t)$가 X_1과는 연결되어 있지만 X_2와는 연결되어 있지 않기 때문이다.

THEME 04 z 변환

255
다음과 같은 차분 방정식으로 표시되는 불연속계가 있다. 이 계의 전달 함수는?

$$C(K+2) + 5C(K+1) + 3C(K) = r(K+1) + 2r(K)$$

① $\dfrac{C(z)}{R(z)} = \dfrac{z^2 + 5z + 3}{z + 2}$

② $\dfrac{C(z)}{R(z)} = \dfrac{z^2 + 5z + 3}{z}$

③ $\dfrac{C(z)}{R(z)} = \dfrac{z + 2}{z^2 + 5z + 3}$

④ $\dfrac{C(z)}{R(z)} = (z+2)(z^2 + 5z + 3)$

해설
$C(K+2) + 5C(K+1) + 3C(K) = r(K+1) + 2r(K)$
$z^2 C(z) + 5z C(z) + 3C(z) = zR(z) + 2R(z)$
$\therefore \dfrac{C(z)}{R(z)} = \dfrac{z+2}{z^2+5z+3}$

암기
$F(K+n) \Rightarrow z^n F(z)$

256 ★★☆
다음은 단위 계단 함수 $u(t)$의 라플라스 또는 z변환쌍을 나타낸다. 이 중에서 옳은 것은?

① $\mathcal{L}[u(t)] = 1$
② $z[u(t)] = \dfrac{1}{z}$

③ $\mathcal{L}[u(t)] = \dfrac{1}{s^2}$
④ $z[u(t)] = \dfrac{z}{z-1}$

해설 시간 함수의 변환

시간 함수 $f(t)$	라플라스 변환 $F(s)$	z 변환 $F(z)$
임펄스 함수 $\delta(t)$	1	1
단위 계단 함수 $u(t)=1$	$\dfrac{1}{s}$	$\dfrac{z}{z-1}$
속도 함수 t	$\dfrac{1}{s^2}$	$\dfrac{Tz}{(z-1)^2}$
지수 함수 e^{-at}	$\dfrac{1}{s+a}$	$\dfrac{z}{z-e^{-aT}}$

258 ★★★
단위 계단 함수 $u(t)$를 z 변환하면?

① $\dfrac{1}{z-1}$
② $\dfrac{z}{z-1}$

③ $\dfrac{1}{Tz-1}$
④ $\dfrac{Tz}{Tz-1}$

해설 시간 함수의 변환

시간 함수 $f(t)$	라플라스 변환 $F(s)$	z 변환 $F(z)$
임펄스 함수 $\delta(t)$	1	1
단위 계단 함수 $u(t)=1$	$\dfrac{1}{s}$	$\dfrac{z}{z-1}$
속도 함수 t	$\dfrac{1}{s^2}$	$\dfrac{Tz}{(z-1)^2}$
지수 함수 e^{-at}	$\dfrac{1}{s+a}$	$\dfrac{z}{z-e^{-aT}}$

257 ★★★
함수 $f(t) = e^{-at}$의 z 변환 함수 $F(z)$는?

① $\dfrac{2z}{z-e^{aT}}$
② $\dfrac{1}{z+e^{aT}}$

③ $\dfrac{z}{z+e^{-aT}}$
④ $\dfrac{z}{z-e^{-aT}}$

해설 시간 함수의 변환

시간 함수 $f(t)$	라플라스 변환 $F(s)$	z 변환 $F(z)$
임펄스 함수 $\delta(t)$	1	1
단위 계단 함수 $u(t)=1$	$\dfrac{1}{s}$	$\dfrac{z}{z-1}$
속도 함수 t	$\dfrac{1}{s^2}$	$\dfrac{Tz}{(z-1)^2}$
지수 함수 e^{-at}	$\dfrac{1}{s+a}$	$\dfrac{z}{z-e^{-aT}}$

259 ★★☆
시간 함수 $f(t) = \sin\omega t$의 z 변환은?(단, T는 샘플링 주기이다.)

① $\dfrac{z\sin\omega T}{z^2 + 2z\cos\omega T + 1}$
② $\dfrac{z\sin\omega T}{z^2 - 2z\cos\omega T + 1}$

③ $\dfrac{z\cos\omega T}{z^2 - 2z\sin\omega T + 1}$
④ $\dfrac{z\cos\omega T}{z^2 + 2z\sin\omega T + 1}$

해설 시간 함수의 변환

시간 함수 $f(t)$	라플라스 변환 $F(s)$	z 변환 $F(z)$
임펄스 함수 $\delta(t)$	1	1
단위 계단 함수 $u(t)=1$	$\dfrac{1}{s}$	$\dfrac{z}{z-1}$
속도 함수 t	$\dfrac{1}{s^2}$	$\dfrac{Tz}{(z-1)^2}$
지수 함수 e^{-at}	$\dfrac{1}{s+a}$	$\dfrac{z}{z-e^{-aT}}$
$\sin\omega t$	$\dfrac{\omega}{s^2+\omega^2}$	$\dfrac{z\sin\omega T}{z^2-2z\cos\omega T+1}$
$\cos\omega t$	$\dfrac{s}{s^2+\omega^2}$	$\dfrac{z^2-z\cos\omega T}{z^2-2z\cos\omega T+1}$

| 정답 | 256 ④　257 ④　258 ②　259 ②

260 ★☆☆

다음 그림의 전달 함수 $\dfrac{Y(z)}{R(z)}$ 는 다음 중 어느 것인가?

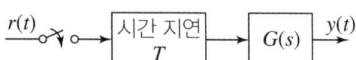

① $G(z)z$
② $G(z)z^{-1}$
③ $G(z)Tz^{-1}$
④ $G(z)Tz$

해설

$$\dfrac{Y(z)}{R(z)} = \dfrac{1}{z} \times G(z) = G(z)z^{-1}$$

261 ★☆☆

그림과 같은 이산치계의 z 변환 전달 함수 $\dfrac{C(z)}{R(z)}$ 를 구하면?(단, $Z\left[\dfrac{1}{s+a}\right] = \dfrac{z}{z-e^{-aT}}$ 이다.)

① $\dfrac{2z}{z-e^{-T}} - \dfrac{2z}{z-e^{-2T}}$

② $\dfrac{2z^2}{(z-e^{-T})(z-e^{-2T})}$

③ $\dfrac{2z}{z-e^{-2T}} - \dfrac{2z}{z-e^{-T}}$

④ $\dfrac{2z}{(z-e^{-T})(z-e^{-2T})}$

해설

$Z\left[\dfrac{1}{s+1}\right] = \dfrac{z}{z-e^{-T}}$

$Z\left[\dfrac{2}{s+2}\right] = \dfrac{2z}{z-e^{-2T}}$

$\therefore \dfrac{C(z)}{R(z)} = \dfrac{z}{z-e^{-T}} \times \dfrac{2z}{z-e^{-2T}} = \dfrac{2z^2}{(z-e^{-T})(z-e^{-2T})}$

262 ★★★

$\dfrac{1}{s-\alpha}$ 을 z 변환하면?

① $\dfrac{1}{1-ze^{\alpha T}}$
② $\dfrac{1}{1+ze^{\alpha T}}$
③ $\dfrac{1}{1-z^{-1}e^{\alpha T}}$
④ $\dfrac{1}{1-z^{-1}e^{-\alpha T}}$

해설 시간 함수의 변환

시간 함수 $f(t)$	라플라스 변환 $F(s)$	z 변환 $F(z)$
임펄스 함수 $\delta(t)$	1	1
단위 계단 함수 $u(t)=1$	$\dfrac{1}{s}$	$\dfrac{z}{z-1}$
속도 함수 t	$\dfrac{1}{s^2}$	$\dfrac{Tz}{(z-1)^2}$
지수 함수 e^{-at}	$\dfrac{1}{s+a}$	$\dfrac{z}{z-e^{-aT}}$
지수 함수 e^{at}	$\dfrac{1}{s-a}$	$\dfrac{z}{z-e^{aT}}$

문제에 주어진 함수에 대한 z 변환은 다음과 같다.

$F(s) = \dfrac{1}{s-\alpha} \Rightarrow f(t) = e^{\alpha t}$

$\therefore F(z) = \dfrac{z}{z-e^{\alpha T}} = \dfrac{1}{\dfrac{z}{z} - \dfrac{e^{\alpha T}}{z}} = \dfrac{1}{1-z^{-1}e^{\alpha T}}$

암기

$\dfrac{1}{z} = z^{-1}$

263 ★★★

$f(t) = Ke^{-at}$ 를 z 변환하면?

① $\dfrac{Kz}{z - e^{-aT}}$ ② $\dfrac{Kz}{z + e^{-aT}}$

③ $\dfrac{z}{z - Ke^{-at}}$ ④ $\dfrac{z}{z + Ke^{-aT}}$

해설 시간 함수의 변환

시간 함수 $f(t)$	라플라스 변환 $F(s)$	z 변환 $F(z)$
임펄스 함수 $\delta(t)$	1	1
단위 계단 함수 $u(t) = 1$	$\dfrac{1}{s}$	$\dfrac{z}{z-1}$
속도 함수 t	$\dfrac{1}{s^2}$	$\dfrac{Tz}{(z-1)^2}$
지수 함수 e^{-at}	$\dfrac{1}{s+a}$	$\dfrac{z}{z-e^{-aT}}$

문제에 주어진 시간 함수의 z변환은 다음과 같다.
$f(t) = Ke^{-at}$
$\rightarrow \therefore F(z) = K \times \dfrac{z}{z - e^{-aT}} = \dfrac{Kz}{z - e^{-aT}}$

264 ★★★

단위 임펄스 함수 $\delta(t)$의 z변환은?

① 1 ② $\dfrac{1}{1+z^{-1}}$

③ $\dfrac{1}{1-z^{-1}}$ ④ $\dfrac{1}{z}$

해설 시간 함수의 변환

시간 함수 $f(t)$	라플라스 변환 $F(s)$	z 변환 $F(z)$
임펄스 함수 $\delta(t)$	1	1
단위 계단 함수 $u(t) = 1$	$\dfrac{1}{s}$	$\dfrac{z}{z-1}$
속도 함수 t	$\dfrac{1}{s^2}$	$\dfrac{Tz}{(z-1)^2}$
지수 함수 e^{-at}	$\dfrac{1}{s+a}$	$\dfrac{z}{z-e^{-aT}}$

265 ★★★

단위 계단 함수 $f(t) = u(t)$의 라플라스 변환 함수 $F(s)$와 z 변환 함수 $F(z)$는?

① $F(s) = \dfrac{1}{s}$, $F(z) = \dfrac{z}{z-1}$

② $F(s) = \dfrac{1}{s}$, $F(z) = \dfrac{z-1}{z}$

③ $F(s) = s$, $F(z) = \dfrac{z}{z-1}$

④ $F(s) = s$, $F(z) = \dfrac{z-1}{z}$

해설 시간 함수의 변환

시간 함수 $f(t)$	라플라스 변환 $F(s)$	z 변환 $F(z)$
임펄스 함수 $\delta(t)$	1	1
단위 계단 함수 $u(t) = 1$	$\dfrac{1}{s}$	$\dfrac{z}{z-1}$
속도 함수 t	$\dfrac{1}{s^2}$	$\dfrac{Tz}{(z-1)^2}$
지수 함수 e^{-at}	$\dfrac{1}{s+a}$	$\dfrac{z}{z-e^{-aT}}$

266 ★★★

z 변환된 함수 $F(z) = \dfrac{3z}{z - e^{-3T}}$ 에 대응되는 라플라스 변환 함수는?

① $\dfrac{1}{s+3}$ ② $\dfrac{3}{s-3}$

③ $\dfrac{1}{s-3}$ ④ $\dfrac{3}{s+3}$

해설

$F(z) = \dfrac{3z}{z - e^{-3T}} = 3 \times \dfrac{z}{z - e^{-3T}}$ 이므로 이에 대응하는 시간 함수 $f(t) = 3e^{-3t}$ 가 된다.

$\therefore F(s) = 3 \times \dfrac{1}{s+3} = \dfrac{3}{s+3}$

267 ★★☆

$R(z) = \dfrac{(1 - e^{-aT})z}{(z-1)(z - e^{-aT})}$ 를 역변환하면?

① $1 - e^{-at}$ ② $1 + e^{-at}$

③ te^{-at} ④ te^{at}

해설

문제에 주어진 식을 부분 분수 전개한다.

$\dfrac{R(z)}{z} = \dfrac{1 - e^{-aT}}{(z-1)(z - e^{-aT})} = \dfrac{A}{z-1} + \dfrac{B}{z - e^{-aT}}$

$\quad = \dfrac{1}{z-1} - \dfrac{1}{z - e^{-aT}}$

단, $A = \dfrac{1 - e^{-aT}}{z - e^{-aT}} \bigg|_{z=1} = 1$,

$B = \dfrac{1 - e^{-aT}}{z - 1} \bigg|_{z = e^{-aT}} = -1$

위의 식에서 좌변 분모의 z를 원래의 우변 분자에 이항하여 식을 정리한다.

$R(z) = \dfrac{z}{z-1} - \dfrac{z}{z - e^{-aT}}$

위의 식을 z 역변환하여 시간 함수로 바꾸면 다음과 같다.

$R(z) = \dfrac{z}{z-1} - \dfrac{z}{z - e^{-aT}} \rightarrow \therefore r(z) = 1 - e^{-at}$

268 ★★★

$e(t)$의 z변환을 $E(z)$라고 했을 때 $e(t)$의 최종값 $e(\infty)$은?

① $\lim\limits_{z \to 1} E(z)$

② $\lim\limits_{z \to \infty} E(z)$

③ $\lim\limits_{z \to 1}(1-z^{-1})E(z)$

④ $\lim\limits_{z \to \infty}(1-z^{-1})E(z)$

해설 z 변환의 초기값 정리 및 최종값 정리
- 초기값 정리: $\lim\limits_{t \to 0} f(t) = \lim\limits_{z \to \infty} F(z)$
- 최종값 정리: $\lim\limits_{t \to \infty} f(t) = \lim\limits_{z \to 1}(1-z^{-1})F(z)$

269 ★★★

$e(t)$의 z 변환을 $E(z)$라고 했을 때 $e(t)$의 초기값 $e(0)$는?

① $\lim\limits_{z \to 1} E(z)$ ② $\lim\limits_{z \to \infty} E(z)$

③ $\lim\limits_{z \to 1}(1-z^{-1})E(z)$ ④ $\lim\limits_{z \to \infty}(1-z^{-1})E(z)$

해설 z 변환의 초기값 정리 및 최종값 정리
- 초기값 정리: $\lim\limits_{t \to 0} f(t) = \lim\limits_{z \to \infty} F(z)$
- 최종값 정리: $\lim\limits_{t \to \infty} f(t) = \lim\limits_{z \to 1}(1-z^{-1})F(z)$

270 ★☆☆

$E(z) = \dfrac{0.792z}{(z-1)(z^2-0.416z+0.208)}$ 일 때, $e(t)$의 최종값은?

① 0 ② 1
③ 25 ④ ∞

해설

$$\lim_{t \to \infty} e(t) = \lim_{z \to 1}(1-z^{-1})E(z)$$
$$= \lim_{z \to 1}\left(1-\frac{1}{z}\right) \times \frac{0.792z}{(z-1)(z^2-0.416z+0.208)}$$
$$= \lim_{z \to 1}\left(\frac{z-1}{z}\right) \times \frac{0.792z}{(z-1)(z^2-0.416z+0.208)}$$
$$= \lim_{z \to 1} \frac{0.792}{z^2-0.416z+0.208} = 1$$

암기 z 변환의 최종값 정리
$$\lim_{t \to \infty} f(t) = \lim_{z \to 1}(1-z^{-1})F(z)$$

271 ★★★

z변환을 이용한 샘플값 제어계가 안정하려면 특성 방정식의 근의 위치가 있어야 할 위치는?

① z평면의 좌반면
② z평면의 우반면
③ z평면의 단위원 내부
④ z평면의 단위원 외부

해설 자동 제어계가 안정하기 위한 근의 위치 조건
- s 평면(라플라스 변환법): 좌반 평면에 모든 근이 위치하면 안정한 제어계
- z 평면(z 변환법): 단위원의 내부에 모든 근이 위치하면 안정한 제어계

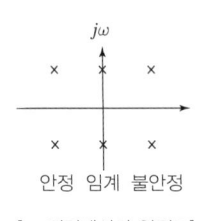
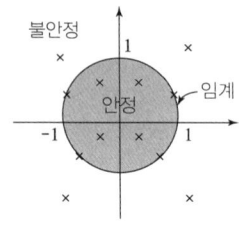

[s 평면에서의 안정도]　　[z 평면에서의 안정도]

272 ★★★

이산 시스템(Discrete data system)에서의 안정도 해석에 대한 설명으로 옳은 것은?

① 특성 방정식의 모든 근이 z 평면의 음의 반평면에 있으면 안정하다.
② 특성 방정식의 모든 근이 z 평면의 양의 반평면에 있으면 안정하다.
③ 특성 방정식의 모든 근이 z 평면의 단위원 내부에 있으면 안정하다.
④ 특성 방정식의 모든 근이 z 평면의 단위원 외부에 있으면 안정하다.

해설 자동 제어계가 안정하기 위한 근의 위치 조건
- s 평면(라플라스 변환법): 좌반 평면에 모든 근이 위치하면 안정한 제어계
- z 평면(z 변환법): 단위원의 내부에 모든 근이 위치하면 안정한 제어계

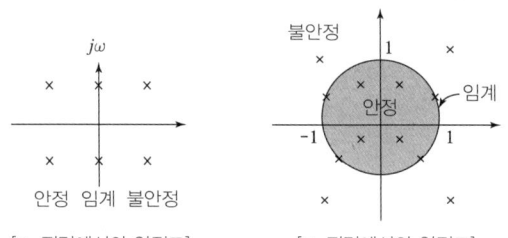

[s 평면에서의 안정도]　　[z 평면에서의 안정도]

암기
이산 시스템의 안정 조건은 특성 방정식의 모든 근이 z 평면의 단위원 "내부" 기억

273 ★★☆

특성 방정식이 다음과 같다. 이를 z 변환하여 z 평면에 도시할 때 단위원 밖에 놓일 근은 몇 개인가?

$$(s+1)(s+2)(s-3) = 0$$

① 0
② 1
③ 2
④ 3

해설

주어진 특성 방정식을 전달 함수로 고치면 다음과 같다.
$$\frac{C(s)}{R(s)} = \frac{k}{(s+1)(s+2)(s-3)}$$
s 평면의 불안정근은 1개($s = +3$)이므로 s 평면 우반면에 존재하는 근은 1개이다. 따라서 여기에 대응되는 z 평면의 단위원 밖에 놓인 근은 1개이다.

274 ★★☆

3차인 이산치 시스템의 특성 방정식의 근이 -0.3, -0.2, $+0.5$로 주어져 있다. 이 시스템의 안정도는?

① 이 시스템은 안정한 시스템이다.
② 이 시스템은 불안정한 시스템이다.
③ 이 시스템은 임계 안정한 시스템이다.
④ 위 정보로는 이 시스템의 안정도를 알 수 없다.

해설

이산치 시스템은 z 평면상에서 취급해야 하므로 단위원 내부에 모두 위치하여 이 제어계는 안정이다.

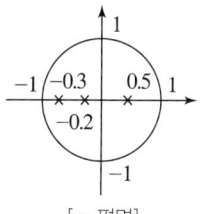

[z 평면]

275 ★★☆

샘플러의 주기를 T라 할 때 s 평면상의 모든 점은 식 $z = e^{sT}$에 의하여 z 평면상에 사상된다. s 평면의 우반 평면상의 모든 점은 z 평면상 단위원의 어느 부분으로 사상되는가?

① 내점
② 외점
③ z 평면 전체 영역
④ 원주상의 점

해설

자동 제어계에서 s 평면의 우반 평면에 근이 위치하면 불안정한 제어계가 되고, 이에 대응되는 z 평면상에서의 불안정 근의 위치는 단위원의 외부에 존재하게 된다.

CHAPTER 11

시퀀스 제어계

1. 기본 논리 회로
2. 조합 논리 회로
3. 논리 대수 및 드 모르간 정리

CBT 완벽대비 가능한 유형마스터 학습!

THEME	유형분석	관련 번호
THEME 01 기본 논리 회로	NOR 회로, OR 회로, NOT 회로 등 각각의 논리 회로 그림과 진리표를 이용한 문제가 자주 출제됩니다.	276~283
THEME 02 조합 논리 회로	NOR 회로와 NAND 회로의 특징을 이해하셔야 합니다. 진리표를 암기해 놓으면 쉽게 문제를 풀이하실 수 있습니다.	284~290
THEME 03 논리 대수 및 드 모르간 정리	복잡한 논리식을 간단하게 정리하는 문제가 주로 출제됩니다. 각각의 법칙을 암기하여 빠르게 풀이할 수 있도록 연습을 하여야 합니다.	291~308

학습 효과를 높이는 N제 3회독 시스템

챕터별 전체 1회독이 끝났다면 회독 체크표에 날짜를 기입하고 체크표시를 해주세요.

회독 체크표	☐ 1회독	월 일	☐ 2회독	월 일	☐ 3회독	월 일

CHAPTER 11 시퀀스 제어계

THEME 01 기본 논리 회로

276 ★★☆
시퀀스 제어에 관한 설명으로 틀린 것은 다음 중 어느 것인가?

① 시스템이 저가이고 간단하다.
② 제어 동작이 출력과 관계없어 오차가 많이 나올 수 있다.
③ 입력과 출력 간의 오차를 시스템 내부에서 스스로 조절할 수 있다.
④ 미리 정해진 순서에 따라 제어가 순차적으로 진행된다.

해설 시퀀스 제어의 특징
- 제어 장치가 가장 간단하고 가격이 싸다.
- 오차가 많이 생길 수 있다.
- 오차 발생 시 오차를 교정할 수 없다.

277 ★★☆
시퀀스 제어에 대한 설명 중 옳지 않은 것은?

① 조합 논리 회로도 사용된다.
② 기계적 계전기도 사용된다.
③ 전체 계통에 연결된 스위치가 일시에 동작할 수도 있다.
④ 시간 지연 요소도 사용된다.

해설 시퀀스 제어는 순차적인 동작에 의해 제어를 실행하므로 일시에 동작할 수 없다.

278 ★☆☆
전자 계전기를 사용할 때의 장점이 아닌 것은?

① 온도 특성이 우수하다.
② 접점의 동작 속도가 매우 빠르다.
③ 과부하에 견디는 내량이 크다.
④ 동작 상태의 확인이 용이한 편이다.

해설 전자 계전기의 특성
- 전자 흡인력으로 접점을 개폐하는 가장 일반적인 릴레이를 말한다.
- 온도 특성이 양호하다.
- 과부하에 잘 견딘다.
- 동작 상태 확인이 쉽다.

279 ★★★
다음 논리 회로가 나타내는 식은 어떤 식인가?

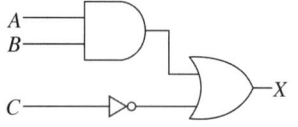

① $X = (A \cdot B) + \overline{C}$
② $X = \overline{(A \cdot B)} + C$
③ $X = \overline{(A + B)} \cdot C$
④ $X = (A + B) \cdot \overline{C}$

해설 AND 회로와 OR 회로의 결합이므로 논리식을 구하면 다음과 같다.
$X = (A \cdot B) + \overline{C}$

280 ★★★
다음 논리 회로의 출력 Y는?

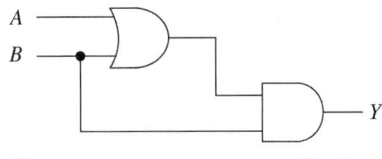

① A
② B
③ $A+B$
④ $A \cdot B$

해설

$Y = (A+B) \cdot B = A \cdot B + B \cdot B$
$= A \cdot B + B = (A+1) \cdot B = B$

281 ★★★
그림과 같은 논리 회로는 어느 것인가?

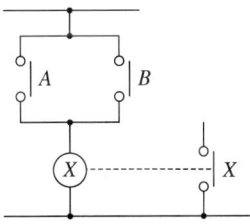

① OR 회로
② AND 회로
③ NOT 회로
④ NOR 회로

해설

문제에 주어진 논리 회로의 동작 진리표를 작성한다.

A	B	X
0	0	0
0	1	1
1	0	1
1	1	1

입력 중 적어도 1개 이상이 '1'이면 '1'이 출력되므로 주어진 회로는 OR 회로이다.

282 ★★★
그림의 회로는 어느 게이트(Gate)에 해당되는가?

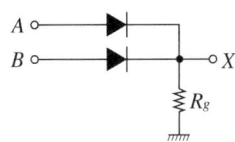

① OR
② AND
③ NOT
④ NOR

해설

A, B 두 입력 신호 중 하나 이상이 1이 되면 출력 신호가 1인 회로이므로 OR 회로이다.

암기

병렬=OR, 직렬=AND

283 ★★★
그림과 같은 계전기 접점 회로의 논리식은?

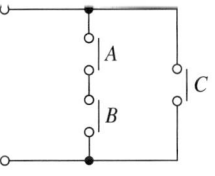

① $A \cdot B \cdot C$
② $A \cdot B + C$
③ $A + B + C$
④ $(A + B) \cdot C$

해설

A 및 B 접점은 AND 회로이고, C 접점은 $A \cdot B$에 OR 회로가 되므로 이에 대한 논리식은 $A \cdot B + C$가 된다.

THEME 02 조합 논리 회로

284 ★★★

다음과 같은 진리표를 갖는 회로의 종류는?

입력		출력
A	B	
0	0	0
0	1	1
1	0	1
1	1	0

① AND ② NOR
③ NAND ④ EX-OR

해설
다음 그림과 같은 논리 회로에 대해 논리식을 구한다.

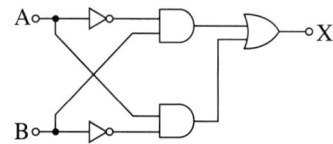

$X = \overline{A} \cdot B + A \cdot \overline{B}$

위 출력과 같이 나오는 회로를 배타적 논리합 회로(Exclusive OR)라고 한다. 이를 무접점 회로와 진리표로 표현한다.

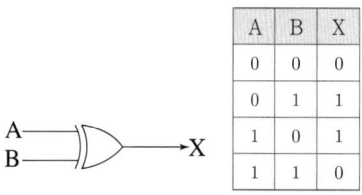

A	B	X
0	0	0
0	1	1
1	0	1
1	1	0

285 ★★★

다음 진리표의 논리 소자는 어느 소자인가?

입력		출력
A	B	C
0	0	1
0	1	0
1	0	0
1	1	0

① OR ② NOR
③ NOT ④ NAND

해설 NOR 회로의 출력

입력		출력
A	B	C
0	0	1
0	1	0
1	0	0
1	1	0

따라서 제시된 진리표는 OR의 부정인 NOR 회로(OR회로와 NOT회로의 결합)이다.

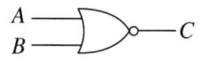

286

다음 진리표의 논리 소자는 어느 소자인가? ★★★

입력		출력
A	B	C
0	0	0
0	1	0
1	0	0
1	1	1

① NOT   ② NOR
③ OR   ④ AND

해설 AND 회로의 출력

입력		출력
A	B	C
0	0	0
0	1	0
1	0	0
1	1	1

287

그림의 논리 회로와 등가인 논리식은? ★★★

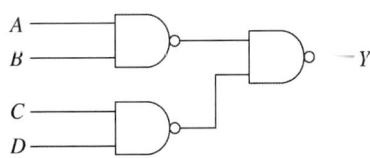

① $Y = A \cdot B \cdot C \cdot D$
② $Y = A \cdot B + C \cdot D$
③ $Y = \overline{A \cdot B} + \overline{C \cdot D}$
④ $Y = (\overline{A} + \overline{B}) \cdot (\overline{C} + \overline{D})$

해설
$Y = \overline{\overline{A \cdot B} \cdot \overline{C \cdot D}} = \overline{\overline{A \cdot B}} + \overline{\overline{C \cdot D}} = A \cdot B + C \cdot D$

288

다음의 논리 회로를 간단히 하면 어느 식으로 되겠는가? ★★★

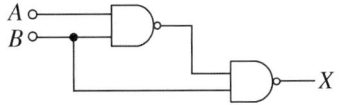

① $\overline{A} + B$ ② $A + \overline{B}$
③ $\overline{A} + \overline{B}$ ④ $A + B$

해설
$X = \overline{\overline{AB} \cdot B} = \overline{\overline{AB}} + \overline{B} = AB + \overline{B}$
$= (A + \overline{B}) \cdot (B + \overline{B}) = A + \overline{B}$

289

다음의 논리 회로를 간단히 한 식은? ★★★

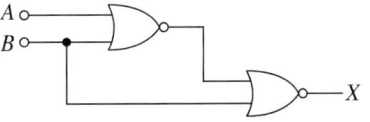

① $X = A \cdot B$ ② $X = A \cdot \overline{B}$
③ $X = \overline{A} \cdot B$ ④ $X = \overline{A \cdot B}$

해설
$X = \overline{\overline{A + B} + B} = \overline{\overline{A + B}} \cdot \overline{B} = (A + B) \cdot \overline{B}$
$= A \cdot \overline{B} + B \cdot \overline{B} = A \cdot \overline{B}$

290 ★★☆
그림의 회로와 동일한 논리 소자는?

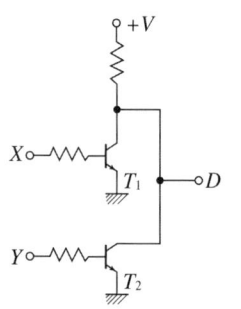

①  ②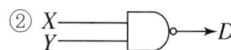

③ 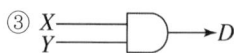 ④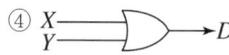

해설
문제에 주어진 트랜지스터 회로는 트랜지스터 2개가 병렬 구조로 이루어진 것이다. 이 회로의 동작은 베이스 입력인 X, Y가 0인 경우에만 출력되는 NOR 회로가 된다.

THEME 03 논리 대수 및 드 모르간 정리

291 ★★★
그림과 같은 논리 회로와 등가인 것은?

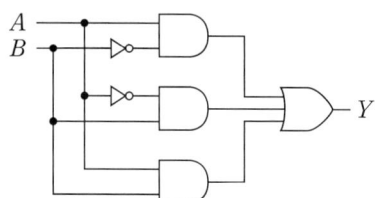

① 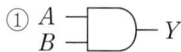 ②

③ 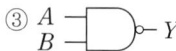 ④

해설
그림의 회로를 불 대수로 표현하면 다음과 같다.
$Y = A\overline{B} + \overline{A}B + AB = A\overline{B} + \overline{A}B + AB + AB$
$\quad = A(\overline{B}+B) + (\overline{A}+A)B = A+B$

---

292 ★★★
그림과 등가인 논리 회로는?

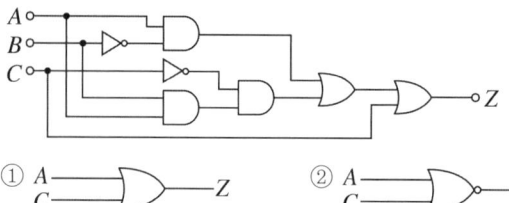

①  ② A─┐⟆○─Z C─┘

③ A─┐⟆─Z C─┘ ④ A─┐⟆○─Z C─┘

해설
문제에 주어진 논리 회로의 출력을 구한다.
$Z = A\overline{B} + AB\overline{C} + C = A\overline{B} + AB\overline{C} + C + ABC + ABC$
$\quad = A\overline{B} + C + AB(\overline{C}+C) + ABC$
$\quad = A\overline{B} + C + AB(1+C)$
$\quad = A\overline{B} + C + AB = A(\overline{B}+B) + C$
$\quad = A + C$
따라서 보기의 ①과 같다.

암기
보원법칙: $A + \overline{A} = 1$

---

293 ★★★
다음의 논리식과 등가인 것은?

$$Y = (A+B)(\overline{A}+B)$$

① $Y = A$ ② $Y = B$
③ $Y = \overline{A}$ ④ $Y = \overline{B}$

해설
$(A+B) \cdot (\overline{A}+B) = A\overline{A} + AB + \overline{A}B + BB = AB + \overline{A}B + B$
$\qquad = B(A + \overline{A} + 1) = B$

암기
- 항등 법칙: $A + 1 = 1$
- 보원 법칙: $A + \overline{A} = 1$

294 ★★★

$\overline{A} + \overline{B} \cdot \overline{C}$와 등가인 논리식은?

① $\overline{A \cdot (B+C)}$
② $\overline{A + B \cdot C}$
③ $\overline{A \cdot B + C}$
④ $\overline{A \cdot B} + C$

해설

문제에 주어진 논리식에 드 모르간 정리를 적용한다.
$\overline{A} + \overline{B} \cdot \overline{C} = \overline{A} + \overline{B+C} = \overline{A \cdot (B+C)}$

295 ★★★

그림과 같은 논리 회로의 출력 Y는?

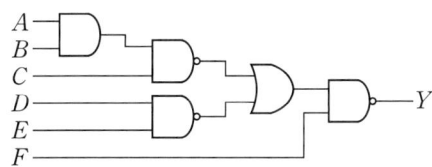

① $ABCDE + \overline{F}$
② $\overline{A}\,\overline{B}\,\overline{C}\,\overline{D}\,\overline{E} + F$
③ $\overline{A} + \overline{B} + \overline{C} + \overline{D} + \overline{E} + F$
④ $A + B + C + D + E + \overline{F}$

해설

출력 $Y = \overline{(ABC + DE) \cdot F}$ 이다.
이 식을 드 모르간 정리를 이용하면
$Y = \overline{(ABC + DE) \cdot F} = \overline{ABC + DE} + \overline{F}$
$= \overline{\overline{ABC}} \cdot \overline{\overline{DE}} + \overline{F}$
$= ABCDE + \overline{F}$

296 ★★★

논리식 $[(AB + A\overline{B}) + AB] + \overline{A}B$를 간단히 하면?

① $A + B$
② $\overline{A} + B$
③ $A + \overline{B}$
④ $A + A \cdot B$

해설

$[(AB + A\overline{B}) + AB] + \overline{A}B$
$= AB + A\overline{B} + AB + \overline{A}B = A(B + \overline{B}) + B(A + \overline{A}) = A + B$

297 ★★★

다음 논리식을 간단히 한 것은?

$$Y = \overline{A}BC\overline{D} + \overline{A}BCD + \overline{A}\,\overline{B}C\overline{D} + \overline{A}\,\overline{B}CD$$

① $Y = \overline{A}C$
② $Y = A\overline{C}$
③ $Y = AB$
④ $Y = BC$

해설

$Y = \overline{A}BC\overline{D} + \overline{A}BCD + \overline{A}\,\overline{B}C\overline{D} + \overline{A}\,\overline{B}CD$
$= \overline{A}BC(\overline{D} + D) + \overline{A}\,\overline{B}C(\overline{D} + D)$
$= \overline{A}BC + \overline{A}\,\overline{B}C = \overline{A}C(B + \overline{B}) = \overline{A}C$

298 ★★★
다음 논리 대수 계산 중 옳지 않은 것은?

① $\overline{A \cdot B} = \overline{A} + \overline{B}$
② $\overline{A+B} = \overline{A} \cdot \overline{B}$
③ $A+A=A$
④ $A+A \cdot \overline{B} = 1$

해설
$A+A \cdot \overline{B} = A \cdot (1+\overline{B}) = A$

299 ★★★
논리식 $L = X+\overline{X} \cdot Y$를 간단히 한 식은 어느 것인가?

① X
② $\overline{X}$
③ $X+Y$
④ $\overline{X}+Y$

해설
$L = X+\overline{X} \cdot Y = (X+\overline{X}) \cdot (X+Y) = X+Y$

300 ★★★
논리식 $A+A \cdot B$를 간단히 계산한 결과는?

① A
② $\overline{A}+B$
③ $A+\overline{B}$
④ $A+B$

해설
$A+A \cdot B = A \cdot (1+B) = A$

301 ★★★
불대수식 중 틀린 것은?

① $A \cdot \overline{A} = 1$
② $A+1 = 1$
③ $A+A = A$
④ $A \cdot A = A$

해설 불대수식의 성질
• $A \cdot \overline{A} = 0$
• $A+1 = 1$
• $A+A = A$
• $A \cdot A = A$

302 ★★★
논리식 $L = \overline{X}\,\overline{Y}\,Z + \overline{X}\,YZ + X\overline{Y}\,Z + XYZ$를 간소화한 식은?

① Z
② XZ
③ YZ
④ $X\overline{Z}$

해설
$L = \overline{X}\,\overline{Y}\,Z + \overline{X}\,YZ + X\overline{Y}\,Z + XYZ$
$= \overline{X}Z(\overline{Y}+Y) + XZ(\overline{Y}+Y)$
$= \overline{X}Z + XZ = Z(\overline{X}+X) = Z$

303 ★★★
논리식 $L = \overline{x} \cdot \overline{y} + \overline{x} \cdot y + x \cdot y$를 간략화한 것은?

① $x+y$
② $\overline{x}+y$
③ $x+\overline{y}$
④ $\overline{x}+\overline{y}$

해설
$L = \overline{x} \cdot \overline{y} + \overline{x} \cdot y + x \cdot y = \overline{x} \cdot (\overline{y}+y) + x \cdot y = \overline{x} + x \cdot y$
$= (\overline{x}+x) \cdot (\overline{x}+y)$
$= \overline{x}+y$

| 정답 | 298 ④ | 299 ③ | 300 ① | 301 ① | 302 ① | 303 ② |

304 ★★★
드 모르간의 정리를 나타낸 식은?

① $\overline{A+B} = A \cdot B$
② $\overline{A+B} = \overline{A} + \overline{B}$
③ $\overline{A \cdot B} = \overline{A} \cdot \overline{B}$
④ $\overline{A+B} = \overline{A} \cdot \overline{B}$

해설 드 모르간의 정리
- $\overline{A+B} = \overline{A} \cdot \overline{B}$
- $\overline{A \cdot B} = \overline{A} + \overline{B}$

305 ★☆☆
다음 중 이진값 신호가 아닌 것은?

① 디지털 신호
② 아날로그 신호
③ 스위치의 On-Off 신호
④ 반도체 소자의 동작, 부동작 상태

해설
이진값이란 동작 상태가 On일 때에는 1, Off일 때에는 0으로만 표현되는 것으로 아날로그 신호는 0과 1뿐만 아니라 다른 여러 가지 크기가 존재하므로 이진값이 아니다.

306 ★★☆
그림의 시퀀스 회로에서 전자접촉기 X에 의한 A접점(Normal open contact)의 사용 목적은?

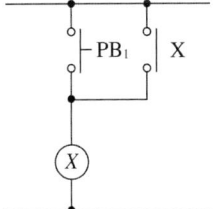

① 자기 유지 회로
② 지연 회로
③ 우선 선택 회로
④ 인터록(Interlock) 회로

해설
푸시버튼 스위치(PB_1)는 스위치를 누르고 있을 때에만 X 여자 코일을 여자시킬 수 있다. 따라서 PB_1과 병렬로 조합되는 X의 a 접점을 동작시켜 PB_1에서 손을 떼더라도 X 여자 코일에 계속해서 전류를 흘릴 수 있도록 X-a 접점의 자기 유지 회로를 넣어 주어야 한다.

307 NEW
다음과 같은 회로는 어떤 회로인가?

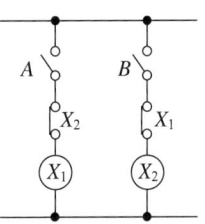

① 인터록 회로
② 자기 유지 회로
③ 일치 회로
④ 우선 선택 회로

해설
인터록 회로: 동시동작을 방지하는 회로

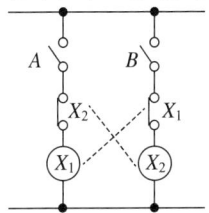

308 ★★☆
다음과 같은 계전기 회로는 어떤 회로인가?

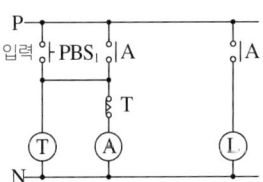

① 쌍안정 회로
② 단안정 회로
③ 인터록(Inter-lock) 회로
④ 일치 회로

해설
정해진 시간 동안만 동작하는 회로를 단안정 회로라고 한다. 기동 입력을 주면 설정된 시간 동안만 회로가 동작하고 정지 입력 없이 자동으로 정지하는 회로이다.

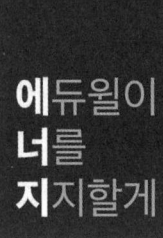

끝이 좋아야 시작이 빛난다.

– 마리아노 리베라(Mariano Rivera)

2026 에듀윌 제어공학 필기 기본서+유형별 N제

발 행 일	2025년 8월 12일 초판
편 저 자	에듀윌 전기수험연구소
펴 낸 이	양형남
개발책임	목진재
개 발	박원서, 최윤석, 서보경
펴 낸 곳	(주)에듀윌
I S B N	979-11-360-3812-8
등록번호	제25100-2002-000052호
주 소	08378 서울특별시 구로구 디지털로34길 55 코오롱싸이언스밸리 2차 3층

* 이 책의 무단 인용·전재·복제를 금합니다.

www.eduwill.net
대표전화 1600-6700

여러분의 작은 소리
에듀윌은 크게 듣겠습니다.

본 교재에 대한 여러분의 목소리를 들려주세요.
공부하시면서 어려웠던 점, 궁금한 점,
칭찬하고 싶은 점, 개선할 점, 어떤 것이라도 좋습니다.

에듀윌은 여러분께서 나누어 주신 의견을
통해 끊임없이 발전하고 있습니다.

에듀윌 도서몰 book.eduwill.net
- 부가학습자료 및 정오표: 에듀윌 도서몰 → 도서자료실
- 교재 문의: 에듀윌 도서몰 → 문의하기 → 교재(내용, 출간) / 주문 및 배송